特殊线性系统的数值迭代算法

吴世良　李翠霞　张理涛　编著

科学出版社

北　京

内 容 简 介

本书介绍求解几类特殊线性系统的基本理论和基本迭代方法. 主要内容为: 绪论、经典迭代法求三类线性系统、矩阵双分裂比较定理及在线性互补问题的应用、HSS 迭代法及其预处理技术、鞍点问题迭代算法及预处理技术、Maxwell 方程的预处理技术、结论等.

本书可作为数学(尤其计算数学、应用数学等)专业师生的教材或科研人员的参考书, 也可作为理工科大学各专业研究生学位课程的教材.

图书在版编目(CIP)数据

特殊线性系统的数值迭代算法/吴世良, 李翠霞, 张理涛编著. —北京: 科学出版社, 2015.6

ISBN 978-7-03-044487-5

I. ①特… Ⅱ. ①吴… ②李… ③张… Ⅲ. ①线性系统–迭代法–研究 Ⅳ. ①O231.1

中国版本图书馆 CIP 数据核字(2015) 第 116247 号

责任编辑: 胡海霞 / 责任校对: 钟 洋
责任印制: 徐晓晨 / 封面设计: 迷底书装

科 学 出 版 社 出版
北京东黄城根北街 16 号
邮政编码: 100717
http://www.sciencep.com

北京厚诚则铭印刷科技有限公司 印刷
科学出版社发行 各地新华书店经销

*

2015 年 6 月第 一 版 开本: 720×1000 B5
2018 年 11 月第五次印刷 印张: 13 3/8
字数: 270 000

定价: 49.00 元
(如有印装质量问题, 我社负责调换)

前　言

随着计算机科学和信息技术日新月异的发展, 科学计算已成为继理论研究及科学实验后的第三大科学研究工具, 目前得到广泛的应用. 许多从事科学研究及工程技术人员现已把科学计算作为研究和解决问题的重要手段.

众所周知, 大型稀疏线性系统的高效数值求解是科学计算中研究的焦点之一, 这主要是因为在科学计算和工程技术等应用领域中许多问题的解决可归结为大型稀疏线性系统的求解. 那么, 该如何快速有效地求解大型稀疏线性系统? 针对这一问题, 众多学者及专家针对不同问题在不同条件下产生的不同线性系统提出许多行之有效的方法, 尤其是 Krylov 子空间方法的诞生, 更是加快线性系统的求解速度. 本书的写作正是为实现这一目的. 本书主要针对一些特殊线性系统的数值迭代算法进行深入的研究, 根据线性系统系数矩阵的不同构造一系列适用的迭代算法和预处理技术.

本书主要利用线性代数和矩阵论的基本知识分析得到相关论题的最新研究成果, 对于每一种数值算法及预处理技术, 作者都尽量利用 MATLAB 数学软件给出数值实验, 通过对已有数值算法和预处理技术相比较来验证理论的正确性、算法的可行性及预处理子的有效性. 本书主要面向数学类专业 (尤其是应用数学专业和计算数学专业) 的本科生和研究生, 也可供大规模科学与工程计算、计算机科学等相关领域的技术人员参阅.

本书结果为作者在硕博期间以及在安阳师范学院工作期间的科研成果, 均是作者最新的研究成果, 大都已公开发表. 在此特别感谢云南大学数学与统计学院李耀堂教授和电子科技大学数学科学学院黄廷祝教授给予的指导和帮助. 本书的撰写及出版得到国家自然科学基金青年基金 (项目编号: 11301009) 的大力资助, 同时也得到国家自然科学基金数学天元专项基金 (项目编号: 11026040)、河南省科技发展计划基金 (项目编号: 122300410316) 和河南省教育厅自然科学基金 (项目编号: 13A110022) 的支持.

由于作者水平有限, 书中难免有不妥之处, 欢迎读者批评指正.

作　者

2014 年 11 月 15 日

主要符号对照表

$\langle n \rangle$	数集 $\{1, 2, \cdots, n\}$
$\mathbb{N}$	自然数集
$\mathbb{R}$	实数集
$\mathbb{R}^+$	正实数集
$\varnothing$	空集
$\mathbb{C}^n$	复 n 维列向量空间
$\mathbb{R}^n$	实 n 维列向量空间
$\mathbb{C}^{m \times n}$	$m \times n$ 复矩阵集
$\mathbb{R}^{m \times n}$	$m \times n$ 实矩阵集
I	单位矩阵
A^{T}	矩阵 A 的转置
A^*	矩阵 A 的共轭转置
$|A|$	矩阵 A 各元素取绝对值的矩阵
$\|A\|_2$	矩阵 A 的谱范数
$\|A\|_\infty$	矩阵 A 的无穷大范数
(a, b)	向量 a, b 的 Euclidean 内积
$A \geqslant 0$	矩阵 A 是非负矩阵
$A > 0$	矩阵 A 是正矩阵
$\rho(A)$	方阵 A 的谱半径, 若 A 为非负矩阵, 即为 Perron 根
$\mathrm{null}(A)$	矩阵 A 的零空间
$\mathrm{diag}(d_1, \cdots, d_n)$	以 $d_1, \cdots, d_n$ 为对角元的对角矩阵
$\mathrm{tridiag}(a, b, c)$	以 b 为主对角元, $a(c)$ 为下 (上) 次对角元的三对角矩阵
$\otimes$	Kronecker 积符号
$\mathbf{0}$	零向量

目　　录

第 1 章   绪   论

1.1   方 法 介 绍

世界著名数值分析专家牛津大学教授 Lloyd N. Trefethen 和 David Bau III 指出: "如果除了微积分与微分方程, 还有什么数学领域是数学科学基础, 那就是数值线性代数."

数值线性代数领域中的一个十分重要的课题是大型稀疏线性系统的高效求解. 这主要是因为在实践中, 如计算流体动力学、电磁计算、材料模拟与设计、石油勘探数据处理、地震数据处理、数值天气预报及核爆炸数值模拟等都离不开 (偏) 微分方程的数值求解, 而解决这些问题的主要策略是通过有限差分、有限元、有限体积、区域分解、多重网格、无网格等方法对 (偏) 微分方程离散将所需求解问题转化为大型稀疏线性系统的数值求解. 当今, 如何快速有效的求解大型稀疏线性系统已成为许多专家及学者研究的焦点. 这主要体现在数值计算及其模拟中求解大型稀疏线性系统所花费的时间往往在求解整个问题所需的时间中占有很大的比重, 有时甚至高达百分之八十以上.

通常, 求解线性系统的方法有两类: 基于矩阵分解的直接法和基于递归的迭代法. 直接法的工作主要集中在 20 世纪 60~70 年代, 主要途径是通过对矩阵进行变换 (如 Gauss 消元、LU 分解等), 将原线性系统化为三角或三对角等容易求解的形式, 然后通过回代或追赶等方法得到线性系统的解. 其优点在于不计舍入误差的情况下能得到准确解. 不足之处是当矩阵的条件数很大时, 由于舍入误差的存在而导致所求出的解与准确解相差甚远; 当矩阵阶数较大时, 由于存储的需求而迫使直接法相对于其他方法更费时. 所以用直接法求解大型稀疏线性系统往往是不可取的. 基于此, 在实际求解中, 通常采用运算量小、内存需求小且能充分利用矩阵稀疏性的迭代法.

当前, 迭代法已成为求解大型稀疏线性系统的主流方法. 迭代求解大型稀疏线性系统现已成为科学计算中十分重要的课题之一, 其迭代策略一般可分为两类. 一类是基于矩阵分裂的定常迭代法. 定常迭代法的工作主要集中于 20 世纪 50~60 年代, 其基本途径是通过矩阵单分裂 (若线性系统的系数矩阵 A 分裂为 $A = M - N$(其中 M 为非奇异矩阵), 则称为矩阵 A 的单分裂) 而构建迭代格式. 根据矩阵分裂的形式不同而形成了许多行之有效的方法, 如 Jacobi, Gauss-Seidel (G-S), Successive

Over-Relaxation (SOR), Accelerated Over-Relaxation (AOR) 等以及这些方法的改进和加速形式. 定常迭代法具有结构简单、易于程序实现等优点. 因此, 自 Jacobi 方法诞生以来, 新的定常迭代法层出不穷, 备受工程人员及科研人员的青睐. 目前, 这些方法又有新的发展, 如将其作为预处理子与 Krylov 子空间方法结合起来求解大型稀疏线性系统. 另一类是非定常迭代法. 目前, 非定常迭代法主要存在两大分支: 一是以 Conjugate Gradient (CG) 方法为代表的 Krylov 子空间迭代法; 二是基于矩阵分裂的分裂迭代法, 如非定常 Richardson 迭代法、内外迭代法以及非定常多分裂迭代法等. 目前, 对求解大型稀疏线性系统来说, 比较流行的 Krylov 子空间迭代法有 CG, Minimal Residual method (MINRES), Generalized Minimal Residual method (GMRES) 等.

　　无论是定常迭代法还是非定常迭代法, 其收敛速度在一定程度上与矩阵的谱分布有着密不可分的关系. 对矩阵分裂的定常迭代法来说, 在迭代矩阵谱半径小于 1 的前提下, 迭代矩阵的谱半径越小其收敛速度越快; 对非定常 Krylov 子空间迭代法来说, 其收敛速度依赖于矩阵的谱分布, 谱分布越集中, 收敛速度越快 [1-4]. 因此, 为了提高迭代法求解线性系统的收敛速度, 目前, 一个切实可行的途径是采用预处理技术, 其主要目的是使预处理后的矩阵的谱更加聚集. 为特定的大型稀疏线性系统寻找 "量身定做" 的预处理子已成为迭代法研究中的重要课题.

　　预处理技术的主要策略是通过利用预处理子将原线性系统转化为易求解的等价线性系统. 通常, 构建一个好的预处理子已被公认为是艺术与科学的完美结合. 一般地, 构造预处理子有两种途径: 一是纯代数技术, 如不完全分解 (ILU) 预处理子、稀疏近似逆 (AINV) 预处理子等; 二是从特定问题出发, 通过利用较多原问题信息来构建预处理子, 一般情况下, 原问题信息利用的越多, 构建的预处理子越有效. 具体地, 对预处理子的构造可以从以下五个方面考虑:

　　(1) 线性系统的背景;

　　(2) 矩阵本身的性质, 如是否具有稀疏性、对称性、占优性等;

　　(3) 预处理部分的计算量比较小;

　　(4) 预处理矩阵特征值分布相对集中;

　　(5) 预处理矩阵需满足一定的性质, 如是否具有正定性、是否具有对称性、特征值是否全是实数.

　　一般地, 一个切实可行有效预处理子的选择可以从以下四个方面把握:

　　(1) 预处理子在某一方面是系数矩阵的逆矩阵的一个较好逼近 (事实上, 构造预处理子主要目的是使预处理矩阵为单位阵的近似);

　　(2) 构造预处理子需在计算机的内存和 CPU 的工作时间上有保障 (即花费不太大);

　　(3) 预处理矩阵的条件数要远小于原系数矩阵的条件数, 其最小奇异值会相应

的增大而最大奇异值会相应的减小;

(4) 新的预处理线性系统要比原线性系统更易求解.

当今, 预处理技术已渗入到所需问题的数值求解中, 是提高相应数值算法收敛速度的一个十分重要的途径, 已成为数值计算领域中的一个很重要的研究方向.

1.1.1 经典定常迭代法

在科学计算中, 许多实际问题的求解最终都要归结为求解大型稀疏线性系统:

$$Ax = b,$$

其中 A 是一个给定的非奇异矩阵, b 是一个给定的向量, x 是一个待求的向量. 由于不同问题在不同条件下产生的线性系统不同, 进而导致其相对应的系数矩阵 A 不同, 如在偏微分方程数值解、控制论、均衡论及加权最小二乘问题等数值求解中, 通过适当的技术处理 (如用有限差分离散偏微分方程或对加权最小二乘问题等价变换), 可以获得系数矩阵为非奇异 L-矩阵 (或 H-矩阵) 的线性系统. 如前所述, 若用直接法求解, 则数值效果并没有达到令人十分满意的程度. 常采用迭代法对其求解, 为了加快迭代法的收敛速度, 通常迭代法需要与预处理子结合起来求解大型稀疏的线性系统.

近年来, 对系数矩阵为 $L(H)$-矩阵的非奇异线性系统预处理子的构造主要是将系数矩阵 A 分裂为 $A = D - L - U$, 其中 D 是 A 的对角矩阵, L 和 U 分别是矩阵 A 的严格下三角矩阵和严格上三角矩阵. 基于这一分裂, 预处理子的构造通常是 "$D + S$" 型, 其中矩阵 S 的元素常取系数矩阵 A 的某些非零元的相反数, 如取系数矩阵 A 的第一列的相反数 [5, 6]、取系数矩阵 A 的上次对角元的相反数 [7, 8] 等. 这种构造预处理子的基本思想源于 Gauss 消元法, 其目的是通过将系数矩阵 A 的某些对应元素化为 0 来达到减少迭代矩阵谱半径的目的, 进而提高迭代法的收敛速度, 其理论依据是迭代矩阵的谱半径越小, 矩阵分裂迭代法的收敛速度越快 [9]. 此类预处理子常常与经典迭代法 (如 G-S 迭代法、SOR 迭代法及 AOR 迭代法等) 结合到一起来求解大型稀疏的线性系统. 此方法的优点是理论性强、计算代价小; 不足之处是计算的效果相对要差. 在这类预处理子中, 修正预处理方法研究较多, 在一定程度上可看成是 Gauss 消元法的一种扩展. 目前, 国内外很多学者对此进行了相关的研究 [10, 11], 得出了很多理论结果, 促进了新预处理子研发的进程.

另一方面, 若将系数矩阵 A 分裂为 $A = P - R - S$(其中 P 为非奇异矩阵), 则称为矩阵 A 的双分裂 [12], 矩阵双分裂所确定的迭代法称为双分裂迭代法 [12]. 如 Jacobi 双 SOR 方法、G-S 双 SOR 方法、EWA 双 SOR 方法等都属于双分裂迭代法. 这些方法虽是传统单分裂迭代法的简单推广, 但现已有效地求解某些实际问题, 如核反应堆物理学中的离散多维椭圆型方程 [13].

1.1.2   非 Hermitian 正定线性系统的迭代法

大型稀疏非 Hermitian 正定线性系统是一类十分重要的线性系统, 常出现在流体力学、电磁计算等领域中. 其解的重要性在于能够反映出所涉及问题的某些特性, 如稳定性、流量强度、电 (磁) 场分布等, 故对大型稀疏非 Hermitian 正定线性系统的数值求解研究就显得尤为重要.

2003 年, 针对非 Hermitian 正定线性系统的数值求解, Bai 等 [14] 提出了基于系数矩阵的 Hermitian 和反-Hermitian 分裂 (HSS) 的 HSS 定常迭代法, 给出了其迭代参数的最优因子, 并指出了在使用最优因子的情况下, HSS 迭代法与 CG 算法相当, 其思想主要是源于对线性系统系数矩阵的 HSS 分裂并结合经典的交替方向隐式迭代技术 (ADI)[9]. 在文献 [15] 中, Bai, Golub 和 Ng 提出了非精确 HSS 迭代法并对其性质给出了理论性分析, 并给出了收敛条件. 为了改进 HSS 迭代法的收敛速度, Bai, Golub 和 Pan 在文献 [16] 中提出了预处理 HSS 迭代法 (PHSS), 并在文献 [17] 中给出了系数矩阵为非 Hermitian 半正定时 PHSS 迭代法的收敛条件.

由于 HSS 迭代法具有结构简单、易于程序实现且有理论上的最优参数值等优点, 所以自 HSS 迭代法诞生以来就立即受到了许多专家及学者的重视并由此产生了许多新的算法, 如文献 [18], [19] 对 HSS 迭代法进行了不同的推广而提出了正定和反-Hermitian 分裂 (PSS) 迭代法及正规和反-Hermitian 分裂 (NSS) 迭代法. 对 HSS 迭代法来说, 其迭代过程主要涉及两个子线性系统的求解: 一个是 Hermitian 正定子线性系统; 另一个是反-Hermitian 子线性系统. 至于前者, 由于其系数矩阵是 Hermitian 正定的, 所以对其求解可以利用 CG 方法; 至于后者, 由于其系数矩阵是反-Hermitian 的, 所以对其求解并不是一件很容易的事 [20]. 为了克服在 HSS 迭代法中求解反-Hermitian 子系统所带来的困难, 在 2009 年, Benzi[20] 提出了 GHSS 迭代法并给出了收敛条件.

目前, 对 HSS 迭代法的研究主要沿着两个方向: 一是对 HSS 迭代法进行改进或修正而形成的迭代法, 如 LHSS 迭代法 [21]、PHSS 迭代法 [16, 22]、TSS 迭代法 [18] 等; 二是将 HSS 迭代法应用到求解其他实际问题当中, 如复线性系统 [23]、鞍点问题 [24]、Sylvester 方程 [25−27] 等.

1.1.3   鞍点问题的迭代法

在电磁计算、计算流体动力学、限制和加权最小二乘问题、带有限制条件的二次优化、线性弹力学、椭圆型偏微分方程等许多应用领域中, 常常需要求解具有 2×2 块结构的线性系统:

$$\mathcal{A}x = \begin{bmatrix} A & B^{\mathrm{T}} \\ B & -C \end{bmatrix} \begin{bmatrix} u \\ p \end{bmatrix} = \begin{bmatrix} f \\ g \end{bmatrix} = b,$$

其中 $A \in \mathbb{R}^{n \times n}$, $C \in \mathbb{R}^{m \times m}$, $B \in \mathbb{R}^{m \times n}$(可能 $m \ll n$). 通常, 若矩阵 A 是对称正定的且 $C=0$, 则称为经典的鞍点问题, 否则称为广义的鞍点问题. 对鞍点问题来说, 其系数矩阵 $\mathcal{A}$ 常具备三个特点: ① 对称性; ② 特征值有负有正, 具有强不定性; ③ 对角元不占优, 不具有对角占优性. 基于特点②和③, 鞍点问题直接用 Krylov 子空间方法 (如 MINRES, GMRES, BiCGStab 等) 求解, 其迭代速度并不是很理想, 有时甚至不收敛. 由于鞍点问题应用非常广泛, 那么如何快速有效地求解鞍点问题一直是斯坦福大学 Golub、艾默里大学 Benzi、牛津大学 Wathen 等众多学者研究的热点.

经过近几十年不懈的努力, 许多学者对鞍点问题的求解提出了许多行之有效的方法. 下面将简单介绍三类迭代法及预处理 Krylov 子空间方法求解鞍点问题.

1. 三类迭代法求解鞍点问题

(1) Uzawa-类方法. 在 1958 年, Arrow, Hurwicz 和 Uzawa[28] 首次基于矩阵分裂而提出了经典的 Uzawa 方法. 该方法起初是为了求解经济学中的二次优化问题. 由于该方法具有结构简洁、易于程序实现等优点而吸引了许多学者及专家的眼球. 遗憾的是该方法每一步迭代都需要精确的计算一个逆矩阵, 这对求解大型稀疏线性系统来说几乎是不可行的. 为了克服这个不利因素且又能提高该方法的收敛速度, 文献 [29]~[31]提出了非精确的 Uzawa 方法并给出了其收敛条件, 从而避免了求逆矩阵所带来的困难. 在文献 [32], [33]中, Cao 分别研究了用非线性的 Uzawa 方法求解对称及非对称鞍点问题并相应地给出了收敛条件. 目前, 国内外很多学者对 Uzawa-类方法进行了相关的研究 [30, 34], 得出了丰厚的理论成果, 促进了 Uzawa-类方法的研究进程.

(2) SOR-类方法. 在迭代法的历史长河中, Young 于 20 世纪 70 年代提出了一类经典的具有优雅简洁格式的 SOR 迭代法 [35]. 然而, 面对特殊结构的经典鞍点问题, SOR 迭代法并不适合, 这主要因为鞍点问题的 2×2 块或是零矩阵或是半正定矩阵. 为了克服经典 SOR 迭代法求解鞍点问题的缺陷, 近年来, 一些学者开始讨论用广义化的 SOR 迭代法求解鞍点问题, 并取得了新的进展. Li 等在 1998 年提出了一类广义 SOR 迭代法 [36, 37], 此类方法保持了 SOR 迭代法格式简单、存储量小等优点. Golub, Wu 和 Yuan 在 2001 年又提出了 SOR-like 迭代法 [38], 其本质与广义 SOR 方法相同, 可以看成是广义 SOR 迭代法的另一个版本. 为了改善 SOR-like 迭代法的收敛速度, Bai, Parlett 和 Wang 在 2005 年提出了广义的 SOR-like 迭代法 [39] 并获得了最优参数值且推广了文献 [38] 的理论结果. 有关 SOR-类方法的研究文献可参阅文献 [40], [41].

(3) HSS-类方法. 在 2004 年, Benzi 和 Golub[24] 首次将 HSS 迭代法应用到求解鞍点问题, 给出了求解鞍点问题 HSS 迭代法的收敛条件并提出了含参数的 HSS

预处理子. 大量的数值实验表明当参数在 0.01~0.5 取值时, 该类预处理子相当有效. 文献 [42], [43] 详细地讨论了鞍点问题 HSS 预处理矩阵的谱性质. 目前, 此类方法刚起步, 发展空间较大.

2. 预处理 Krylov 子空间方法求解鞍点问题

由于鞍点问题系数矩阵常常具备强不定性、非对角占优性等特点, 所以该线性系统通常是病态的, 以至于直接使用 Krylov 子空间方法 (如 MINRES, GMRES 等) 求解鞍点问题, 其迭代速度并不是很理想, 有时甚至不收敛. 为了改善 Krylov 子空间迭代法求解鞍点问题的收敛速度, 通常需要采用预处理技术将其转化为具有较优良性质的等价线性系统. 对鞍点问题来说, 选择预处理子的一个切实可行的途径是从实际问题出发, 利用系数矩阵的性质构造预处理子. 此类方法的特点是特定的预处理子大都只能适用于特定的问题, 不具备普遍性. 但是, 正因为存在这样的特点, 鞍点问题预处理技术的研究依然是许多学者研究的热点问题. 目前, 对鞍点问题预处理子的选择, 国内外很多学者做了大量的工作, 给出了许多预处理子, 其中比较流行的有如下三类.

(1) 块对角预处理子. 若 A 是对称正定矩阵且 C 为零矩阵, 则最基本的块对角预处理子为

$$\begin{bmatrix} A & 0 \\ 0 & BA^{-1}B^{\mathrm{T}} \end{bmatrix}.$$

在文献 [44] 中, Murphy, Golub 和 Wathen 从最小特征多项式的角度分析了此类块对角预处理子的谱性质, 指出了此类预处理矩阵仅有三个不同特征值且对任意具有最优性质或 Galerkin 性质的 Krylov 子空间方法在三步内就能达到准确解. 由于该预处理子含有 Schur 余, 所以在预处理过程中需要精确地计算一个逆矩阵. 这在实际求解过程中几乎是不可行的. 因此, 各种各样的近似块对角预处理子就应运而生, 如文献 [45] 考虑了用尺度化的块对角预处理子代替精确块对角预处理子, 这样既能避免求逆矩阵所带来的困难又能提高迭代法的收敛速度. 文献 [4],[46] 通过对 (1,1) 块一分为二的方式把块对角预处理子推广到应用范围更广的广义鞍点问题, 利用矩阵扰动理论分析了预处理矩阵的谱性质. 对块对角预处理子作用于鞍点问题的研究, 也可参阅文献 [47]~[50].

(2) 块三角预处理子. 在 1988 年, Bramble 等 [51] 对广义鞍点问题的求解首先提出了如下块三角预处理子:

$$\begin{bmatrix} A & B^{\mathrm{T}} \\ 0 & -(C + BA^{-1}B^{\mathrm{T}}) \end{bmatrix},$$

并指出了预处理矩阵特征值全为 1 且最小特征多项式次数为 2. 在不考虑误差的情况下, 任意具有最优性质或 Galerkin 性质的 Krylov 子空间方法在两步内就能达到

准确解. 在此基础上, Ipsen 在文献 [52] 中将块三角预处理子推广到更为一般的广义鞍点问题, 同样得到上面结果. 与块对角预处理子一样, 块三角预处理子依然含有 Schur 余, 因此, 在实际计算中用近似块三角预处理子代替原块三角预处理子是一种必然的选择. 然而, 在理论上分析近似块三角预处理 Krylov 子空间方法的收敛速度并不是一件很容易的事, 而为了估计其收敛速度, 一些专家及学者通常通过间接分析预处理矩阵的谱分布来侧面反映出其收敛速度的快慢 [53]. 对由 Navier-Stokes 方程离散形成的鞍点问题来说, 合适的块三角预处理子可确保预处理 Krylov 子空间方法的收敛速度与网格的粗细无关 [54, 55]. 对块三角预处理子作用于鞍点问题的研究, 可参阅文献 [56]~[59].

(3) 约束预处理子. 约束预处理子的结构与原鞍点问题系数矩阵的结构相一致, 只不过是 (1,1) 块的 A 被近似取代 (此处用矩阵 M 代替矩阵 A), 具体形式如下:

$$\begin{bmatrix} M & B^{\mathrm{T}} \\ B & -C \end{bmatrix}.$$

原则上, 要求此类预处理子的逆比较容易. 目前, 此类预处理子已被广泛地应用于椭圆型偏微分方程及约束二次优化问题 [60, 61]. Keller 等在文献 [62] 中分析了 $C = 0$ 时预处理矩阵的谱分布及其相对应的特征向量, 刻画了 GMRES 迭代法的收敛行为. 随后, 文献 [62] 的大部分结果被 Cao[63] 推广到非对称的广义鞍点问题. Bergamaschi 在文献 [64] 中讨论了 (1,1) 块和 (2,2) 块均被近似取代的一类更为广义的约束预处理子, 并详细讨论了约束预处理的谱分布, 改进了文献 [65] 中关于预处理矩阵谱分布的刻画. 有关约束预处理子的相关研究可参阅文献 [66]~[69].

当然, 对鞍点问题的求解还有很多种方法, 如直接法[70, 71]、零空间方法 [72-74]、投影法 [75, 76] 等. 在此不再一一介绍.

1.2 涉及知识和主要内容

本书主要研究矩阵分裂迭代法的收敛和比较理论及其相伴随的预处理技术以及在鞍点问题和 Maxwell 方程中的应用.

主要基础理论: 线性代数的基本知识; 特殊矩阵理论; 特征值理论; 矩阵分裂理论; Krylov 子空间迭代法理论; 有限元理论; MATLAB 程序设计等.

主要内容如下:

(1) 给出 L-矩阵线性系统几类有效预处理子来加速 AOR 迭代法的收敛速度, 并分析其收敛性条件, 而后将该方法应用于求解 H-矩阵线性系统及由最小二乘问题形成的 (2,2) 块线性系统, 并给出 AOR 迭代法的一个新版本及新旧版本之间的联系.

(2) 给出矩阵双分裂的一些新的收敛性和比较定理, 确立单双分裂之间的比较关系, 并通过利用矩阵双分裂的思想, 构建了一类二步搜索模系矩阵分裂迭代法来求解经典的线性互补问题.

(3) 给出择优 HSS 迭代法或 LHSS 迭代法一个新的判据, 并对非 Hermitian 正定线性系统的求解, 提出了一类修正 HSS 迭代法 (MHSS) 及其非精确版本.

(4) 将 HSS 预处理子作用于经典鞍点问题, 给出预处理矩阵特征值分布的新区域, 并将其延伸到非零 (2,2) 块的广义鞍点问题.

(5) 提出修正 SSOR 迭代法 (MSSOR) 求解鞍点问题, 给出其收敛性条件并获得了在适当条件下迭代参数的最优因子.

(6) 分析广义鞍点问题两类含参数块三角预处理子的谱性质, 获得预处理矩阵实复特征值的新分布区域.

(7) 对波数为零的 Maxwell 方程, 通过对含参数预处理子的谱分析, 给出最优块对角及最优块三角预处理子, 并提出新的单列非零 (1,2) 块的块三角预处理子.

(8) 对波数非零的 Maxwell 方程提出两类修正的免增广免 Schur 余预处理子, 通过对预处理矩阵谱的分析, 给出两类最优免增广免 Schur 余预处理子.

1.3　结　构　安　排

本书共分 7 章.

第 1 章主要概述本书的研究问题、研究背景、研究现状、研究内容及结构安排.

第 2 章研究基于矩阵分裂的预处理经典迭代法, 并给出相应算法的收敛性条件及比较定理. 一方面, 给出某些预处理经典迭代法求解 L, H-线性系统及 (2,2) 块线性系统的收敛定理和比较定理; 另一方面, 给出 AOR 迭代法的一个新版本以及确立新旧版本之间的联系.

第 3 章主要阐述矩阵双分裂的收敛和比较定理. 首先, 基于两个不同非奇异矩阵的双分裂, 给出二者之间的收敛性和比较定理, 确立单双分裂之间的比较关系. 其次, 给出单个矩阵非负双分裂及 M-双分裂的一些收敛性和比较定理, 并通过构建一个新矩阵来获取双分裂迭代法的迭代矩阵, 然后再利用单分裂的一些比较定理诱导出双分裂的一些比较定理. 最后, 通过利用矩阵双分裂的思想, 对经典线性互补问题的求解, 构建了一类二步搜索模系矩阵分裂迭代法.

第 4 章主要研究 HSS 迭代法及其预处理技术. 关于 HSS 迭代法或 LHSS 迭代法的选择给出一个新的优先择取的判据; 对非 Hermitian 正定线性系统, 提出一类修正 HSS 迭代法 (MHSS) 及其非精确版本, 并给出相应方法的收敛性定理; 将 HSS 预处理子应用于经典鞍点问题, 探讨 HSS 预处理矩阵的谱分布并将其推广到非零 (2,2) 块的广义鞍点问题.

第 5 章主要研究迭代算法及预处理技术求解鞍点问题, 主要包括给出求解鞍点问题的一个迭代方法并讨论其收敛性条件; 提出修正 MSSOR 迭代法求解鞍点问题, 给出其收敛性条件并探讨迭代参数最优因子的选取; 分析广义鞍点问题两类含参数块三角预处理子的谱性质, 获得预处理矩阵实复特征值的新分布区域.

第 6 章利用预处理技术求解 Maxwell 方程. 对波数为零的混合型时谐 Maxwell 方程, 通过对预处理矩阵的谱分析, 给出最优块对角和最优块三角预处理子, 并提供一个新的单列非零 (1,2) 块的块三角预处理子; 对波数非零的混合型时谐 Maxwell 方程提出两类含参数的免增广免 Schur 余预处理子, 讨论预处理矩阵的谱分布并给出参数最优值.

第 7 章给出本书总结并对有待研究的内容进行展望.

第2章 经典迭代法求三类线性系统

在数学、物理、流体动力学和工程技术等领域中的许多问题的解决, 最终可归结为求解大型稀疏的线性系统

$$Ax = b, \tag{2.1}$$

其中 $A \in \mathbb{R}^{n \times n}$ 是非奇异矩阵, $b \in \mathbb{R}^{n \times 1}$ 是已知向量, $x \in \mathbb{R}^{n \times 1}$ 是未知向量, 如文献 [9] 用有限差分策略离散 Possion 方程将得到线性系统 (2.1). 由于在实际求解过程中, 系数矩阵 A 通常是高阶稀疏的, 基于绪论的简要分析, 这时常可采用迭代法. 在利用矩阵分裂迭代法求解线性系统 (2.1) 时, 需把系数矩阵 A 分裂成矩阵 M 与 N 之差的形式且 $\det(M) \neq 0$, 即

$$A = M - N. \tag{2.2}$$

式 (2.2) 也称为矩阵的单分裂. 于是, 求解线性系统 (2.1) 的基本迭代公式为

$$Mx^{(k+1)} = Nx^{(k)} + b, \quad k = 0, 1, \cdots$$

或

$$x^{(k+1)} = M^{-1}Nx^{(k)} + M^{-1}b, \quad k = 0, 1, \cdots. \tag{2.3}$$

迭代法 (2.3) 产生的迭代序列收敛到线性系统 (2.1) 的唯一解 $x = A^{-1}b$ 的充分必要条件是 $\rho(M^{-1}N) < 1$, 而且 $\rho(M^{-1}N)$ 越小, 收敛越快. 迭代法 (2.3) 一个显而易见的优点是结构简单、易程序化. 由此, 在大规模数值计算中迭代法常是一种备受青睐的有效方法. 经典的定常迭代法有 Jacobi, G-S, SOR, AOR 等. 随着一些专家与学者的深入研究又陆续提出了一些新的定常迭代法, 如 TOR, SSOR 等.

本章将依次给出 L-矩阵线性系统的预处理 AOR 迭代法、H-矩阵线性系统的预处理 G-S 迭代法及求解最小二乘问题的预处理 AOR 迭代法. 其主要思想是利用定常迭代策略结合预处理子的方法来降低迭代矩阵的谱半径, 从而达到提高定常迭代法收敛速度的目的. 尽管 Krylov 子空间迭代法是当今求解线性系统的主流方法, 矩阵分裂迭代法直接应用比较少, 但结合其他方法的应用也是比较常见的, 其理论意义也是相当重要的. 随着一些新问题的不断出现, 基于矩阵分裂的新迭代方法应运而生, 如求非 Hermitian 正定线性系统的 HSS 迭代法 [14]、求经济学中的二次优化问题的 Uzawa 迭代法 [28] 等.

2.1 *L*-矩阵线性系统的预处理 AOR 迭代法

2.1.1 引言

通常, 对矩阵分裂而形成的定常迭代法来说, 当迭代矩阵的谱半径小于 1 时, 谱半径越小, 其收敛速度就越快. 有效降低迭代矩阵谱半径的一种途径是对线性系统本身进行预处理. 目前, 线性系统预处理方法的研究依然是一个热点问题, 许多学者对此做了大量的工作 [5−8,10,11,77,78].

本节将研究利用经典 AOR 迭代法结合预处理技术来求解 *L*-矩阵线性系统. 为了便于研究且又不失一般性, 在假设 $a_{ii} = 1, i \in \langle n \rangle$ 的条件下, 将线性系统 (2.1) 的系数矩阵 A 分裂如下

$$A = I - L - U,$$

其中 I 是单位矩阵, L 和 U 分别是矩阵 A 的严格下三角矩阵和严格上三角矩阵. 于是, 经典 AOR 迭代法 [77] 为

$$x^{(k+1)} = L_{rw} x^{(k)} + w(I - rL)^{-1} b, \quad k = 0, 1, \cdots, \quad (2.4)$$

其中 $L_{rw} = (I - rL)^{-1}[(1 - w)I + (w - r)L + wU]$ 为其迭代矩阵, 这里 r 和 w 为参数且 $w \neq 0$. 通过选取不同的参数值就可以得到相应的 Jacobi, G-S, SOR 迭代法.

一般情况下, 线性系统 (2.1) 的预处理格式为

$$PAx = Pb, \quad (2.5)$$

其中非奇异矩阵 P 称为预处理子. 近年来, 为了提高迭代法的收敛速度, 几类不同的预处理子被相应地提出, 详见文献 [5],[6],[8],[10],[11].

Evans, Martins 和 Trigo 在文献 [10] 中提出了基于预处理子 $P = I + S$ 和 $P' = I + S'$ 的 AOR 迭代法, 用于求解 *L*-矩阵线性系统, 其中

$$S = \begin{bmatrix} 0 & 0 & \cdots & 0 \\ 0 & 0 & \cdots & 0 \\ \vdots & \vdots & & \vdots \\ -a_{1n} & 0 & \cdots & 0 \end{bmatrix}, \quad S' = \begin{bmatrix} 0 & 0 & \cdots & -a_{n1} \\ 0 & 0 & \cdots & 0 \\ \vdots & \vdots & & \vdots \\ 0 & 0 & \cdots & 0 \end{bmatrix}.$$

显然, 在文献 [10] 中, 作者是通过选择系数矩阵第一列 (行) 的最后一个元素的相反数使原系数矩阵第一列 (行) 的最后一个元素变为 0 的方式减少 AOR 迭代矩阵谱半径并提高其收敛速度.

进一步, Li, Li 和 Wu 在文献 [8] 中考虑了预处理子 $\overline{P} = I + \overline{S}$, 其中

$$\overline{S} = \begin{bmatrix} 0 & -a_{12} & 0 & \cdots & 0 \\ 0 & 0 & -a_{23} & \cdots & 0 \\ \vdots & \vdots & & \ddots & \vdots \\ 0 & 0 & 0 & \ddots & -a_{n,n-1} \\ 0 & 0 & 0 & \cdots & 0 \end{bmatrix}.$$

显然, 作者是通过选择系数矩阵上次对角线元素的相反数使原系数矩阵上次对角线元素变为 0 的方式来降低 AOR 迭代矩阵谱半径并提高其收敛速度.

基于文献 [8] 和文献 [10] 的工作, 本节提出了一个新的预处理子 $P = I + S + \overline{S}$ 并结合 AOR 迭代法来求解 L-矩阵线性系统, 给出了收敛性分析和几个比较理论. 理论和数值实验表明了预处理 G-S 迭代法优于预处理 AOR(SOR) 迭代法.

2.1.2　助记符, 概念和性质

为了便于证明, 这里需要给出一些必要的助记符、概念和引理. 设 $C = (c_{ij}) \in \mathbb{R}^{n \times n}$ 是 n 阶实方矩阵, $\mathrm{diag}(C)$ 是其对角矩阵且对角元素为 c_{ii}. 设 $A = (a_{ij})$ 和 $B = (b_{ij})$ 是 n 阶实方阵, 记 $A \geqslant B$, 若 $a_{ij} \geqslant b_{ij}(i, j \in \langle n \rangle)$. 若 $a_{ij} \leqslant 0, i \neq j$, 称矩阵 A 为 Z-矩阵. 若 $A \geqslant 0$ $(a_{ij} \geqslant 0, i, j \in \langle n \rangle)$, 称矩阵 A 是非负的. $A - B \geqslant 0$, 若 $A \geqslant B$. 对向量来说, 上述的记法也相应的成立.

定义 2.1.1[35]　设矩阵 $A \in \mathbb{R}^{n \times n}$ 且 $a_{ii} > 0, i \in \langle n \rangle$, $a_{ij} \leqslant 0, i \neq j$, 则称其为 L-矩阵.

定义 2.1.2[9]　如果矩阵 A 的关联有向图是强联通的, 则称矩阵 A 为不可约的.

定义 2.1.3[9]　设矩阵 $A = M - N$, 且 $M^{-1} \geqslant 0, N \geqslant 0$, 则称此分裂为正则分裂.

引理 2.1.1[9]　若 $A \geqslant 0$ 是不可约的 n 阶方阵, 则

(1) A 有一个正的实特征值等于它的谱半径;

(2) 存在 $\rho(A)$ 对应的特征向量 $x > \mathbf{0}$;

(3) $\rho(A)$ 是 A 的单特征值.

引理 2.1.2[79]　若 A 是非负矩阵, 则

(1) 如果 $\alpha x \leqslant Ax$ 对某一个非负向量 x 且 $x \neq \mathbf{0}$ 成立, 则 $\alpha \leqslant \rho(A)$;

(2) 如果 $Ax \leqslant \beta x$ 对某一个正向量 x 成立, 则 $\rho(A) \leqslant \beta$.

进一步, 如果矩阵 A 是不可约并且有 $\mathbf{0} \neq \alpha x \leqslant Ax \leqslant \beta x, \alpha x \neq Ax$ 和 $Ax \neq \beta x$ 对某一非负向量 x 成立, 则

$$\alpha < \rho(A) < \beta$$

且 x 是一正向量.

引理 2.1.3[9]   设 $A = M_1 - N_1 = M_2 - N_2$ 为矩阵 A 的两个正则分裂且 $A^{-1} \geqslant 0$. 如果 $N_2 \geqslant N_1 \geqslant 0$, 则

$$0 \leqslant \rho(M_1^{-1}N_1) \leqslant \rho(M_2^{-1}N_2) < 1,$$

进一步, 如果 $A^{-1} > 0$ 且 $N_2 \geqslant N_1 \geqslant 0$, 则

$$0 < \rho(M_1^{-1}N_1) < \rho(M_2^{-1}N_2) < 1.$$

2.1.3 预处理 AOR 迭代法的收敛性分析和比较理论

考虑预处理线性系统

$$\tilde{A}x = \tilde{b}, \tag{2.6}$$

其中 $\tilde{A} = \tilde{P}A = (I + \tilde{S})A$, $\tilde{b} = (I + \tilde{S})b$ 及

$$\tilde{S} = \begin{bmatrix} 0 & -a_{12} & 0 & \cdots & 0 \\ 0 & 0 & -a_{23} & \cdots & 0 \\ \vdots & \vdots & \vdots & & \vdots \\ 0 & 0 & 0 & \cdots & -a_{n-1,n} \\ -a_{1n} & 0 & 0 & \cdots & 0 \end{bmatrix}.$$

线性系统 (2.6) 的系数矩阵 $\tilde{A}$ 可表示为

$$\tilde{A} = \tilde{D} - \tilde{L} - \tilde{U},$$

其中 $\tilde{D} = \mathrm{diag}(\tilde{A})$, $\tilde{L}$ 和 $\tilde{U}$ 分别是矩阵 $\tilde{A}$ 的严格下三角矩阵和严格上三角矩阵. 通过计算得

$$\tilde{D} = \begin{bmatrix} 1 - a_{12}a_{21} & 0 & \cdots & 0 \\ 0 & 1 - a_{23}a_{32} & \cdots & 0 \\ \vdots & \vdots & & \vdots \\ 0 & 0 & \cdots & 1 - a_{n1}a_{1n} \end{bmatrix},$$

$$\tilde{L} = \begin{bmatrix} 0 & 0 & \cdots & 0 & 0 \\ -a_{21} + a_{23}a_{31} & 0 & \cdots & 0 & 0 \\ \vdots & & & \vdots & \vdots \\ -a_{n-1,1} + a_{n-1,n}a_{n1} & -a_{n-1,2} + a_{n-1,n}a_{n2} & \cdots & 0 & 0 \\ 0 & -a_{n2} + a_{n1}a_{12} & \cdots & -a_{n,n-1} + a_{n1}a_{1,n-1} & 0 \end{bmatrix},$$

$$\tilde{U} = \begin{bmatrix} 0 & 0 & -a_{13} + a_{12}a_{23} & \cdots & -a_{1n} + a_{12}a_{2n} \\ 0 & 0 & 0 & \cdots & -a_{2n} + a_{23}a_{3n} \\ \vdots & \vdots & \vdots & & \vdots \\ 0 & 0 & 0 & \cdots & 0 \\ 0 & 0 & 0 & \cdots & 0 \end{bmatrix}.$$

对线性系统 (2.6) 应用 AOR 迭代法后可得到相应的迭代矩阵

$$\tilde{L}_{rw} = (\tilde{D} - r\tilde{L})^{-1}[(1-w)\tilde{D} + (w-r)\tilde{L} + w\tilde{U}]. \tag{2.7}$$

注 2.1.1　当 $a_{1n} = 0$ 时, $\tilde{S} = \overline{S}^{[8]}$; 当 $a_{i,i+1} = 0, i \in \langle n-1 \rangle$ 时, $\tilde{S} = S^{[10]}$.

为了给出定理 2.1.1, 我们需要下面引理.

引理 2.1.4　设 A 和 $\tilde{A}$ 分别是式 (2.1) 和式 (2.6) 的系数矩阵. 如果 $0 \leqslant r \leqslant w \leqslant 1$ ($w \neq 0, r \neq 1$), A 是一个不可约 L-矩阵且 $0 < a_{1n}a_{n1} < 1$, 并存在一个非空集合 $\alpha \subseteq N = \langle n-1 \rangle$ 使得

$$\begin{cases} 0 < a_{i,i+1}a_{i+1,i} < 1, & i \in \alpha, \\ a_{i,i+1}a_{i+1,i} = 0, & i \in N \backslash \alpha, \end{cases}$$

则矩阵 L_{rw} 和 $\tilde{L}_{rw}$ 是非负不可约的.

证明　由于 A 是一个 L-矩阵, 易知 $L \geqslant 0(U \geqslant 0)$ 是一个严格下 (上) 三角矩阵. 进而 $(I - wL)^{-1} = I + wL + w^2L^2 + \cdots + w^{n-1}L^{n-1} \geqslant 0$. 由式 (2.4) 得

$$\begin{aligned} L_{rw} =& (I - rL)^{-1}[(1-w)I + (w-r)L + wU] \\ =& [I + rL + r^2L^2 + \cdots + r^{n-1}L^{n-1}][(1-w)I + (w-r)L + wU] \\ =& (1-w)I + (w-r)L + wU + rL(1-w)I + rL[(w-r)L + wU] \\ & + (r^2L^2 + \cdots + r^{n-1}L^{n-1})[(1-w)I + (w-r)L + wU] \\ =& (1-w)I + w(1-r)L + wU + T, \end{aligned}$$

其中

$$\begin{aligned} T =& rL[(w-r)L + wU] \\ & + (r^2L^2 + \cdots + r^{n-1}L^{n-1})[(1-w)I + (w-r)L + wU] \\ \geqslant& 0, \end{aligned}$$

即得矩阵 L_{rw} 是非负的. 由于矩阵 A 是不可约的, 可知矩阵 $(1-w)I + w(1-r)L + wU$ 也是不可约的. 故矩阵 L_{rw} 是不可约的.

下证矩阵 $\tilde{L}_{rw}$ 是非负不可约的.

由引理 2.1.4 的题设知 $\tilde{D} \geqslant 0$. 并依据 A 是 L-矩阵, 可得 $\tilde{L} \geqslant 0$ 和 $\tilde{U} \geqslant 0$. 根据式 (2.7) 得

$$\tilde{L}_{rw} = (\tilde{D} - r\tilde{L})^{-1}[(1-w)\tilde{D} + (w-r)\tilde{L} + w\tilde{U}]$$
$$= (I - r\tilde{D}^{-1}\tilde{L})^{-1}[(1-w)I + (w-r)\tilde{D}^{-1}\tilde{L} + w\tilde{D}^{-1}\tilde{U}]$$
$$= (1-w)I + w(1-r)\tilde{D}^{-1}\tilde{L} + w\tilde{D}^{-1}\tilde{U} + \tilde{T},$$

其中

$$\tilde{T} = r\tilde{D}^{-1}\tilde{L}[(w-r)\tilde{D}^{-1}\tilde{L} + w\tilde{D}^{-1}\tilde{U}] + [r^2(\tilde{D}^{-1}\tilde{L})^2 + \cdots + r^{n-1}(\tilde{D}^{-1}\tilde{L})^{n-1}]$$
$$\times [(1-w)I + (w-r)\tilde{D}^{-1}\tilde{L} + w\tilde{D}^{-1}\tilde{U}]$$
$$\geqslant 0,$$

于是 $\tilde{L}_{rw} \geqslant 0$. 同理, 矩阵 $\tilde{L}_{rw}$ 也是非负不可约的. □

为了证明定理 2.1.1, 需要下面三个易证明的等式, 即

(E1) $\tilde{U} = \overline{U} = \overline{S}U - \overline{S} + U$; (E2) $\overline{D} - \overline{L} = I - L - \overline{S}L$; (E3) $\tilde{D} - \tilde{L} = \overline{D} - \overline{L} + S - SU$.

定理 2.1.1 设 L_{rw} 和 $\tilde{L}_{rw}$ 是由 AOR 迭代法分别作用于式 (2.1) 和式 (2.6) 得到的迭代矩阵. 如果 $0 \leqslant r \leqslant w \leqslant 1(w \neq 0, r \neq 1)$, A 是一个不可约 L-矩阵且 $0 < a_{1n}a_{n1} < 1$, 并存在一个非空集合 $\alpha \subseteq N = \langle n-1 \rangle$ 使得

$$\begin{cases} 0 < a_{i,i+1}a_{i+1,i} < 1, & i \in \alpha, \\ a_{i,i+1}a_{i+1,i} = 0, & i \in N \backslash \alpha, \end{cases}$$

则

(1) $\rho(\tilde{L}_{rw}) < \rho(L_{rw})$, 如果 $\rho(L_{rw}) < 1$;

(2) $\rho(\tilde{L}_{rw}) = \rho(L_{rw})$, 如果 $\rho(L_{rw}) = 1$;

(3) $\rho(\tilde{L}_{rw}) > \rho(L_{rw})$, 如果 $\rho(L_{rw}) > 1$.

证明 由引理 2.1.4 易知 L_{rw} 和 $\tilde{L}_{rw}$ 是非负不可约的. 因此, 由引理 2.1.1 知, 存在一个正向量 $x = (x_1, x_2, \cdots, x_n)^{\mathrm{T}}$, $x_i > 0, i \in \langle n \rangle$ 满足

$$L_{rw}x = \lambda x,$$

其中 $\lambda = \rho(L_{rw})$ 或等价于

$$[(1-w)I + (w-r)L + wU]x = \lambda(I - rL)x. \tag{2.8}$$

由式 (2.8) 得

$$wUx = (\lambda + w - 1)x + (r - w - \lambda r)Lx,$$

于是,

$$\tilde{L}_{rw}x - \lambda x = (\tilde{D} - r\tilde{L})^{-1}[(1-w)\tilde{D} + (w-r)\tilde{L} + w\tilde{U} - \lambda(\tilde{D} - r\tilde{L})]x,$$

显然,

$$\lambda(\tilde{D} - r\tilde{L})x = \lambda(1-r)\tilde{D}x + \lambda r(\tilde{D} - \tilde{L})x,$$

因此,

$$\begin{aligned}
\tilde{L}_{rw}x - \lambda x =& (\tilde{D} - r\tilde{L})^{-1}[(1-w)\tilde{D} + (w-r)\tilde{L} + w\tilde{U} \\
& - \lambda(1-r)\tilde{D} - \lambda r(\tilde{D} - \tilde{L})]x.
\end{aligned}$$

利用式 (E1) 得

$$\begin{aligned}
\tilde{L}_{rw}x - \lambda x =& (\tilde{D} - r\tilde{L})^{-1}[(1-\lambda)(1-r)\tilde{D} - (w-r+\lambda r)(\tilde{D} - \tilde{L}) \\
& + w(\overline{S}U - \overline{S} + U)]x,
\end{aligned}$$

再结合式 (E2) 和式 (E3), 上式可写为

$$\begin{aligned}
\tilde{L}_{rw}x - \lambda x =& (\tilde{D} - r\tilde{L})^{-1}[(1-\lambda)(1-r)\tilde{D} - (w-r+\lambda r)(I - L - \overline{S}L) \\
& - (w-r+\lambda r)(S - SU) + w(I + \overline{S})U - w\overline{S}]x,
\end{aligned}$$

进一步,

$$\begin{aligned}
\tilde{L}_{rw}x - \lambda x =& (\tilde{D} - r\tilde{L})^{-1}\Big\{(1-\lambda)(1-r)\tilde{D} - (w-r+\lambda r)(I - L - \overline{S}L) \\
& + (I + \overline{S})[(\lambda - 1 + w)I - (w-r+\lambda r)L] - (w-r+\lambda r)S \\
& + (w-r+\lambda r)SU - w\overline{S}\Big\}x \\
=& (\tilde{D} - r\tilde{L})^{-1}[(1-\lambda)(1-r)(\tilde{D} - I) - (1-\lambda)\overline{S} \\
& - (w-r+\lambda r)S + (w-r+\lambda r)SU]x \\
=& (\tilde{D} - r\tilde{L})^{-1}\Big\{(1-\lambda)(1-r)(\tilde{D} - I) - (1-\lambda)\overline{S} \\
& - (w-r+\lambda r)S - r(1-\lambda)SU + S[(\lambda + w - 1)I \\
& - (w-r+\lambda r)L]\Big\}x \\
=& (\tilde{D} - r\tilde{L})^{-1}[(1-\lambda)(1-r)(\tilde{D} - I) - (1-\lambda)\overline{S} \\
& - (1-\lambda)(1-r)S - r(1-\lambda)SU]x.
\end{aligned}$$

(1) 如果 $0 < \lambda < 1$, 则 $\tilde{L}_{rw}x - \lambda x \leqslant \mathbf{0}$ 但不恒等于 $\mathbf{0}$. 因此

$$\tilde{L}_{rw}x \leqslant \lambda x,$$

由引理 2.1.2, 得 $\rho(\tilde{L}_{rw}) < \lambda = \rho(L_{rw})$.

(2) 如果 $\lambda = 1$, 则 $\tilde{L}_{rw}x - \lambda x = \mathbf{0}$. 由引理 2.1.2, 得 $\rho(\tilde{L}_{rw}) = \lambda = \rho(L_{rw})$.

(3) 如果 $\lambda > 1$, 则 $\tilde{L}_w x - \lambda x \geqslant \mathbf{0}$ 但不恒等于 $\mathbf{0}$. 因此

$$\tilde{L}_{rw}x \geqslant \lambda x,$$

由引理 2.1.2, 得 $\rho(\tilde{L}_{rw}) > \lambda = \rho(L_{rw})$. □

这里也可构造多参数的预处理子 $P_\alpha = I + \hat{S}$, 其中

$$\hat{S} = \begin{bmatrix} 0 & -\alpha_1 a_{12} & 0 & \cdots & 0 \\ 0 & 0 & -\alpha_2 a_{23} & \cdots & 0 \\ \vdots & \vdots & \vdots & & \vdots \\ 0 & 0 & 0 & \cdots & -\alpha_{n-1} a_{n-1,n} \\ -\alpha_n a_{n1} & 0 & 0 & \cdots & 0 \end{bmatrix}.$$

现考虑含有预处理子 $P_\alpha = I + \hat{S}$ 的线性系统

$$\hat{A}x = \hat{b}, \tag{2.9}$$

其中 $\hat{A} = P_\alpha A, \hat{b} = P_\alpha b$. 相应的预处理 AOR 迭代法的迭代矩阵为

$$\hat{L}_{rw} = (\hat{D} - r\hat{L})^{-1}[(1-w)\hat{D} + (w-r)\hat{L} + w\hat{U}]. \tag{2.10}$$

类似地, 有下面引理和定理.

引理 2.1.5 设 A 和 $\hat{A}$ 分别是式 (2.1) 和式 (2.9) 的系数矩阵. 如果 $0 \leqslant r \leqslant w \leqslant 1(w \neq 0, r \neq 1)$, A 是一个不可约 L-矩阵且 $0 < \alpha_n a_{1n} a_{n1} < 1$, 并存在一个非空集合 $\beta \subseteq N = \langle n-1 \rangle$ 使得

$$\begin{cases} 0 < \alpha_i a_{i,i+1} a_{i+1,i} < 1, & i \in \beta, \\ a_{i,i+1} a_{i+1,i} = 0, & i \in N \backslash \beta, \end{cases}$$

则矩阵 L_{rw} 和 $\hat{L}_{rw}$ 是非负不可约的.

定理 2.1.2 设 L_{rw} 和 $\hat{L}_{rw}$ 是由 AOR 迭代法分别作用于式 (2.1) 和式 (2.9) 得到的迭代矩阵. 如果 $0 \leqslant r \leqslant w \leqslant 1(w \neq 0, r \neq 1)$, A 是一个不可约 L-矩阵且 $0 < \alpha_n a_{1n} a_{n1} < 1$, 并存在一个非空集合 $\beta \subseteq N = \langle n-1 \rangle$ 使得

$$\begin{cases} 0 < \alpha_i a_{i,i+1} a_{i+1,i} < 1, & i \in \beta, \\ a_{i,i+1} a_{i+1,i} = 0, & i \in N \backslash \beta, \end{cases}$$

则

(1) $\rho(\hat{L}_{rw}) < \rho(L_{rw})$, 如果 $\rho(L_{rw}) < 1$;

(2) $\rho(\hat{L}_{rw}) = \rho(L_{rw})$, 如果 $\rho(L_{rw}) = 1$;

(3) $\rho(\hat{L}_{rw}) > \rho(L_{rw})$, 如果 $\rho(L_{rw}) > 1$.

定理 2.1.3　设 $0 < r_1 < r_2 \leqslant w \leqslant 1$ 且 $A^{-1} \geqslant 0$. 在定理 2.1.1 的条件下, 如果 $0 < \lambda = \rho(L_{rw}) < 1$, 则 $0 < \rho(\tilde{L}_{w,r_2}) < \rho(\tilde{L}_{w,r_1}) < 1$.

证明　设

$$\tilde{A} = \tilde{M}_{w,r_i} - \tilde{N}_{w,r_i}, \quad i = 1, 2,$$

其中

$$\tilde{M}_{w,r_i} = \frac{1}{w}(\tilde{D} - r_i \tilde{L}), \quad \tilde{N}_{w,r_i} = \frac{1}{w}[(1-w)\tilde{D} + (w - r_i)\tilde{L} + w\tilde{U}].$$

由于 $0 < r_1 < r_2 \leqslant w \leqslant 1$, 则 $0 \leqslant \tilde{N}_{w,r_2} \leqslant \tilde{N}_{w,r_1}$. 根据引理 2.1.3, 可得定理 2.1.3 的结论是成立的. □

类似地, 可得如下定理.

定理 2.1.4　设 $0 < r_1 < r_2 \leqslant w \leqslant 1$ 且 $A^{-1} \geqslant 0$. 在定理 2.1.2 的条件下, 如果 $0 < \lambda = \rho(L_{rw}) < 1$, 则 $0 < \rho(\hat{L}_{w,r_2}) < \rho(\hat{L}_{w,r_1}) < 1$.

注 2.1.2　依据上面的结果, 可以看出: 在一定的条件下, 预处理 SOR 迭代法的收敛速度比预处理 AOR 迭代法的收敛速度快. 根据定理 2.1.3 及定理 2.1.4 知, 对预处理 AOR 迭代法来说, 参数 r 的最优值取 w.

当 $w = r$ 时, AOR 迭代法就退化成 SOR 迭代法. 进一步, 有下面推论.

推论 2.1.1　设 L_w 和 $\tilde{L}_w$ 是由 SOR 迭代法分别作用于式 (2.1) 和式 (2.6) 得到的迭代矩阵. 如果 $0 < w < 1$, A 是一个不可约 L-矩阵, 且 $0 < a_{1n}a_{n1} < 1$, 并存在一个非空集合 $\alpha \subseteq N = \langle n-1 \rangle$ 使得

$$\begin{cases} 0 < a_{i,i+1}a_{i+1,i} < 1, & i \in \alpha, \\ a_{i,i+1}a_{i+1,i} = 0, & i \in N \backslash \alpha, \end{cases}$$

则

(1) $\rho(\tilde{L}_w) < \rho(L_w)$, 如果 $\rho(L_w) < 1$;

(2) $\rho(\tilde{L}_w) = \rho(L_w)$, 如果 $\rho(L_w) = 1$;

(3) $\rho(\tilde{L}_w) > \rho(L_w)$, 如果 $\rho(L_w) > 1$.

推论 2.1.2　设 L_w 和 $\hat{L}_w$ 是由 SOR 迭代法分别作用于式 (2.1) 和式 (2.9) 得到的迭代矩阵. 如果 $0 < w < 1$, A 是一个不可约 L-矩阵, 且 $0 < \alpha_n a_{1n}a_{n1} < 1$, 并存在一个非空集合 $\beta \subseteq N = \langle n-1 \rangle$ 使得

$$\begin{cases} 0 < \alpha_i a_{i,i+1}a_{i+1,i} < 1, & i \in \beta, \\ a_{i,i+1}a_{i+1,i} = 0, & i \in N \backslash \beta, \end{cases}$$

则

(1) $\rho(\hat{L}_w) < \rho(L_w)$, 如果 $\rho(L_w) < 1$;

(2) $\rho(\hat{L}_w) = \rho(L_w)$, 如果 $\rho(L_w) = 1$;

(3) $\rho(\hat{L}_w) > \rho(L_w)$, 如果 $\rho(L_w) > 1$.

推论 2.1.3   设 $0 < w_1 < w_2 \leqslant 1$ 且 $A^{-1} \geqslant 0$. 在推论 2.1.1 的条件下, 如果 $0 < \lambda = \rho(L_w) < 1$, 则 $0 < \rho(\tilde{L}_{w_2}) < \rho(\tilde{L}_{w_1}) < 1$.

推论 2.1.4   设 $0 < w_1 < w_2 \leqslant 1$ 且 $A^{-1} \geqslant 0$. 在推论 2.1.2 的条件下, 如果 $0 < \lambda = \rho(L_w) < 1$, 则 $0 < \rho(\hat{L}_{w_2}) < \rho(\hat{L}_{w_1}) < 1$.

注 2.1.3   通过上面推理可知: 对 *L*-矩阵线性系统来说, 本节涉及的预处理 G-S 迭代法的收敛速度比预处理 SOR 迭代法的收敛速度快, 即说明了 $w = 1$ 是 SOR 迭代法的最优参数值.

2.1.4   数值算例

本节给出一个数值算例来说明 2.1.3 节得到的理论结果.

例 2.1.1   设线性系统 (2.1) 的系数矩阵 A 为

$$
A = \begin{bmatrix}
1 & q & r & s & q & \cdots \\
s & 1 & q & r & \ddots & q \\
q & s & 1 & q & \ddots & s \\
r & q & s & 1 & \ddots & r \\
s & \ddots & \ddots & \ddots & \ddots & q \\
\cdots & s & r & q & s & 1
\end{bmatrix},
$$

其中 $q = -\dfrac{p}{n}$, $r = -\dfrac{p}{n+1}$, $s = -\dfrac{p}{n+2}$.

在数值计算中, 为方便取 $n = 6$, $p = 1$. 表 2.1~表 2.4 显示了参数取不同值的相应迭代矩阵的谱半径, 其数值结果是由 MATLAB 计算获得的. 为了便于比较, 用 ℓ_{wr} 表示在文献 [10] 中定理 2.2 的条件下的迭代矩阵. 用 $\overline{L}_{wr}$ 表示在文献 [8] 中定理 2 的条件下的迭代矩阵.

表 2.1   数值验证定理 2.1.1

w	r	$\rho(\tilde{L}_{wr})$	$\rho(\overline{L}_{wr})$	$\rho(\ell_{wr})$	$\rho(L_{wr})$
0.9	0.8	0.5606	0.5768	0.6367	0.6519
0.95	0.8	0.5362	0.5533	0.6165	0.6325
0.8	0.7	0.6365	0.6492	0.6962	0.7083
0.7	0.65	0.6921	0.7026	0.7416	0.7517

表 2.2   数值验证定理 2.1.2

α	w	r	$\rho(\hat{L}_{wr})$	$\rho(L_{wr})$
(1,1,2,1,1,1)	0.7	0.65	0.6975	0.7517
(2,1,3,1,1,2)	0.95	0.85	0.5476	0.6205
(1,4,1,3,5,2)	0.9	0.86	0.5844	0.6381
(2,4,5,3,6,8)	0.8	0.75	0.6809	0.6998

表 2.3   数值验证定理 2.1.3

w	r	$\rho(\tilde{L}_{wr})$	$\rho(L_{wr})$
0.9	0.5	0.7748	0.8014
0.9	0.6	0.7602	0.7899
0.9	0.8	0.7227	0.7615
0.9	0.9	0.6977	0.7433

表 2.4   数值验证推论 2.1.3

w	r	$\rho(\tilde{L}_{wr})$	$\rho(L_{wr})$
0.1	0.1	0.9798	0.9818
0.3	0.3	0.9329	0.9402
0.8	0.8	0.7535	0.7880
1	1	0.6284	0.6901

表 2.1~ 表 2.4 的数值结果显示本节提出的预处理子优于文献 [10] 及文献 [8] 所提的预处理子. 同时也发现, 对 L-矩阵线性系统来说, 本节涉及的预处理 G-S 迭代法的谱半径比预处理 SOR 迭代法的谱半径要小, 这正好验证了 2.1.3 节得到的有关结论.

2.2   一个双参数预处理子作用于 L-矩阵线性系统

2.2.1   引言

由 2.1 节知, 一个有效构建预处理子来降低迭代矩阵谱半径的途径是选取系数矩阵某些元素的相反数. 虽然该方法能达到降低迭代矩阵谱半径的效果, 但其适用范围相对狭窄. 如定理 2.1.1, 其结论成立的条件中不仅要求 L-矩阵是不可约的而且还需满足 $0 < a_{1n}a_{n1} < 1$ 等. 为了提高此类预处理子的适用范围, Wang 和 Li 在文献 [80] 中通过利用如下预处理子 $\tilde{\mathcal{P}} = I + \tilde{S}$ 和 $\overline{\mathcal{P}} = I + \overline{S}$ 提出了两类预处理 AOR 迭代法, 其中

$$\tilde{S} = \begin{bmatrix} 0 & \cdots & 0 & -\dfrac{a_{1n}}{\alpha} - \beta \\ 0 & \cdots & 0 & 0 \\ \vdots & & \vdots & \vdots \\ 0 & \cdots & 0 & 0 \end{bmatrix}, \quad \overline{S} = \begin{bmatrix} 0 & 0 & \cdots & 0 \\ 0 & 0 & \cdots & 0 \\ \vdots & \vdots & & \vdots \\ -\dfrac{a_{n1}}{\alpha} - \beta & 0 & \cdots & 0 \end{bmatrix}, \quad \alpha, \beta \in \mathbb{R}.$$

设
$$\tilde{A}x = \tilde{b}, \tag{2.11}$$
其中 $\tilde{A} = (I + \tilde{S})A$, $\tilde{b} = (I + \tilde{S})b$ 及
$$\bar{A}x = \bar{b}, \tag{2.12}$$
其中 $\bar{A} = (I + \overline{S})A$, $\bar{b} = (I + \overline{S})b$.

设 $\tilde{A} = \tilde{P}A$ 和 $\tilde{S}L = \tilde{D}_1 + \tilde{U}_1$, 其中 $\tilde{D}_1$ 为对角矩阵, $\tilde{U}_1$ 是严格上三角矩阵. 因此, 由 $\tilde{S}U = 0$ 得
$$\tilde{A} = (I + \tilde{S})(I - L - U) = I - L - U + \tilde{S} - \tilde{S}L = \tilde{D} - \tilde{L} - \tilde{U},$$
其中 $\tilde{D} = I - \tilde{D}_1$, $\tilde{L} = L$, $\tilde{U} = U + \tilde{U}_1 - \tilde{S}$.

设 $\bar{A} = \bar{P}A$ 和 $\overline{S}U = \overline{D}_1 + \overline{L}_1$, 其中 $\overline{D}_1$ 为对角矩阵, $\overline{L}_1$ 是严格下三角矩阵. 因此, 由 $\overline{S}L = 0$ 得
$$\bar{A} = (I + \overline{S})(I - L - U) = I - L - U + \overline{S} - \overline{S}U = \bar{D} - \bar{L} - \bar{U},$$
其中 $\bar{D} = I - \overline{D}_1$, $\bar{L} = L - \overline{S} + \overline{L}_1$, $\bar{U} = U$.

如果利用 AOR 作用于系数矩阵分别为 $\bar{A}$ 和 $\tilde{A}$ 的预处理系统 (2.11) 和系统 (2.12), 那么两个不同形式的 AOR 迭代矩阵为
$$\tilde{\mathcal{T}}_{rw} = (\tilde{D} - r\tilde{L})^{-1}((1 - w)\tilde{D} + (w - r)\tilde{L} + w\tilde{U}) \tag{2.13}$$
和
$$\bar{\mathcal{T}}_{rw} = (\bar{D} - r\bar{L})^{-1}((1 - w)\bar{D} + (w - r)\bar{L} + w\bar{U}). \tag{2.14}$$

本节将呈现一个新的预处理 AOR 迭代法求线性系统 (2.1), 讨论它的收敛性. 比较理论显示出新的预处理子要好于 Wang 和 Li 在文献 [80] 中的预处理子.

2.2.2 新预处理 AOR 迭代

现考虑如下预处理系统
$$\hat{A}x = \hat{b}, \tag{2.15}$$
其中 $\hat{A} = (I + \hat{S})A$, $\hat{b} = (I + \hat{S})b$ 且
$$\hat{S} = \begin{bmatrix} 0 & 0 & \cdots & -\dfrac{a_{1n}}{\alpha} - \beta \\ 0 & 0 & \cdots & 0 \\ \vdots & \vdots & & \vdots \\ -\dfrac{a_{n1}}{\alpha} - \beta & 0 & \cdots & 0 \end{bmatrix}.$$

线性系统 (2.15) 的系数矩阵 $\hat{A}$ 可表示为

$$\hat{A} = \hat{\mathcal{D}} - \hat{\mathcal{L}} - \hat{\mathcal{U}},$$

其中 $\hat{\mathcal{D}}$=diag($\hat{A}$), $\hat{\mathcal{L}}$ 和 $\hat{\mathcal{U}}$ 分别是矩阵 $\hat{A}$ 的严格下和上三角矩阵. 通过简单计算有

$$\hat{\mathcal{D}} = \begin{bmatrix} 1 - \left(\dfrac{a_{1n}}{\alpha} + \beta\right) a_{n1} & 0 & \cdots & 0 \\ 0 & 1 & \cdots & 0 \\ \vdots & \vdots & & \vdots \\ 0 & 0 & \cdots & 1 - \left(\dfrac{a_{n1}}{\alpha} + \beta\right) a_{1n} \end{bmatrix},$$

$$\hat{\mathcal{L}} = \begin{bmatrix} 0 & & & & \\ -a_{21} & 0 & & & \\ \vdots & \vdots & \ddots & & \\ -a_{n-1,1} & -a_{n-1,2} & & 0 & \\ \left(\dfrac{a_{n1}}{\alpha}+\beta\right)-a_{n1} & \left(\dfrac{a_{n1}}{\alpha}+\beta\right) a_{12}-a_{n2} & \cdots & \left(\dfrac{a_{n1}}{\alpha}+\beta\right) a_{1,n-1}-a_{n,n-1} & 0 \end{bmatrix},$$

$$\hat{\mathcal{U}} = \begin{bmatrix} 0 & \left(\dfrac{a_{1n}}{\alpha} + \beta\right) a_{n2} - a_{12} & \left(\dfrac{a_{1n}}{\alpha} + \beta\right) a_{n3} - a_{13} & \cdots & \left(\dfrac{a_{1n}}{\alpha} + \beta\right) - a_{1n} \\ & 0 & -a_{23} & \cdots & -a_{2n} \\ & & \ddots & & \vdots \\ & & & \ddots & -a_{n-1,n} \\ & & & & 0 \end{bmatrix}.$$

应用 AOR 方法作用于预处理系统 (2.15), 有相应的预处理 AOR 迭代法的迭代矩阵

$$\hat{\mathcal{T}}_{rw} = (\hat{\mathcal{D}} - r\hat{\mathcal{L}})^{-1}[(1-w)\hat{\mathcal{D}} + (w-r)\hat{\mathcal{L}} + w\hat{\mathcal{U}}]. \tag{2.16}$$

2.2.3　收敛分析

类似于文献 [80] 中的引理 3 和定理 1, 有如下引理 2.2.1 和定理 2.2.1.

引理 2.2.1　设 A 和 $\tilde{A}$ 分别是线性系统 (2.1) 和式 (2.11) 的系数矩阵. 如果 $0 \leqslant r \leqslant w \leqslant 1(w \neq 1, r \neq 1)$, A 是一个不可约 L-矩阵且 $0 < a_{1n}a_{n1} < \alpha\ (\alpha > 1)$, $\beta \in \left(-\dfrac{a_{1n}}{\alpha} + \dfrac{1}{a_{n1}}, -\dfrac{a_{1n}}{\alpha}\right) \bigcap \left(\left(1 - \dfrac{1}{\alpha}\right) a_{1n}, -\dfrac{a_{1n}}{\alpha}\right)$, 则迭代矩阵 L_{rw} 和 $\tilde{\mathcal{T}}_{rw}$ 是非负不可约的.

证明　迭代矩阵 L_{rw} 的证明类似于引理 3[81]. 这里仅证明 $\tilde{\mathcal{T}}_{rw}$.

通过简单计算, 当 $a_{1n}a_{n1} < \alpha$, $\beta \in \left(-\dfrac{a_{1n}}{\alpha} + \dfrac{1}{a_{n1}}, -\dfrac{a_{1n}}{\alpha}\right) \bigcap \left(\left(1 - \dfrac{1}{\alpha}\right)a_{1n}, -\dfrac{a_{1n}}{\alpha}\right)$ 时, 则有 $1 - \left(\dfrac{a_{1n}}{\alpha} + \beta\right)a_{n1} > 0$, $\left(\dfrac{a_{1n}}{\alpha} + \beta\right) - a_{1n} > 0$ 及 $\dfrac{a_{1n}}{\alpha} + \beta < 0$. 易得 $\tilde{D} > 0$, $\tilde{L} \geqslant 0$, $\tilde{U} \geqslant 0$. 于是

$$
\begin{aligned}
\tilde{\mathcal{T}}_{rw} &= (\tilde{\mathcal{D}} - r\tilde{\mathcal{L}})^{-1}((1-w)\tilde{\mathcal{D}} + (w-r)\tilde{\mathcal{L}} + w\tilde{\mathcal{U}}) \\
&= (I - r\tilde{\mathcal{D}}^{-1}\tilde{\mathcal{L}})^{-1}[(1-w)I + (w-r)\tilde{\mathcal{D}}^{-1}\tilde{\mathcal{L}} + w\tilde{\mathcal{D}}^{-1}\tilde{\mathcal{U}}] \\
&= (1-w)I + w(1-r)\tilde{\mathcal{D}}^{-1}\tilde{\mathcal{L}} + w\tilde{\mathcal{D}}^{-1}\tilde{\mathcal{U}} + \mathcal{T},
\end{aligned}
$$

其中

$$
\begin{aligned}
\mathcal{T} =\ & r\tilde{\mathcal{D}}^{-1}\tilde{\mathcal{L}}[(w-r)\tilde{\mathcal{D}}^{-1}\tilde{\mathcal{L}} + w\tilde{\mathcal{D}}^{-1}\tilde{\mathcal{U}}] + [r^2(\tilde{\mathcal{D}}^{-1}\tilde{\mathcal{L}})^2 + \cdots + r^{n-1}(\tilde{\mathcal{D}}^{-1}\tilde{\mathcal{L}})^{n-1}] \\
& \times [(1-w)I + (w-r)\tilde{\mathcal{D}}^{-1}\tilde{\mathcal{L}} + w\tilde{\mathcal{D}}^{-1}\tilde{\mathcal{U}}] \\
\geqslant\ & 0,
\end{aligned}
$$

因此 $\tilde{\mathcal{T}}_{rw}$ 是非负的. 由 A 不可约知 $(1-w)I + (w-r)\tilde{\mathcal{D}}^{-1}\tilde{\mathcal{L}} + w\tilde{D}^{-1}\tilde{\mathcal{U}}$ 不可约. 所以 $\tilde{\mathcal{T}}_{rw}$ 也是不可约的. $\qquad\square$

定理 2.2.1 如果 A 是一个不可约矩阵并满足 $0 < a_{1n}a_{n1} < \alpha$ $(\alpha > 1)$, $\beta \in \left(-\dfrac{a_{1n}}{\alpha} + \dfrac{1}{a_{n1}}, -\dfrac{a_{1n}}{\alpha}\right) \bigcap \left(\left(1 - \dfrac{1}{\alpha}\right)a_{1n}, -\dfrac{a_{1n}}{\alpha}\right)$, $0 \leqslant r \leqslant w \leqslant 1$ $(w \neq 1, r \neq 1)$, 则下列结果成立:

(1) $\rho(\tilde{\mathcal{T}}_{rw}) < \rho(L_{rw})$, 如果 $\rho(L_{rw}) < 1$;

(2) $\rho(\tilde{\mathcal{T}}_{rw}) = \rho(L_{rw})$, 如果 $\rho(L_{rw}) = 1$;

(3) $\rho(\tilde{\mathcal{T}}_{rw}) > \rho(L_{rw})$, 如果 $\rho(L_{rw}) > 1$.

证明 由引理 2.2.1 知 L_{rw} 和 $\tilde{\mathcal{T}}_{rw}$ 是非负不可约矩阵. 因此, 由引理 2.1.1 知存在一个正向量 x 满足 $L_{rw}x = \lambda x$, 其中 $\lambda = \rho(L_{rw})$. 由 $L_{rw}x = \lambda x$ 得

$$
((1-w)I + (w-r)L + wU)x = \lambda(I - rL)x \tag{2.17}
$$

和

$$
(w - r + \lambda r)\tilde{S}Lx = (w + \lambda - 1)\tilde{S}x, \tag{2.18}
$$

利用式 (2.17) 和式 (2.18) 得

$$
\begin{aligned}
\tilde{\mathcal{T}}_{rw}x - \lambda x &= (\tilde{\mathcal{D}} - r\tilde{\mathcal{L}})^{-1}[(1-w)\tilde{\mathcal{D}} + (w-r)\tilde{\mathcal{L}} + w\tilde{\mathcal{U}} - \lambda(\tilde{\mathcal{D}} - r\tilde{\mathcal{L}})]x \\
&= (\tilde{\mathcal{D}} - r\tilde{\mathcal{L}})^{-1}[(w + \lambda - 1)\tilde{D}_1 + w(\tilde{U}_1 - \tilde{S})]x \\
&= (\tilde{\mathcal{D}} - r\tilde{\mathcal{L}})^{-1}[(w + \lambda - 1)\tilde{D}_1 + w((\tilde{S}L - \tilde{D}_1) - \tilde{S})]x
\end{aligned}
$$

$$=(\tilde{\mathcal{D}} - r\tilde{\mathcal{L}})^{-1}[(\lambda - 1)\tilde{D}_1 + w(\tilde{\mathcal{S}}L - \tilde{\mathcal{S}})]x$$

$$=(\lambda - 1)(\tilde{\mathcal{D}} - r\tilde{\mathcal{L}})^{-1}\left[\tilde{D}_1 + \frac{w(1-r)}{w-r+\lambda r}\tilde{\mathcal{S}}\right]x,$$

由此可以得出定理 2.2.1 中的 (1)~(3). 事实上,

(1) 如果 $\lambda < 1$, 则 $\tilde{\mathcal{T}}_{rw}x - \lambda x \leqslant \mathbf{0}$ 且不等于零向量. 因此 $\tilde{\mathcal{T}}_{rw}x \leqslant \lambda x$. 由引理 2.1.2 得 $\rho(\tilde{\mathcal{T}}_{rw}) < \lambda = \rho(L_{rw})$.

(2) 如果 $\lambda = 1$, 则 $\tilde{\mathcal{T}}_{rw}x - \lambda x = \mathbf{0}$. 因此, $\tilde{\mathcal{T}}_{rw}x = \lambda x$. 由引理 2.1.2 得 $\rho(\tilde{\mathcal{T}}_{rw}) = \lambda = \rho(L_{rw})$.

(3) 如果 $\lambda > 1$, 则 $\tilde{\mathcal{T}}_{rw}x - \lambda x \geqslant \mathbf{0}$ 且不等于零向量. 因此 $\tilde{\mathcal{T}}_{rw}x \geqslant \lambda x$. 由引理 2.1.2 得 $\rho(\tilde{\mathcal{T}}_{rw}) > \lambda = \rho(L_{rw})$. □

这里顺便指出: 若 $0 < a_{1n}a_{n1} < \alpha \ (\alpha > 1)$, $\beta \in (\eta, \delta) \bigcap (\kappa, \delta)$ 且

$$\eta = \max\left\{\frac{1}{a_{n1}} - \frac{a_{1n}}{\alpha}, \frac{1}{a_{1n}} - \frac{a_{n1}}{\alpha}\right\},$$

$$\kappa = \max\left\{\left(1 - \frac{1}{\alpha}\right)a_{n1}, \left(1 - \frac{1}{\alpha}\right)a_{1n}\right\},$$

$$\delta = \min\left\{\frac{-a_{n1}}{\alpha}, \frac{-a_{1n}}{\alpha}\right\},$$

则有 $\hat{\mathcal{D}} > 0, \hat{\mathcal{L}} \geqslant 0, \hat{\mathcal{U}} \geqslant 0$.

接下来, 为了比较文献 [80] 中的方法, 有如下定理.

定理 2.2.2 设 $\hat{\mathcal{T}}_{rw}$ 和 $\tilde{\mathcal{T}}_{rw}$ 分别是式 (2.16) 和式 (2.13) 对应的 AOR 迭代矩阵. 如果 $0 \leqslant r \leqslant w \leqslant 1 \ (w \neq 1, r \neq 1)$, A 是一个不可约 L-矩阵且 $0 < a_{1n}a_{n1} < \alpha \ (\alpha > 1)$, $\beta \in (\eta, \delta) \bigcap (\kappa, \delta)$ 其中 $\eta = \max\left\{\frac{1}{a_{n1}} - \frac{a_{1n}}{\alpha}, \frac{1}{a_{1n}} - \frac{a_{n1}}{\alpha}\right\}$, $\kappa = \max\left\{\left(1 - \frac{1}{\alpha}\right)a_{n1}, \left(1 - \frac{1}{\alpha}\right)a_{1n}\right\}$, $\delta = \min\left\{\frac{-a_{n1}}{\alpha}, \frac{-a_{1n}}{\alpha}\right\}$, 则当 $\rho(\tilde{\mathcal{T}}_{rw}) < 1$ 时有

$$\rho(\hat{\mathcal{T}}_{rw}) < \rho(\tilde{\mathcal{T}}_{rw}).$$

证明 事实上, 当 A 是一个不可约 L-矩阵且 $0 < a_{1n}a_{n1} < \alpha \ (\alpha > 1)$, $\beta \in (\eta, \delta) \bigcap (\kappa, \delta)$, 其中 $\eta = \max\left\{\frac{1}{a_{n1}} - \frac{a_{1n}}{\alpha}, \frac{1}{a_{1n}} - \frac{a_{n1}}{\alpha}\right\}$, $\kappa = \max\left\{\left(1 - \frac{1}{\alpha}\right)a_{n1},\right.$ $\left.\left(1 - \frac{1}{\alpha}\right)a_{1n}\right\}$, $\delta = \min\left\{\frac{-a_{n1}}{\alpha}, \frac{-a_{1n}}{\alpha}\right\}$ 时, 易知 $\hat{\mathcal{T}}_{rw}$ 是一个非负不可约矩阵.

由于 $\tilde{\mathcal{T}}_{rw}$ 是一个非负不可约矩阵, 这里存在一个正向量 x 满足 $\tilde{\mathcal{T}}_{rw}x = \lambda x$, 其中 $\lambda = \rho(\tilde{\mathcal{T}}_{rw})$. 由 $\tilde{\mathcal{T}}_{rw}x = \lambda x$ 得

$$((1 - w)\tilde{\mathcal{D}} + (w - r)\tilde{\mathcal{L}} + w\tilde{\mathcal{U}})x = \lambda(\tilde{\mathcal{D}} - r\tilde{\mathcal{L}})x \tag{2.19}$$

和

$$w\hat{\mathcal{U}}x = w\tilde{\mathcal{U}}x = (w + \lambda - 1)\tilde{\mathcal{D}}x + (r - w - \lambda r)\tilde{\mathcal{L}}x. \tag{2.20}$$

由 $(I + \tilde{\mathcal{S}} + \overline{\mathcal{S}})(I - L - U) = \hat{\mathcal{D}} - \hat{\mathcal{L}} - \hat{\mathcal{U}}$ 得

$$\hat{\mathcal{D}} - \hat{\mathcal{L}} = \tilde{\mathcal{D}} - \tilde{\mathcal{L}} + \overline{\mathcal{S}} - \overline{\mathcal{S}}U, \quad \hat{\mathcal{L}} - \tilde{\mathcal{L}} = \hat{\mathcal{D}} - \tilde{\mathcal{D}} - \overline{\mathcal{S}} + \overline{\mathcal{S}}U.$$

进一步,

$$\hat{\mathcal{D}} - r\hat{\mathcal{L}} = (1 - r)\hat{\mathcal{D}} + r(\hat{\mathcal{D}} - \hat{\mathcal{L}}) = (1 - r)\hat{\mathcal{D}} + r(\tilde{\mathcal{D}} - \tilde{\mathcal{L}} + \overline{\mathcal{S}} - \overline{\mathcal{S}}U). \tag{2.21}$$

由式 (2.19)、式 (2.20) 和式 (2.21) 得

$$
\begin{aligned}
\hat{\mathcal{T}}_{rw}x - \lambda x &= (\hat{\mathcal{D}} - r\hat{\mathcal{L}})^{-1}[(1 - w)\hat{\mathcal{D}} + (w - r)\hat{\mathcal{L}} + w\hat{\mathcal{U}} - \lambda(\hat{\mathcal{D}} - r\hat{\mathcal{L}})]x \\
&= (\hat{\mathcal{D}} - r\hat{\mathcal{L}})^{-1}[(1 - w)\hat{\mathcal{D}} + (w - r)\hat{\mathcal{L}} + (w + \lambda - 1)\tilde{\mathcal{D}} + (r - w - \lambda r)\tilde{\mathcal{L}} \\
&\quad - \lambda(1 - r)\hat{\mathcal{D}} - r\lambda(\tilde{\mathcal{D}} - \tilde{\mathcal{L}} + \overline{\mathcal{S}} - \overline{\mathcal{S}}U)]x \\
&= (\hat{\mathcal{D}} - r\hat{\mathcal{L}})^{-1}[(1 - w - \lambda + r\lambda)\hat{\mathcal{D}} + \lambda(\tilde{\mathcal{D}} - r\tilde{\mathcal{L}}) - (1 - w)\tilde{\mathcal{D}} \\
&\quad + (w - r)(\hat{\mathcal{L}} - \tilde{\mathcal{L}}) - r\lambda(\tilde{\mathcal{D}} - \tilde{\mathcal{L}} + \overline{\mathcal{S}} - \overline{\mathcal{S}}U)]x \\
&= (\hat{\mathcal{D}} - r\hat{\mathcal{L}})^{-1}[(1 - \lambda)(1 - r)(\hat{\mathcal{D}} - \tilde{\mathcal{D}}) + (w - r + \lambda r)(\overline{\mathcal{S}}U - \overline{\mathcal{S}})]x.
\end{aligned}
$$

由

$$(I + \tilde{\mathcal{S}})(I - L - U) = I - L - U + \tilde{\mathcal{S}} - \tilde{\mathcal{S}}L - \tilde{\mathcal{S}}U = \tilde{\mathcal{D}} - \tilde{\mathcal{L}} - \tilde{\mathcal{U}},$$

得 $U = I + \tilde{\mathcal{S}} - \tilde{\mathcal{S}}L - \tilde{\mathcal{D}} + \tilde{\mathcal{U}}$. 因此,

$$
\begin{aligned}
(w - r + r\lambda)(\overline{\mathcal{S}}U - \overline{\mathcal{S}}) &= (w - r + r\lambda)\overline{\mathcal{S}}(I + \tilde{\mathcal{S}} - \tilde{\mathcal{S}}L - \tilde{\mathcal{D}} + \tilde{\mathcal{U}} - I) \\
&= (w - r + r\lambda)\overline{\mathcal{S}}(\tilde{\mathcal{S}} + \tilde{\mathcal{U}} - \tilde{\mathcal{S}}L - \tilde{\mathcal{D}}) \\
&= \frac{1}{w}(w - r + r\lambda)\overline{\mathcal{S}}[(w + \lambda - 1)\tilde{\mathcal{D}} + (r - w - r\lambda)\tilde{\mathcal{L}}] \\
&\quad + (w - r + r\lambda)\overline{\mathcal{S}}(\tilde{\mathcal{S}} - \tilde{\mathcal{S}}L - \tilde{\mathcal{D}}) \\
&= \frac{1}{w}(w - r + r\lambda)(\lambda - 1 + w)\overline{\mathcal{S}}\tilde{\mathcal{D}} \\
&\quad + (w - r + r\lambda)\overline{\mathcal{S}}(\tilde{\mathcal{S}} - \tilde{\mathcal{S}}L - \tilde{\mathcal{D}}) \\
&= \frac{1}{w}[w^2 + w(\lambda - 1)(1 + r) + r(\lambda - 1)^2]\overline{\mathcal{S}}\tilde{\mathcal{D}} \\
&\quad + (w - r + r\lambda)\overline{\mathcal{S}}(\tilde{\mathcal{S}} - \tilde{\mathcal{S}}L - \tilde{\mathcal{D}}),
\end{aligned}
$$

进一步,

$$\hat{\mathcal{T}}_{rw}x - \lambda x = (\hat{\mathcal{D}} - r\hat{\mathcal{L}})^{-1}\Big\{(1-\lambda)(1-r)(\hat{\mathcal{D}} - \tilde{\mathcal{D}})$$
$$+ \Big[w + (\lambda - 1)(1 + r) + \frac{r(\lambda - 1)^2}{w}\Big]\overline{\mathcal{S}}\tilde{\mathcal{D}}$$
$$+ (w - r + r\lambda)\overline{\mathcal{S}}(\tilde{\mathcal{S}} - \tilde{\mathcal{S}}L - \tilde{\mathcal{D}})\Big\}x.$$

设

$$C = (1-\lambda)(1-r)(\hat{\mathcal{D}} - \tilde{\mathcal{D}}) + \Big[w + (\lambda - 1)(1 + r) + \frac{r(\lambda - 1)^2}{w}\Big]\overline{\mathcal{S}}\tilde{\mathcal{D}}$$
$$+ (w - r + r\lambda)\overline{\mathcal{S}}(\tilde{\mathcal{S}} - \tilde{\mathcal{S}}L - \tilde{\mathcal{D}}),$$

因此,

$$\hat{\mathcal{T}}_{rw}x - \lambda x = (\hat{\mathcal{D}} - r\hat{\mathcal{L}})^{-1}Cx,$$

其中 $\overline{\mathcal{S}}\tilde{\mathcal{D}} = \gamma e_n e_1^{\mathrm{T}}$, 这里 e_1 和 e_n 分别是第一列和最后一列为 1、其他元素为 0 的向量, $\gamma = -\Big(\dfrac{a_{n1}}{\alpha} + \beta\Big)\Big[1 - \Big(\dfrac{a_{1n}}{\alpha} + \beta\Big)a_{n1}\Big]$, $\hat{\mathcal{D}} - \tilde{\mathcal{D}} = \mathrm{diag}\Big(0, \cdots, 0, -\Big(\dfrac{a_{n1}}{\alpha} + \beta\Big)a_{1n}\Big)$,

$$-\tilde{\mathcal{S}}L = \begin{bmatrix} -\Big(\dfrac{a_{1n}}{\alpha} + \beta\Big)a_{n1} & -\Big(\dfrac{a_{1n}}{\alpha} + \beta\Big)a_{n2} & \cdots & -\Big(\dfrac{a_{1n}}{\alpha} + \beta\Big)a_{n,n-1} & 0 \\ 0 & 0 & \cdots & 0 & 0 \\ \vdots & \vdots & & \vdots & \vdots \\ 0 & 0 & \cdots & 0 & 0 \end{bmatrix},$$

注意到

$$\tilde{\mathcal{D}} = \begin{bmatrix} 1 - \Big(\dfrac{a_{1n}}{\alpha} + \beta\Big)a_{n1} & & & \\ & 1 & & \\ & & \ddots & \\ & & & 1 \end{bmatrix},$$

再结合 $\tilde{\mathcal{S}}$, $\tilde{\mathcal{S}}L$ 和 $\tilde{\mathcal{D}}$, 有

$$\tilde{\mathcal{S}} - \tilde{\mathcal{S}}L - \tilde{\mathcal{D}} = \begin{bmatrix} -1 & -\Big(\dfrac{a_{1n}}{\alpha} + \beta\Big)a_{n2} & \cdots & -\Big(\dfrac{a_{1n}}{\alpha} + \beta\Big)a_{n,n-1} & -\Big(\dfrac{a_{1n}}{\alpha} + \beta\Big) \\ & -1 & \cdots & 0 & 0 \\ & & \ddots & \vdots & \vdots \\ & & & \ddots & 0 \\ & & & & -1 \end{bmatrix},$$

$$\overline{\mathcal{S}}(\tilde{\mathcal{S}} - \tilde{\mathcal{S}}L - \tilde{\mathcal{D}})$$

$$= \left(\frac{a_{n1}}{\alpha} + \beta\right) \begin{bmatrix} 0 & 0 & \cdots & 0 & 0 \\ \vdots & \vdots & & \vdots & \vdots \\ 0 & 0 & \cdots & 0 & 0 \\ 1 & \left(\frac{a_{1n}}{\alpha} + \beta\right)a_{n2} & \cdots & \left(\frac{a_{1n}}{\alpha} + \beta\right)a_{n,n-1} & \left(\frac{a_{1n}}{\alpha} + \beta\right) \end{bmatrix}.$$

通过简单计算得 $c_{ij} = 0, i = 1, 2, \cdots, n-1; j = 1, 2, \cdots, n-1.$

$$c_{n1} = \left[w + (r+1)(\lambda-1) + \frac{r(\lambda-1)^2}{w}\right] \times \left(\frac{a_{n1}}{\alpha} + \beta\right)\left[\left(\frac{a_{1n}}{\alpha} + \beta\right)a_{n1} - 1\right]$$

$$+ (w - r + r\lambda)\left(\frac{a_{n1}}{\alpha} + \beta\right)$$

$$= \left(\frac{a_{n1}}{\alpha} + \beta\right)\left\{\left[w + (r+1)(\lambda-1) + \frac{r(\lambda-1)^2}{w}\right]\right.$$

$$\left. \times \frac{a_{1n}a_{n1} + \beta\alpha a_{n1} - \alpha}{\alpha} + w - r + r\lambda\right\}$$

$$= \left(\frac{a_{n1}}{\alpha} + \beta\right)\left\{\left[w - r + r\lambda - w - (r+1)(\lambda-1) - \frac{r(\lambda-1)^2}{w}\right]\right.$$

$$\left. \times \frac{\alpha - a_{1n}a_{n1} - \beta\alpha a_{n1}}{\alpha} + (w - r + r\lambda)\frac{a_{1n}a_{n1} + \beta\alpha a_{n1}}{\alpha}\right\}$$

$$= \left(\frac{a_{n1}}{\alpha} + \beta\right)\left[\frac{(1-\lambda)(w - r + r\lambda)}{w} \times \frac{\alpha - a_{1n}a_{n1} - \beta\alpha a_{n1}}{\alpha}\right.$$

$$\left. + (w - r + r\lambda)\frac{a_{1n}a_{n1} + \beta\alpha a_{n1}}{\alpha}\right]$$

$$= (w - r + r\lambda)\left(\frac{a_{n1}}{\alpha} + \beta\right)\left[\frac{(1-\lambda)}{w}\right.$$

$$\left. \times \frac{\alpha - a_{1n}a_{n1} - \beta\alpha a_{n1}}{\alpha} + \frac{a_{1n}a_{n1} + \beta\alpha a_{n1}}{\alpha}\right],$$

$$c_{nj} = (w - r + r\lambda)\left(\frac{a_{n1}}{\alpha} + \beta\right)\left(\frac{a_{1n}}{\alpha} + \beta\right)a_{nj}, j = 2, \cdots, n-1,$$

$$c_{nn} = -(1-\lambda)(1-r)\left(\frac{a_{n1}}{\alpha} + \beta\right)a_{1n} + (w - r + r\lambda)\left(\frac{a_{n1}}{\alpha} + \beta\right)\left(\frac{a_{1n}}{\alpha} + \beta\right)$$

$$\leqslant -(1-\lambda)(1-r)\left(\frac{a_{n1}}{\alpha} + \beta\right)\left(\frac{a_{1n}}{\alpha} + \beta\right)$$

$$+ (w - r + r\lambda)\left(\frac{a_{n1}}{\alpha} + \beta\right)\left(\frac{a_{1n}}{\alpha} + \beta\right)$$

$$= (\lambda + w - 1)\left(\frac{a_{n1}}{\alpha} + \beta\right)\left(\frac{a_{1n}}{\alpha} + \beta\right).$$

因此, $(Cx)_j = 0, j = 1, 2, \cdots, n - 1.$ 由式 (2.17) 的第 n 行元素得

$$(1 - w)x_n - (w - r)\sum_{j=1}^{n-1} a_{nj}x_j = \lambda x_n + r\lambda \sum_{j=1}^{n-1} a_{nj}x_j,$$

也就是

$$(w + \lambda - 1)x_n + (w + r\lambda - r)\sum_{j=1}^{n-1} a_{nj}x_j = 0,$$

进而,

$$
\begin{aligned}
(Cx)_n =& c_{n1}x_1 + \sum_{j=2}^{n-1} c_{nj}x_j + c_{nn}x_n \\
\leqslant & (w - r + r\lambda)\left(\frac{a_{n1}}{\alpha} + \beta\right)\left[\frac{(1 - \lambda)}{w}\right. \\
& \times \frac{\alpha - a_{1n}a_{n1} - \beta\alpha a_{n1}}{\alpha} + \left.\frac{a_{1n}a_{n1} + \beta\alpha a_{n1}}{\alpha}\right]x_1 \\
& + (w + r\lambda - r)\left(\frac{a_{n1}}{\alpha} + \beta\right)\left(\frac{a_{1n}}{\alpha} + \beta\right)\sum_{j=2}^{n-1} a_{nj}x_j \\
& + (\lambda + w - 1)\left(\frac{a_{n1}}{\alpha} + \beta\right)\left(\frac{a_{1n}}{\alpha} + \beta\right)x_n \\
=& (w - r + r\lambda)\left(\frac{a_{n1}}{\alpha} + \beta\right)\left[\frac{(1 - \lambda)}{w} \times \frac{\alpha - a_{1n}a_{n1} - \beta\alpha a_{n1}}{\alpha} + \frac{a_{1n}a_{n1} + \beta\alpha a_{n1}}{\alpha}\right]x_1 \\
& + (w + r\lambda - r)\left(\frac{a_{n1}}{\alpha} + \beta\right)\left(\frac{a_{1n}}{\alpha} + \beta\right)\sum_{j=1}^{n-1} a_{nj}x_j \\
& + (\lambda + w - 1)\left(\frac{a_{n1}}{\alpha} + \beta\right)\left(\frac{a_{1n}}{\alpha} + \beta\right)x_n \\
& - (w + r\lambda - r)\left(\frac{a_{n1}}{\alpha} + \beta\right)\left(\frac{a_{1n}}{\alpha} + \beta\right)a_{n1}x_1 \\
=& (w - r + r\lambda)\left(\frac{a_{n1}}{\alpha} + \beta\right)\left[\frac{(1 - \lambda)}{w} \times \frac{\alpha - a_{1n}a_{n1} - \beta\alpha a_{n1}}{\alpha} + \frac{a_{1n}a_{n1} + \beta\alpha a_{n1}}{\alpha}\right]x_1 \\
& - (w + r\lambda - r)\left(\frac{a_{n1}}{\alpha} + \beta\right)\left(\frac{a_{1n}}{\alpha} + \beta\right)a_{n1}x_1 \\
=& (w + r\lambda - r)\left(\frac{a_{n1}}{\alpha} + \beta\right) \times \frac{1 - \lambda}{w} \times \frac{\alpha - a_{1n}a_{n1} - \beta\alpha a_{n1}}{\alpha}x_1.
\end{aligned}
$$

通过上面讨论再结合 $(\hat{\mathcal{D}} - r\hat{\mathcal{L}})^{-1} \geqslant 0$, 易得如果 $\lambda < 1$ 则 $\hat{\mathcal{T}}_{rw}x - \lambda x \leqslant \mathbf{0}$ 且不等于零向量. 因此, $\hat{\mathcal{T}}_{rw}x \leqslant \lambda x$. 由引理 2.1.2 得 $\rho(\hat{\mathcal{T}}_{rw}) < \lambda = \rho(\tilde{\mathcal{T}}_{rw})$. $\qquad \square$

推论 2.2.1 设 L_{rw}, $\tilde{\mathcal{T}}_{rw}$ 和 $\hat{\mathcal{T}}_{rw}$ 分别由式 (2.4)、式 (2.13) 和式 (2.16) 定义.

在定理 2.2.2 的条件下, 如果 $\rho(L_{rw}) < 1$, 那么

$$\rho(\hat{T}_{rw}) < \rho(\tilde{T}_{rw}) < \rho(L_{rw}).$$

当 $w = r$ 时, AOR 迭代就退化为 SOR 迭代. 所以有下面推论成立.

推论 2.2.2 设 L_w, $\tilde{T}_w$ 和 $\hat{T}_w$ 分别由式 (2.4)、式 (2.13) 和式 (2.16) 定义. 在定理 2.2.2 的条件下, 如果 $\rho(L_w) < 1$, 那么

$$\rho(\hat{T}_w) < \rho(\tilde{T}_w) < \rho(L_w).$$

类似地, 在式 (2.4)、式 (2.13) 和式 (2.16) 中, 如果 $w = 1$ 和 $r = 0$, 我们能获得相对应的 Jacobi 方法的迭代矩阵. 因此也有如下结果成立.

推论 2.2.3 设 B, $\tilde{B}$ 和 $\hat{B}$ 分别是相对应 Jacobi 方法的迭代矩阵. 在定理 2.2.2 的条件下, 如果 $\rho(B) < 1$, 那么

$$\rho(\hat{B}) < \rho(\tilde{B}) < \rho(B).$$

注 2.2.1 基于本节的讨论, 不难发现, 当预处理方法用于求解线性系统 (2.1) 时 AOR(SOR, Jacobi) 的收敛速度的确被改善了. 具体地说, 就是改进了文献 [80] 中的方法.

2.2.4 数值例子

现考虑如下例子来说明本节所得的结果. 所有的数值实验在 MATLAB 7.0 上执行. 假定式 (2.1) 的系数矩阵为

$$A = \begin{bmatrix} 1 & q & r & s & q & \cdots \\ s & 1 & q & r & \ddots & q \\ q_1 & s & 1 & q & \ddots & s \\ r & q_1 & s & 1 & \ddots & r \\ s & \ddots & \ddots & \ddots & \ddots & q \\ \cdots & s & r & q_1 & s & 1 \end{bmatrix},$$

其中

$$q = -\frac{1}{n}, \quad r = -\frac{1}{n+1}, \quad s = -\frac{1}{n+2}, \quad q_1 = -\frac{2}{n}.$$

表 2.5 和表 2.6 列出了在不同参数 w 和 r 情况下所对应迭代矩阵谱半径的大小. 由表 2.5 和表 2.6 知所有的数值结果与 2.2.3 节的理论相一致. 当在改善

AOR(SOR,Jacobi) 的收敛速度时, 我们发现新预处理子的确比文献 [80] 中的预处理子更有效.

表 2.5　AOR 方法

n	w	r	α	β	$\rho(\hat{T}_{rw})$	$\rho(\tilde{T}_{rw})$	$\rho(T_{rw})$
6	0.9	0.5	1.5	-0.04	0.7659	0.7707	0.7753
8	0.8	0.6	2	0	0.8736	0.8744	0.8753
10	0.95	0.9	2.5	0.01	0.8901	0.8912	0.8913

表 2.6　SOR 方法

n	w	r	α	β	$\rho(\hat{T}_{rw})$	$\rho(\tilde{T}_{rw})$	$\rho(T_{rw})$
6	0.9	0.9	6	0.005	0.7105	0.7118	0.7122
8	0.8	0.8	4	-0.1	0.8532	0.8557	0.8570
10	0.9	0.9	3	0	0.8569	0.8959	0.8970

接下来, 我们研究 AOR 迭代 (2.4)、预处理 AOR 迭代 (2.13) 及预处理 AOR 迭代 (2.16). 我们试图利用迭代 (2.4)、迭代 (2.13) 和迭代 (2.16) 方法去求解相对应的线性方程组 $Ax = b$, 其中 A 是如上描述, $b = Ae$ ($e = (1, 1, \cdots, 1)^{\mathrm{T}}$). 所有的测试从零向量开始. 式 (2.4)、式 (2.13) 和式 (2.16) 方法将停止, 如果相对误差满足

$$\frac{\|r^{(k)}\|_2}{\|r^{(0)}\|_2} < 10^{-6}.$$

表 2.7 和表 2.8 列出了当 AOR(SOR) 迭代及相对应的预处理 AOR(SOR) 迭代在求解线性系统 (2.1) 时在不同参数 w 和 r 的情况下迭代矩阵谱半径 ρ 的大小, 迭代数 (IT) 及相对误差 (RES).

由表 2.7 和表 2.8 知预处理子 $I + \hat{S}$ 比文献 [80] 中的预处理子 $I + \tilde{S}$ 要好. 同时, 预处理子 $I + \hat{S}$ 和 $I + \tilde{S}$ 结合 AOR 求线性系统 (2.1) 比无预处理子的 AOR 效果要好.

表 2.7　AOR 迭代的谱半径、IT 及 RES

n	w	r	α	β		$\hat{T}_{rw}$	$\tilde{T}_{rw}$	T_{rw}
					ρ	0.7659	0.7707	0.7753
6	0.9	0.5	1.5	-0.04	IT	50	49	48
					RES	2.6479×10^{-6}	2.5876×10^{-6}	2.5620×10^{-6}
					ρ	0.8736	0.8744	0.8753
8	0.8	0.6	2	0	IT	90	89	88
					RES	2.9257×10^{-6}	3.0840×10^{-6}	3.2684×10^{-6}
					ρ	0.8901	0.8912	0.8913
10	0.95	0.9	2.5	0.01	IT	102	102	101
					RES	3.222×10^{-6}	3.1640×10^{-6}	3.2032×10^{-6}

表 2.8　SOR 迭代的谱半径、IT 及 RES

n	w	r	α	β		$\hat{T}_{rw}$	$\tilde{T}_{rw}$	T_{rw}
					ρ	0.7105	0.7118	0.7122
6	0.9	0.9	6	0.005	IT	39	39	38
					RES	1.8029×10^{-6}	1.7659×10^{-6}	2.3384×10^{-6}
					ρ	0.8532	0.8557	0.8570
8	0.8	0.8	4	-0.1	IT	78	78	76
					RES	2.7666×10^{-6}	2.4681×10^{-6}	2.7701×10^{-6}
					ρ	0.8569	0.8959	0.8970
10	0.9	0.9	3	0	IT	108	107	106
					RES	2.8395×10^{-6}	3.1010×10^{-6}	3.1430×10^{-6}

2.3　H-矩阵线性系统的预处理 Gauss-Seidel 迭代法

2.3.1　引言

　　H-矩阵是非常重要的一类矩阵, 在科学计算和工程技术中有着重要的应用价值, 如控制论及神经网格系统的稳定分析、微分方程数值解等. H-矩阵首先是由美国数学家 Ostrowski 在研究矩阵计算迭代程序收敛性时提出的. 随后, 许多专家及学者对 H-矩阵线性系统的求解做了一些研究并获得了一些重要的理论成果, 如用 Jacobi, G-S, SOR, AOR 和一些并行多分裂等迭代法求解都是收敛的 [9, 82]. 近年来, 利用预处理迭代法求解 H-矩阵线性系统已成为一些专家及学者关注的焦点并对此做了大量的工作.

　　2.1.3 节利用了预处理子 $\tilde{P}$ 及 P_α 结合 AOR 迭代法求解非奇异 L-矩阵线性系统, 并说明这种预处理 AOR 迭代法优于原 AOR 迭代法. 本节将预处理子 $\tilde{P}$ 及 P_α 应用于更为广泛的 H-矩阵线性系统. 具体地说是把预处理子 $\tilde{P}$ 及 P_α 与 G-S 迭代法结合来求解 H-矩阵线性系统.

　　现考虑线性系统 (2.1)

$$Ax = b,$$

这里 A 是一个非奇异 H-矩阵. 在不失一般性的条件下可设 $a_{ii} = 1(i \in \langle n \rangle)$, 将线性系统的系数矩阵 A 分裂如下:

$$A = I - L - U.$$

　　进而可得到 G-S 迭代法的迭代矩阵, 即

$$T = (I - L)^{-1}U. \tag{2.22}$$

　　由于预处理子 $\tilde{P}$ 是预处理子 P_α 的一种特殊情况, 这里只需考虑用预处理子 P_α 作用于线性系统 (2.1), 即

$$P_\alpha Ax = P_\alpha b. \tag{2.23}$$

记 $A_\alpha = P_\alpha A = (I + S_\alpha)A$, 则 A_α 可以表示为

$$A_\alpha = I - L - S_\alpha L - (U - S_\alpha + S_\alpha U).$$

不难发现, 如果 $\alpha_i a_{i,i+1} a_{i+1,i} \neq 1 (i \in \langle n-1 \rangle)$, 则矩阵 $I - L - S_\alpha L$ 是非奇异的. 于是, 以系数矩阵为 A_α 的线性系统所对应的 G-S 迭代法的迭代矩阵可定义为

$$T_\alpha = [I - L - S_\alpha L]^{-1}(U - S_\alpha + S_\alpha U).$$

2.3.2　概念和性质

为了便于讨论, 这里引入两个概念及三个引理.

定义 2.3.1[79]　若 A 是 L-矩阵且 $A^{-1} \geqslant 0$, 称 A 为 M-矩阵.

定义 2.3.2[9]　记 $|A| = (|a_{ij}|)$, 用 $\langle A \rangle = (\bar{a}_{ij})$ 表示 A 的比较矩阵, 其中

$$\bar{a}_{ij} = \begin{cases} |a_{ij}|, & i = j, \\ -|a_{ij}|, & i \neq j, \end{cases}$$

如果 $\langle A \rangle$ 是非奇异 M-矩阵, 称 A 为 H-矩阵.

引理 2.3.1[83]　矩阵 A 是 H-矩阵的充要条件是存在一个正向量 x, 使得 $\langle A \rangle x > 0$.

引理 2.3.2[83]　设 A 是 H-矩阵, 则 $|\langle A \rangle^{-1}|_\infty \geqslant 1$ 且 $|A^{-1}| \leqslant \langle A \rangle^{-1}$.

引理 2.3.3[82]　设 A 是 H-矩阵, 则 $\rho((I-L)^{-1}U) < 1$.

2.3.3　收敛性分析

令

$$\beta_i = 1 + \frac{|a_{i,i+1}| + 1}{|a_{i,i+1}|(2|\langle A \rangle^{-1}|_\infty - 1)} \ (i \in \langle n-1 \rangle) 及 \beta_n = 1 + \frac{|a_{n1}| + 1}{|a_{n1}|(2|\langle A \rangle^{-1}|_\infty - 1)}.$$

由引理 2.3.2 知 $\beta_i > 1 (i \in \langle n \rangle)$. 为方便, 这里记 $e = (1, 1, \cdots, 1)^{\mathrm{T}}$.

定理 2.3.1　设 A 是 H-矩阵. 如果 $\alpha_i \in [0, \beta_i) \ (i \in \langle n-1 \rangle)$ 和 $0 \leqslant \alpha_n < \beta_n$, 则 A_α 是 H-矩阵且 $\rho(T_\alpha) < 1$.

证明　设 $r = \langle A \rangle^{-1}e$. 由于 A 是 H-矩阵, 由定义 2.3.1 及定义 2.3.2 知 $r > \mathbf{0}$ 且 $\langle A \rangle r = e > \mathbf{0}$. 记 $r = (r_1, r_2, \cdots, r_n)^{\mathrm{T}}$.

对任意的 $i \leqslant n-1$, 有

$$(\langle A_\alpha \rangle r)_i = |1 - \alpha_i a_{i,i+1} a_{i+1,i}| r_i - \sum_{j \neq i} |a_{ij} - \alpha_i a_{i,i+1} a_{i+1,j}| r_j$$

$$\geqslant r_i - \alpha_i |a_{i,i+1} a_{i+1,i}| r_i - |1 - \alpha_i| |a_{i,i+1}| r_{i+1} - \sum_{j \neq i,i+1} |a_{ij}| r_j$$

$$- \sum_{j\neq i,i+1} \alpha_i |a_{i,i+1}a_{i+1,j}| r_j$$

$$=(\langle A\rangle r)_i + |a_{i,i+1}| r_{i+1} - \alpha_i |a_{i,i+1}| \Big[r_{i+1} - (\langle A\rangle r)_{i+1} \Big] - |1-\alpha_i||a_{i,i+1}| r_{i+1}$$

$$=1 + |a_{i,i+1}| r_{i+1} - \alpha_i |a_{i,i+1}| [r_{i+1} - 1] - |1-\alpha_i||a_{i,i+1}| r_{i+1}$$

$$=1 + \alpha_i |a_{i,i+1}| + [(1-\alpha_i) - |1-\alpha_i|]|a_{i,i+1}| r_{i+1}.$$

情形 1: 如果 $\alpha_i > 1 (1 \leqslant i \leqslant n-1)$, 则

$$(\langle A_\alpha\rangle r)_i \geqslant 1 + 2|a_{i,i+1}| r_{i+1} - \alpha_i |a_{i,i+1}|(2r_{i+1} - 1)$$

$$> 1 + 2|a_{i,i+1}| r_{i+1} - \left[1 + \frac{|a_{i,i+1}| + 1}{|a_{i,i+1}|(2|\langle A\rangle^{-1}|_\infty - 1)}\right](2r_{i+1} - 1)|a_{i,i+1}|$$

$$\geqslant (1 + |a_{i,i+1}|) - \frac{|a_{i,i+1}| + 1}{|a_{i,i+1}|(2|\langle A\rangle^{-1}|_\infty - 1)}(2|\langle A\rangle^{-1}|_\infty - 1)|a_{i,i+1}|$$

$$= 0.$$

情形 2: 如果 $0 \leqslant \alpha_i \leqslant 1$, 则 $(\langle A_\alpha\rangle r)_i \geqslant 1 + \alpha_i |a_{i,i+1}| > 0 \ (1 \leqslant i \leqslant n-1)$. 进而, 对任意的 $\alpha_i \in [0, \beta_i)$, 都有 $(\langle A_\alpha\rangle r)_i > 0 \ (1 \leqslant i \leqslant n-1)$.

类似地, 当 $i = n$ 时, 有

$$(\langle A_\alpha\rangle r)_n = |1 - \alpha_n a_{1n}a_{n1}| r_n - \sum_{j\neq n} |a_{nj} - \alpha_n a_{n,1}a_{1,j}| r_j$$

$$\geqslant r_n - \alpha_n |a_{1n}a_{n1}| r_n - |1-\alpha_n||a_{n1}| r_1$$

$$- \sum_{j\neq n,1} |a_{nj}| r_j - \sum_{j\neq n,1} \alpha_n |a_{n1}a_{1j}| r_j$$

$$=(\langle A\rangle r)_n + |a_{n1}| r_1 - \alpha_n |a_{n1}|[r_1 - (\langle A\rangle r)_1] - |1-\alpha_n||a_{n1}| r_1$$

$$=1 + |a_{n1}| r_1 - \alpha_n |a_{n1}|[r_1 - 1] - |1-\alpha_n||a_{n1}| r_1$$

$$=1 + \alpha_n |a_{n1}| + [(1-\alpha_n) - |1-\alpha_n|]|a_{n1}| r_1.$$

情形 1′: 如果 $\alpha_n > 1$, 则

$$(\langle A_\alpha\rangle r)_n \geqslant 1 + 2|a_{n1}| r_1 - \alpha_n |a_{n1}|(2r_1 - 1)$$

$$> 1 + 2|a_{n1}| r_1 - \left[1 + \frac{|a_{n1}| + 1}{|a_{n1}|(2|\langle A\rangle^{-1}|_\infty - 1)}\right](2r_1 - 1)|a_{n1}|$$

$$\geqslant (1 + |a_{n1}|) - \frac{|a_{n1}| + 1}{|a_{n1}|(2|\langle A\rangle^{-1}|_\infty - 1)}(2|\langle A\rangle^{-1}|_\infty - 1)|a_{n1}|$$

$$= 0.$$

情形 $2'$: 如果 $0 \leqslant \alpha_n \leqslant 1$, 则 $(\langle A_\alpha \rangle r)_n \geqslant 1 + \alpha_n |a_{n1}| > 0$.

进而, 在 $0 \leqslant \alpha_n < \beta_n$ 的情况下, $(\langle A_\alpha \rangle r)_n > 0$.

于是, 对 $\alpha_i \in [0, \beta_i)$ $(i \in \langle n-1 \rangle)$ 及 $0 \leqslant \alpha_n < \beta_n$, 总有 $\langle A_\alpha \rangle r > 0$ 成立. 由定理 6.2.3[79]、引理 2.3.1 及引理 2.3.3 得 $\langle A_\alpha \rangle$ 是非奇异 M-矩阵. 进一步知 A_α 是 H-矩阵且 $\rho(T_\alpha) < 1$.   □

注 2.3.1   定理 2.3.1 表明 $|a_{i,i+1}|$ 的值越小, 参数 α_i 的取值范围越大. 从定理 2.3.1 知, 在满足一定的条件下, 参数 α_i 的取值可以大于 1(2.3.4 节).

2.3.4   数值算例

本节给出一个数值算例来验证 2.3.3 节得到的结论.

例 2.3.1   设线性系统 (2.1) 的系数矩阵 A 为

$$A = \begin{bmatrix} 1 & 1 & 0 \\ 0 & 1 & -1 \\ -0.5 & 0 & 1 \end{bmatrix},$$

显然, 矩阵 A 是非奇异 H-矩阵. 易得

$$\langle A \rangle = \begin{bmatrix} 1 & -1 & 0 \\ 0 & 1 & -1 \\ -0.5 & 0 & 1 \end{bmatrix}, \quad \langle A \rangle^{-1} = \begin{bmatrix} 2 & 2 & 2 \\ 1 & 2 & 2 \\ 1 & 1 & 2 \end{bmatrix}, \quad \|\langle A \rangle^{-1}\|_\infty = 6,$$

通过计算得 $\beta_1 = \beta_2 = \dfrac{12}{11}$ 和 $\beta_3 = \dfrac{13}{11}$. 取 $\alpha_1 = \dfrac{1}{2}$, $\alpha_2 = 1$ 和 $\alpha_3 = 1.2$, 则

$$I + S_\alpha = \begin{bmatrix} 1 & -0.5 & 0 \\ 0 & 1 & 1 \\ 0.6 & 0 & 1 \end{bmatrix}, \quad A_\alpha = (I + S_\alpha)A = \begin{bmatrix} 1 & 0.5 & 0.5 \\ -0.5 & 1 & 0 \\ 0.1 & 0.6 & 1 \end{bmatrix}.$$

易知, 矩阵 A_α 是非奇异 H-矩阵. 通过计算得 $\rho(T_\alpha) = 0.9659 < 1$, 即在满足一定的条件下, 预处理子 P_α 结合 G-S 迭代法求解 H-矩阵线性系统是可行有效的.

2.4   求解最小二乘问题的预处理 AOR 迭代法

2.4.1   引言

考虑线性系统

$$Hx = b, \tag{2.24}$$

其中

$$H = \begin{bmatrix} I - B_1 & D \\ C & I - B_2 \end{bmatrix}$$

是非奇异矩阵, 并且

$$B_1 = (b_{ij})_{p \times p}, \quad B_2 = (b_{ij})_{(n-p) \times (n-p)}, \quad C = (c_{ij})_{(n-p) \times p}, \quad D = (d_{ij})_{p \times (n-p)}.$$

线性系统 (2.24) 通常出现在不同的应用领域之中, 如求解最小二乘问题

$$\min_{x \in \mathbb{R}^n} (Ax - b)^{\mathrm{T}} W^{-1} (Ax - b),$$

其中 W 是协方差矩阵, 通过对其等价转化最终可归结为求解线性系统 (2.24). 对于此类问题的相关研究, 可参阅文献 [84]~[88].

如前所述, 对于线性系统的求解, 通常有两类方法: 直接法和迭代法. 当线性系统的系数矩阵规模适度 (如阶数不超过 1000) 时, 直接法可被广泛地应用且具有良好的稳定性; 而当求解大型稀疏线性系统时, 由于计算机存储和 CPU 工作时间的需要, 许多行之有效的直接法就有可能面临着严重的挑战. 一个方便有效的选择是在实际求解大型稀疏线性系统时用迭代法取代直接法. 众所周知, 在使用高性能计算机计算时, 迭代法比直接法更加有效.

在文献 [9] 和文献 [89] 里面, 已存在基于线性系统的系数矩阵分裂而形成的经典迭代方法: Jacobi, G-S 和 SOR 迭代法, 并对此三个迭代法的收敛性做了比较详细的分析. 随后, 为了进一步改进和提高 SOR 迭代法的收敛速度及应用范围, Hadjidimos 在文献 [77] 中提出了著名的 AOR 迭代法并详细地分析了 AOR 迭代法的收敛性, 给出了 AOR 迭代法的收敛条件.

本节将 AOR 迭代法与预处理技术相结合来求解由最小二乘问题形成的 (2, 2) 块线性系统 (2.24). 通过利用预处理子来降低迭代矩阵的谱半径, 进而达到提高其收敛速度的目的. 本节构造预处理子的思想是将 2.1.3 节的预处理子推广到形如 (2,2) 块矩阵的形式.

为了利用 AOR 迭代法求解线性系统 (2.24), 依据系数矩阵 H 的结构特点, 将其分裂如下:

$$H = I - \begin{bmatrix} 0 & 0 \\ -C & 0 \end{bmatrix} - \begin{bmatrix} B_1 & -D \\ 0 & B_2 \end{bmatrix}. \tag{2.25}$$

通过化简, 可得到求解线性系统 (2.24) 的 AOR 迭代法, 即

$$x^{(k+1)} = T_{w,r} x^{(k)} + wg, \quad k = 0, 1, \cdots, \tag{2.26}$$

其中 $T_{w,r}$ 是迭代矩阵且 $w \neq 0$. 具体地说,

$$
\begin{aligned}
T_{w,r} &= \begin{bmatrix} I & 0 \\ rC & I \end{bmatrix}^{-1} \left\{ (1-w)I + (w-r)\begin{bmatrix} 0 & 0 \\ -C & 0 \end{bmatrix} + w\begin{bmatrix} B_1 & -D \\ 0 & B_2 \end{bmatrix} \right\} \\
&= \begin{bmatrix} (1-w)I + wB_1 & -wD \\ w(r-1)C - wrCB_1 & (1-w)I + wB_2 + wrCD \end{bmatrix},
\end{aligned}
$$

$$
g = \begin{bmatrix} I & 0 \\ -rC & I \end{bmatrix} f.
$$

显然, 当 $w = r$ 时, AOR 迭代法就退化成 SOR 迭代法.

通常, 选择适当的预处理子是提高迭代法收敛速度的一种重要途径. 为了有效地求解线性系统 (2.24), 在实际的求解过程中人们更倾向于求解含有预处理子的线性系统, 即

$$
PHx = Pf.
$$

类似地, 矩阵 PH 可以表示为

$$
PH = \begin{bmatrix} I - B_1^* & D^* \\ C^* & I - B_2^* \end{bmatrix}.
$$

进而, 预处理 AOR 迭代法可定义为

$$
x^{(k+1)} = T_{w,r}^* x^{(k)} + wg^*, \quad w \neq 0, \ k = 0, 1, \cdots, \tag{2.27}
$$

其中

$$
T_{w,r}^* = \begin{bmatrix} (1-w)I + wB_1^* & -wD^* \\ w(r-1)C^* - wrC^*B_1^* & (1-w)I + wB_2^* + wrC^*D^* \end{bmatrix},
$$

$$
g^* = \begin{bmatrix} I & 0 \\ -rC^* & I \end{bmatrix} Pf.
$$

2.4.2　预处理 AOR 迭代法及收敛分析

考虑预处理线性系统

$$
\tilde{H}x = \tilde{f}, \tag{2.28}
$$

其中 $\tilde{H} = (I + \tilde{S})H$, $\tilde{f} = (I + \tilde{S})f$, 这里

$$
\tilde{S} = \begin{bmatrix} S & 0 \\ 0 & 0 \end{bmatrix}.
$$

根据 2.1.3 节的预处理子 $\tilde{P}$, 这里 S 取为

$$
S = \begin{bmatrix}
0 & b_{12} & 0 & \cdots & 0 \\
0 & 0 & b_{23} & \cdots & 0 \\
\vdots & \vdots & \vdots & & \vdots \\
0 & 0 & 0 & \cdots & b_{p-1,p} \\
b_{p1} & 0 & 0 & \cdots & 0
\end{bmatrix}_{p \times p},
$$

且 S 为一个非零的实矩阵, 否则没有意义. 通过计算得

$$
\tilde{H} = \begin{bmatrix}
I - [B_1 - S(I - B_1)] & (I + S)D \\
C & I - B_2
\end{bmatrix},
$$

其中

$$
B_1 - S(I - B_1) = \begin{bmatrix}
b_{11} + b_{12}b_{21} & b_{12}b_{22} & b_{13} + b_{12}b_{23} & \cdots & b_{1p} + b_{12}b_{2p} \\
b_{21} + b_{23}b_{31} & b_{22} + b_{23}b_{32} & b_{23}b_{33} & \cdots & b_{2p} + b_{23}b_{3p} \\
\vdots & \vdots & \vdots & & \vdots \\
b_{p1}b_{11} & b_{p2} + b_{p1}b_{12} & b_{p3} + b_{p1}b_{13} & \cdots & b_{pp} + b_{p1}b_{1p}
\end{bmatrix}.
$$

类似于式 (2.25), 矩阵 $\tilde{H}$ 分裂为

$$
\tilde{H} = I - \begin{bmatrix}
0 & 0 \\
-C & 0
\end{bmatrix} - \begin{bmatrix}
B_1 - S(I - B_1) & -(I + S)D \\
0 & B_2
\end{bmatrix}.
$$

于是, 预处理 AOR 迭代法求解线性系统 (2.28) 可表示为

$$
x^{(k+1)} = \tilde{T}_{w,r} x^{(k)} + w\tilde{g}(w \neq 0), \quad k = 0, 1, \cdots, \tag{2.29}
$$

其中

$$
\tilde{T}_{w,r} = \begin{bmatrix}
(1-w)I + w[B_1 - S(I - B_1)] & -w(I + S)D \\
w(r-1)C - wrC[B_1 - S(I - B_1)] & (1-w)I + wB_2 + wrC(I + S)D
\end{bmatrix},
$$

$$
\tilde{g} = \begin{bmatrix}
I & 0 \\
-rC & I
\end{bmatrix} \tilde{f}.
$$

定理 2.4.1 设 H 是不可约矩阵, $B_1 \geqslant 0$ 且 $\mathrm{diag}(B_1) > 0$, $B_2 \geqslant 0$, $C \leqslant 0$, $D \leqslant 0$, $0 < w \leqslant 1$ 和 $0 \leqslant r < 1$, 则

(1) 如果 $\rho(T_{w,r}) < 1$, 则 $\rho(\tilde{T}_{w,r}) < \rho(T_{w,r})$;

(2) 如果 $\rho(T_{w,r}) > 1$, 则 $\rho(\tilde{T}_{w,r}) > \rho(T_{w,r})$.

证明 将矩阵 $T_{w,r}$ 分裂如下:

$$T_{w,r} = \left[\begin{array}{cc} (1-w)I + wB_1 & -wD \\ w(r-1)C & (1-w)I + wB_2 \end{array} \right] + wr \left[\begin{array}{cc} 0 & 0 \\ -CB_1 & CD \end{array} \right]. \quad (2.30)$$

显然, 如果矩阵 H 满足 $B_1 \geqslant 0$, $B_2 \geqslant 0$, $C \leqslant 0$ 和 $D \leqslant 0$ 以及 $0 < w \leqslant 1$ 和 $0 < r < 1$, 则

$$\left[\begin{array}{cc} 0 & 0 \\ -CB_1 & CD \end{array} \right] \geqslant 0 \text{且} T_{w,r} \geqslant 0,$$

又因为矩阵 H 是不可约的, 通过观察式 (2.30) 的结构, 知矩阵 $T_{w,r}$ 也是不可约的.

类似地, 在已知条件的假设下, 矩阵 $\tilde{T}_{w,r}$ 也是非负不可约的.

根据引理 2.1.1 知, 存在一个正向量 x 使得

$$T_{w,r}x = \lambda x,$$

其中 $\lambda = \rho(T_{w,r})$. 通过简单计算, 可知 $\lambda \neq 1$, 否则矩阵 H 变成奇异的, 这与矩阵 H 是非奇异的相矛盾.

接下来, 主要考虑 $\lambda < 1$ 及 $\lambda > 1$ 两种情况.

当 $\lambda < 1$ 时:

由于 $\tilde{T}_{w,r}x - \lambda x = \tilde{T}_{w,r}x - T_{w,r}x$, 则有

$$\tilde{T}_{w,r}x - T_{w,r}x = \left[\begin{array}{cc} -wS(I - B_1) & -wSD \\ wrCS(I - B_1) & wrCSD \end{array} \right] x$$

$$= \left[\begin{array}{cc} S & 0 \\ -rCS & 0 \end{array} \right] \left[\begin{array}{cc} -w(I - B_1) & -wD \\ 0 & 0 \end{array} \right] x$$

$$= \left[\begin{array}{cc} S & 0 \\ -rCS & 0 \end{array} \right] \left[\begin{array}{cc} -wI + wB_1 & -wD \\ w(r-1)C - wrCB_1 & -wI + B_2 + wrCD \end{array} \right] x$$

$$= \left[\begin{array}{cc} S & 0 \\ -rCS & 0 \end{array} \right] (T_{w,r} - I)x$$

$$= (\lambda - 1) \left[\begin{array}{cc} S & 0 \\ -rCS & 0 \end{array} \right] x.$$

由于 $S \geqslant 0$ 且不等于零, 则

$$\left[\begin{array}{cc} S & 0 \\ -rCS & 0 \end{array} \right] x \geqslant \mathbf{0} \text{且不等于} \mathbf{0}.$$

如果 $\lambda < 1$, 则 $\tilde{T}_{w,r}x - T_{w,r}x \leqslant \mathbf{0}$ 但不等于 $\mathbf{0}$. 由引理 2.1.2, 得 $\rho(\tilde{T}_{w,r}) < \rho(T_{w,r})$. 显然, 1) 的结论是成立.

类似地, 当 $\lambda > 1$ 时, 可证 2) 也是成立的. □

当 $w = r$ 时, AOR 迭代法简化为 SOR 迭代法. 于是有下面推论.

推论 2.4.1　设 H 是不可约矩阵, $B_1 \geqslant 0$ 且 $\mathrm{diag}(B_1) > 0$, $B_2 \geqslant 0$, $C \leqslant 0$, $D \leqslant 0$ 和 $0 < w \leqslant 1$, 则

(1) 如果 $\rho(T_w) < 1$, 则 $\rho(\tilde{T}_w) < \rho(T_w)$;

(2) 如果 $\rho(T_w) > 1$, 则 $\rho(\tilde{T}_w) > \rho(T_w)$.

接下来, 考虑另一种预处理子. 设在式 (2.28) 中定义 $\tilde{S}$ 为

$$\tilde{S} = \begin{bmatrix} 0 & 0 \\ S & 0 \end{bmatrix}.$$

不难发现, 矩阵 S 有以下三种形式, 即

(1) 如果 $n - p < p$, 则

$$S = \begin{bmatrix} -c_{11} & 0 & \cdots & 0 & 0 & \cdots & 0 \\ 0 & -c_{22} & \cdots & 0 & 0 & \cdots & 0 \\ \vdots & \vdots & & \vdots & \vdots & & \vdots \\ -c_{n-p,1} & 0 & \cdots & -c_{n-p,n-p} & 0 & \cdots & 0 \end{bmatrix}_{(n-p)\times p} .$$

(2) 如果 $n - p = p$, 则

$$S = \begin{bmatrix} -c_{11} & 0 & \cdots & 0 \\ 0 & -c_{22} & \cdots & 0 \\ \vdots & \vdots & & \vdots \\ -c_{n-p,1} & 0 & \cdots & -c_{n-p,n-p} \end{bmatrix}_{(n-p)\times p} .$$

(3) 如果 $n - p > p$, 则

$$S = \begin{bmatrix} -c_{11} & 0 & \cdots & 0 \\ 0 & -c_{22} & \cdots & 0 \\ \vdots & \vdots & & \vdots \\ -c_{p,1} & 0 & & -c_{p,p} \\ \vdots & \vdots & & \vdots \\ 0 & 0 & \cdots & 0 \end{bmatrix}_{(n-p)\times p} .$$

　　类似地, 在上面三种形式里面, S 均为一个非零的实矩阵. 为便于讨论, 这里仅考虑 $n - p < p$, 其他两种情形可以作类似地讨论.

　　在情形 (1) 下, 通过计算得

$$\tilde{H} = \left[\begin{array}{cc} I - B_1 & D \\ S(I - B_1) + C & I - B_2 + SD \end{array} \right],$$

其中

$$S(I - B_1) + C = \left[\begin{array}{cccc} c_{11}b_{11} & c_{12} + c_{11}b_{12} & \cdots & c_{1p} + c_{11}b_{1p} \\ c_{21} + c_{22}b_{21} & c_{22}b_{22} & \cdots & c_{2p} + c_{22}b_{2p} \\ \vdots & \vdots & & \vdots \\ d_{n-p,1} & d_{n-p,2} & \cdots & d_{n-p,p} \end{array} \right],$$

这里

$$d_{n-p,1} = c_{n-p,1}b_{11} + c_{n-p,n-p}b_{n-p,1},$$

$$d_{n-p,2} = c_{n-p,2} + c_{n-p,1}b_{12} + c_{n-p,n-p}b_{n-p,2},$$

$$\cdots \cdots$$

$$d_{n-p,p} = c_{n-p,p} + c_{n-p,1}b_{1p} + c_{n-p,n-p}b_{n-p,p}.$$

　　类似于式 (2.25), 矩阵 $\tilde{H}$ 可分裂如下:

$$\tilde{H} = I - \left[\begin{array}{cc} 0 & 0 \\ -S(I - B_1) - C & 0 \end{array} \right] - \left[\begin{array}{cc} B_1 & -D \\ 0 & B_2 - SD \end{array} \right].$$

　　根据文献 [87], 可构造如下预处理 AOR 迭代法

$$x^{(k+1)} = \bar{T}_{w,r} x^{(k)} + w\bar{g}, \quad k = 0, 1, \cdots,$$

其中

$$\bar{T}_{w,r} = (1 - w)I + wJ + wrK,$$

$$J = \left[\begin{array}{cc} B_1 & -D \\ -S(I - B_1) - C & B_2 - SD \end{array} \right],$$

$$K = \left[\begin{array}{cc} 0 & 0 \\ (S(I - B_1) + C)(I - B_1) & (S(I - B_1) + C)D \end{array} \right],$$

$$\bar{g} = \left[\begin{array}{cc} I & 0 \\ r(S(I - B_1) + C) & I \end{array} \right] \bar{f}.$$

类似于定理 2.4.1 和推论 2.4.1, 有下面定理和推论.

定理 2.4.2 设系数矩阵 H 是不可约矩阵, $B_1 \geqslant 0$ 且 $\mathrm{diag}(B_1) > 0$, $B_2 \geqslant 0$, $C \leqslant 0$, $D \leqslant 0$ 以及 $0 < w \leqslant 1$ 和 $0 \leqslant r < 1$, 则

(1) 如果 $\rho(T_{w,r}) < 1$, 则 $\rho(\bar{T}_{w,r}) < \rho(T_{w,r})$;

(2) 如果 $\rho(T_{w,r}) > 1$, 则 $\rho(\bar{T}_{w,r}) > \rho(T_{w,r})$.

推论 2.4.2 设系数矩阵 H 是不可约矩阵, $B_1 \geqslant 0$ 且 $\mathrm{diag}(B_1) > 0$, $B_2 \geqslant 0$, $C \leqslant 0$, $D \leqslant 0$ 以及 $0 < w \leqslant 1$, 则

(1) 如果 $\rho(T_w) < 1$, 则 $\rho(\bar{T}_w) < \rho(T_w)$;

(2) 如果 $\rho(T_w) > 1$, 则 $\rho(\bar{T}_w) > \rho(T_w)$.

2.4.3 数值算例

本节给出一个数值算例来说明 2.4.2 节得到的结论.

例 2.4.1 设线性系统 (2.24) 的系数矩阵 H 为

$$H = \begin{bmatrix} I - B_1 & D \\ C & I - B_2 \end{bmatrix},$$

其中 $B_1 = (b_{ij}^{(1)})_{p \times p}, B_2 = (b_{ij}^{(2)})_{(n-p) \times (n-p)}, C = (c_{ij})_{(n-p) \times p}, D = (d_{ij})_{p \times (n-p)}$, 这里

$$b_{ii}^{(1)} = \frac{1}{50}, \quad i = 1, 2, \cdots, p,$$

$$b_{ij}^{(1)} = \frac{1}{40} - \frac{1}{40j + i}, \quad i < j \ (i = 1, 2, \cdots, p-1; j = 2, \cdots, p),$$

$$b_{ij}^{(1)} = \frac{1}{40} - \frac{1}{40(i-j+1) + i}, \quad i > j \ (i = 2, \cdots, p; j = 1, 2, \cdots, p-1),$$

$$b_{ii}^{(2)} = \frac{1}{40}, \quad i = 1, 2, \cdots, n-p,$$

$$b_{ij}^{(2)} = \frac{1}{40} - \frac{1}{40(p+j) + p + i}, \quad i < j(i = 1, 2, \cdots, n-p+1; j = 2, \cdots, n-p),$$

$$b_{ij}^{(2)} = \frac{1}{40} - \frac{1}{40(i-j+1) + p + i}, \quad i > j(i = 2, \cdots, n-p; j = 1, 2, \cdots, n-p-1),$$

$$c_{ij} = \frac{1}{40(p+i-j+1) + p + i} - \frac{1}{40}, \quad i = 1, 2, \cdots, n-p; j = 1, 2, \cdots, p,$$

$$d_{ij} = \frac{1}{40(p+j) + i} - \frac{1}{40}, \quad i = 1, 2, \cdots, p; j = 1, 2, \cdots, n-p,$$

表 2.9 及表 2.10 列出了随 w, r 和 p 取不同的值时迭代矩阵谱半径的大小.

表 2.9 AOR 迭代法谱半径的比较

n	p	w	r	$\rho(T_{w,r})$	$\rho(\tilde{T}_{w,r})$	$\rho(\bar{T}_{w,r})$
5	3	0.95	0.8	0.1153	0.1081	0.1088
10	6	0.9	0.5	0.2591	0.2513	0.2524
15	5	0.9	0.85	0.3379	0.3351	0.3358
20	10	0.75	0.6	0.5422	0.5376	0.5379
30	18	0.8	0.75	0.7005	0.6960	0.6982
40	30	0.5	0.3	0.9582	0.9575	0.9579
50	25	0.9	0.5	1.1774	1.1796	1.1793
60	20	0.8	0.5	1.3923	1.3957	1.3948

从表 2.9 知, 当 $\rho(T_{w,r}) < (>)1$ 时, $\rho(\tilde{T}_{w,r}) < (>)\rho(T_{w,r})$ 和 $\rho(\bar{T}_{w,r}) < (>)$ $\rho(T_{w,r})$. 这表明定理 2.4.1 和定理 2.4.2 的结论与数值实验的结果是相符合的.

表 2.10 SOR 迭代法谱半径的比较

n	p	$w = r$	$\rho(T_w)$	$\rho(\tilde{T}_w)$	$\rho(\bar{T}_w)$
5	3	0.95	0.1079	0.1003	0.1038
10	5	0.9	0.2321	0.2261	0.2276
15	5	0.8	0.4148	0.4123	0.4127
20	15	0.75	0.5427	0.5345	0.5404
30	18	0.65	0.7622	0.7587	0.7602
40	30	0.6	0.9467	0.9457	0.9464
50	25	0.8	1.1749	1.1773	1.1766
60	20	0.5	1.2452	1.2473	1.2468

从表 2.10 知, 当 $\rho(T_w) < (>)1$ 时, $\rho(\tilde{T}_w) < (>)\rho(T_w)$ 和 $\rho(\bar{T}_w) < (>)\rho(T_w)$. 这也表明了推论 2.4.1 和推论 2.4.2 的结论与数值实验的结果相一致.

2.5 AOR 迭代法的一个新版本: QAOR 迭代法

2.5.1 经典 AOR 迭代法

为了给出 AOR 迭代法一个新的等价变形, 这里需要回顾经典版本的 AOR 迭代方法.

为了用矩阵分裂迭代法求解线性系统 (2.1), 通常基于系数矩阵的 $A = M - N$ 形式, 其中 $\det(M) \neq 0$, 可得到如下求解线性系统 (2.1) 的计算格式:

$$x^{(i+1)} = M^{-1}Nx^{(i)} + M^{-1}b, \quad i = 0, 1, \cdots,$$

设

$$A = D - A_L - A_U,$$

其中 D 为非奇异的对角阵, A_L 和 A_U 分别为严格下三角矩阵和严格上三角矩阵. 则经典的 AOR 迭代法为

$$(D - rA_L)x^{(i+1)} = [(1-\omega)D + (\omega - r)A_L + \omega A_U]x^{(i)} + \omega b, \quad i = 1, 2, \cdots,$$

其中 r 为加速参数, ω 为超松弛参数. 显然, AOR 迭代法的迭代矩阵为

$$L_{r,\omega} = (D - rA_L)^{-1}[(1-\omega)D + (\omega - r)A_L + \omega A_U]$$
$$= (I - rL)^{-1}[(1-\omega)I + (\omega - r)L + \omega U],$$

其中 $L = D^{-1}A_L$, $U = D^{-1}A_U$. 不难发现, Jacobi 方法的迭代矩阵为 $L_{0,1}$, G-S 方法的迭代矩阵为 $L_{1,1}$, SOR 方法的迭代矩阵为 $L_{\omega,\omega}$.

事实上, 如果引入矩阵

$$M_1 = D - rA_L, \quad N_1 = (1-\omega)D + (\omega - r)A_L + \omega A_U,$$

则

$$A = \frac{1}{\omega}(M_1 - N_1), \quad L_{r,\omega} = M_1^{-1}N_1.$$

因此, 经典的 AOR 迭代法也可以由矩阵分裂 $A = \dfrac{1}{\omega}(M_1 - N_1)$ 诱导出.

2.5.2 QAOR 迭代法及收敛分析

为了建立 QAOR 迭代法, 这里需要引入如下两个矩阵

$$M_2 = (1+\omega)D - rA_L, \quad N_2 = D + (\omega - r)A_L + \omega A_U.$$

于是, 系数矩阵 A 可以表示为

$$A = \frac{1}{\omega}(M_2 - N_2). \tag{2.31}$$

基于矩阵分裂 (2.31), QAOR 方法定义如下:

$$[(1+\omega)D - rA_L]x^{(i+1)} = [D + (\omega - r)A_L + \omega A_U]x^{(i)} + \omega b, \quad i = 1, 2, \cdots, \tag{2.32}$$

其迭代矩阵为

$$Q_{r,\omega} = [(1+\omega)D - rA_L]^{-1}[D + (\omega - r)A_L + \omega A_U]$$
$$= [(1+\omega)I - rL]^{-1}[I + (\omega - r)L + \omega U].$$

通过比较 QAOR 方法与 AOR 方法, 易发现二者的迭代矩阵形式相似. 基于这一事实, QAOR 方法可能继承 AOR 方法许多优良的性质. 如果 $\omega = r$, 那么 QAOR 方法就退化为 QSOR 方法, 文献 [90], [91] 也称 QSOR 方法为 KSOR 方法.

接下来, 我们讨论当系数矩阵为不可约对角占优、H-矩阵、对称正定矩阵和 L-矩阵时 QAOR 方法的一些收敛条件.

2.5.3　收敛定理

当 A 是不可约矩阵且满足弱对角占优时, 系数矩阵 A 及其对角矩阵 D 是非奇异的. 于是, QAOR 方法关于 A 是不可约矩阵且满足弱对角占优的收敛定理刻画如下.

定理 2.5.1　假定 A 是不可约矩阵且满足弱对角占优. 如果参数 r, w 满足 $-1 \leqslant r \leqslant 1$ 和 $\omega > 0$, 则 QAOR 方法收敛.

证明　假定 $Q_{r,\omega}$ 的特征值 λ 满足 $|\lambda| \geqslant 1$. 于是, 可由 $\det(Q_{r,\omega} - \lambda I) = 0$ 得 $\det(W) = 0$, 其中

$$W = I - \frac{r(\lambda - 1) + \omega}{\lambda - 1 + \lambda\omega} L - \frac{\omega}{\lambda - 1 + \lambda\omega} U, \tag{2.33}$$

不难发现, 式 (2.33) 中 L 和 U 系数的模均小于 1. 为了说明这一事实, 我们仅需证明下面两个不等式成立:

$$|\lambda - 1 + \lambda\omega| \geqslant |r(\lambda - 1) + \omega|, \quad |\lambda - 1 + \lambda\omega| \geqslant |\omega|. \tag{2.34}$$

如果 $\lambda^{-1} = qe^{i\theta}$, 其中 q 和 θ 均为实数且 $0 < q \leqslant 1$, 那么式 (2.34) 中的第一个不等式可等价为

$$(1 - r^2)(1 + q^2) - ((1 - r^2) + (1 + r)\omega)2q\cos\theta + 2\omega + \omega^2 - \omega^2 q^2 + 2r\omega q^2 \geqslant 0. \tag{2.35}$$

当 $r = -1$(这种情况显然有 $\omega(1 - q^2)(2 + \omega) \geqslant 0$) 时, 式 (2.35) 成立. 由于 $(1 - r^2) + (1 + r)\omega \geqslant 0$, 式 (2.35) 对一切实数 θ 成立的充要条件是它对 $\cos\theta = 1$ 成立. 在这种情况下, 只需说明下式成立即可.

$$(1 - r^2)(1 - q)^2 + \omega[\omega(1 - q^2) + 2(1 - q)(1 - rq)] \geqslant 0. \tag{2.36}$$

易证明式 (2.36) 恒成立. 同理, 式 (2.34) 的第二个不等式可等价的表示为

$$(1 + \omega)^2 - 2q(1 + \omega)\cos\theta + q^2 - \omega^2 q^2 \geqslant 0, \tag{2.37}$$

基于同样的原因, 若式 (2.37) 对一切实数 θ 恒成立, 则只需

$$(1 + \omega)^2 + q(1 + \omega^2) \geqslant 0 \tag{2.38}$$

成立. 易证式 (2.38) 也是恒成立的. 即若 $-1 \leqslant r \leqslant 1$, $\omega > 0$, W 是非奇异的, 这与 $\det(W) = 0$ 相矛盾. 因此, $\rho(Q_{r,\omega}) < 1$.　□

当 $A = D - A_L - A_U$ 为 H-矩阵时, $\rho(|B|) < 1$ 且 $B = D^{-1}(A_L + A_U) = L + U$.

定理 2.5.2　如果 A 为 H-矩阵且 $0 \leqslant r \leqslant \omega$ $(\omega \neq 0)$, 则 QAOR 方法收敛.

证明 设 $Q = ((1+\omega)I - r|L|)$. 则

$$|((1+\omega)I - rL)^{-1}|$$

$$= \frac{1}{1+\omega} \left| \left(I - \frac{r}{1+\omega}L \right)^{-1} \right|$$

$$= \frac{1}{1+\omega} \left| I + \frac{r}{1+\omega}L + \frac{r^2}{(1+\omega)^2}L^2 + \cdots + \frac{r^{n-1}}{(1+\omega)^{n-1}}L^{n-1} \right|$$

$$\leqslant \frac{1}{1+\omega} \left(I + \frac{r}{1+\omega}|L| + \frac{r^2}{(1+\omega)^2}|L|^2 + \cdots + \frac{r^{n-1}}{(1+\omega)^{n-1}}|L|^{n-1} \right)$$

$$= ((1+\omega)I - r|L|)^{-1} = Q^{-1}.$$

设 $R = I + (\omega - r)|L| + \omega|U|$, 则

$$|I + (\omega - r)L + \omega U| \leqslant I + (\omega - r)|L| + \omega|U|,$$

显然,

$$|Q_{r,\omega}| = |((1+\omega)I - rL)^{-1}(I + (\omega - r)L + \omega U)| \leqslant Q^{-1}R,$$

这就意味着

$$\rho(Q_{r\omega}) \leqslant \rho(Q^{-1}R),$$

$\rho(Q^{-1}R) < 1$ 当且仅当

$$Q - R = (1+\omega)I - r|L| - (I + (\omega - r)|L| + \omega|U|) = \omega(I - |B|)$$

为单调矩阵. 由于 A 是一个 H-矩阵, 则 $\omega(I - |B|)$ 为一个单调矩阵. 因此, 定理 2.5.2 的结论成立. $\qquad\square$

设

$$\bar{Q} = \frac{1}{\omega}((1+\omega)D - rA_L), \quad \overline{R} = \frac{1}{\omega}(D + (\omega - r)A_L + \omega A_U),$$

当 $A = D - A_L - A_U$ 是对称正定时, 显然, $\bar{Q}$ 非奇异. 易看出

$$A = \bar{Q} - \overline{R}, \quad Q_{r,\omega} = \bar{Q}^{-1}\overline{R}.$$

在这种情况下, 如果 $M = \bar{Q} + \bar{Q}^{\mathrm{T}} - A$ 是正定的, 则 QAOR 方法收敛 [35]. 于是, 将矩阵 M 化简得

$$M = \frac{2+\omega}{\omega}D + \frac{\omega - r}{\omega}(A_L + A_U),$$

即如果

$$D^{-\frac{1}{2}}MD^{-\frac{1}{2}} = \frac{2+\omega}{\omega}I + \frac{\omega - r}{\omega}D^{-\frac{1}{2}}(A_L + A_U)D^{-\frac{1}{2}} \tag{2.39}$$

为正定, 则 QAOR 方法收敛. 设 $\mu_i(i=1,2,\cdots,n)$ 为 $D^{-\frac{1}{2}}(A_L+A_U)D^{-\frac{1}{2}}$ 的特征值. 式 (2.39) 的左边为正定的充要条件是

$$\frac{2+\omega}{\omega}+\frac{\omega-r}{\omega}\mu_i>0,\quad i=1,2,\cdots,n.$$

由于 $D^{-\frac{1}{2}}(A_L+A_U)D^{-\frac{1}{2}}$ 与 $D^{-1}(A_L+A_U)=B$ 相似, 则二者有相同的特征值. 于是, 我们可以断定如果对 $\omega>0$ 来说有下面的不等式成立

$$(2+\omega)+(\omega-r)\mu>0,$$

其中 $\mu=\min_i\mu_i$, 则 QAOR 方法收敛. 因此, 通过上面的简要分析, 我们有下面结果.

定理 2.5.3 假定 $A=D-A_L-A_U$ 为对称正定. 设 $\mu_i(i=1,2,\cdots,n)$ 为 $B=D^{-1}(A_L+A_U)$ 的特征值, $\mu=\min_i\mu_i,0\leqslant r\leqslant\omega\ (\omega\neq0)$. 如果 $(2+\omega)+(\omega-r)\mu>0$, 则 QAOR 方法收敛.

若 $A=D-A_L-A_U$ 为 L-矩阵, 下面可以给出结果.

定理 2.5.4 假定 A 为 L-矩阵, $0\leqslant r\leqslant\omega\ (\omega\neq0)$. 如果 $\rho(L_{0,1})<1$, 则 QAOR 方法收敛.

证明 倘若 $\lambda=\rho(Q_{r,\omega})\geqslant1$. 依据已知条件得

$$I+(\omega-r)L+\omega U\geqslant0$$

和

$$
\begin{aligned}
((1+\omega)I-rL)^{-1}&=\frac{1}{1+\omega}\left(I-\frac{r}{1+\omega}L\right)^{-1}\\
&=\frac{1}{1+\omega}\left[I+\frac{r}{1+\omega}L+\frac{r^2}{(1+\omega)^2}L^2+\cdots+\frac{r^{n-1}}{(1+\omega)^{n-1}}L^{n-1}\right]\\
&\geqslant0,
\end{aligned}
$$

因此,

$$Q_{r,\omega}=((1+\omega)I-rL)^{-1}[I+(\omega-r)L+\omega U]\geqslant0,$$

即得 $Q_{r,\omega}$ 是一个非负矩阵. 如果 $x\neq\boldsymbol{0}$ 为其相对应的特征向量, 则

$$Q_{r,\omega}x=\lambda x,$$

于是,

$$\left(\frac{\omega-r+r\lambda}{\omega}L+U\right)x=\frac{\lambda-1+\lambda\omega}{\omega}x. \tag{2.40}$$

由式 (2.40) 得

$$\frac{\lambda - 1 + \lambda\omega}{\omega} \leqslant \rho\left(\frac{\omega - r + r\lambda}{\omega}L + U\right). \tag{2.41}$$

显然, $\dfrac{\omega - r + r\lambda}{\omega} \geqslant 1$. 因此,

$$0 \leqslant \frac{\omega - r + r\lambda}{\omega}L + U \leqslant \frac{\omega - r + r\lambda}{\omega}(L + U) = \frac{\omega - r + r\lambda}{\omega}L_{0,1}. \tag{2.42}$$

结合式 (2.41) 和式 (2.42) 得

$$\lambda - 1 + \lambda\omega \leqslant (\omega - r + r\lambda)\rho(L_{0,1}),$$

进而,

$$\rho(L_{0,1}) \geqslant \frac{\lambda - 1 + \lambda\omega}{\omega - r + r\lambda} \geqslant 1.$$

如果 $\rho(L_{0,1}) < 1$, 则

$$\frac{\lambda - 1 + \lambda\omega}{\omega - r + r\lambda} < 1,$$

这就暗含着 $\lambda < 1$. 于是, 如果 $\rho(L_{0,1}) < 1$, 则 QAOR 方法收敛. $\qquad\square$

进一步, 有如下定理.

定理 2.5.5 设 $A = D - A_L - A_U$ 为 L-矩阵, $\lambda = \rho(Q_{r,\omega})$. 如果 $0 \leqslant r \leqslant \omega$ ($\omega \neq 0$), 则

$$\frac{\lambda - 1 + \lambda\omega}{\omega} = \rho\left(\frac{\omega - r + r\lambda}{\omega}L + U\right). \tag{2.43}$$

证明 依据定理 2.5.4, 显然只需证明

$$\frac{\lambda - 1 + \lambda\omega}{\omega} \geqslant \rho\left(\frac{\omega - r + r\lambda}{\omega}L + U\right),$$

设 $\rho\left(\dfrac{\omega - r + r\lambda}{\omega}L + U\right) = a$. 这里存在一个非负向量 $y \geqslant \mathbf{0}$ 满足

$$\left[\frac{\omega - r + r\lambda}{\omega}L + U\right]y = ay,$$

其等价于

$$\left((1+\omega)I - \frac{\lambda(1+\omega)r}{1+\omega a}L\right)^{-1}[I + (\omega - r)L + \omega U]y = \frac{\omega a + 1}{1+\omega}y,$$

设

$$T = \left((1+\omega)I - \frac{\lambda(1+\omega)r}{1+\omega a}L\right)^{-1}[I + (\omega - r)L + \omega U],$$

显然有 $\dfrac{\omega a + 1}{1 + \omega} \leqslant \rho(T)$. 由于 $\lambda - 1 + \lambda\omega \leqslant \omega a$, 可得

$$\left((1+\omega)I - \frac{\lambda(1+\omega)r}{1+\omega a}L \right)^{-1} \leqslant ((1+\omega)I - rL)^{-1},$$

这就显示出 $T \leqslant Q_{r,\omega}$. 因此,

$$\frac{\omega a + 1}{1 + \omega} \leqslant \rho(T) \leqslant \rho(Q_{r,\omega}) = \lambda,$$

即

$$a \leqslant \frac{\lambda - 1 + \lambda\omega}{\omega},$$

进而定理的结论成立. □

关于方程 (2.43), 这里需要给出一些说明.

(1) 显然, $\lambda \geqslant \dfrac{1}{1+\omega}$. 如果 $\lambda = 1$, 则 $\rho(B) = 1$.

(2) 如果 $\lambda = \dfrac{1}{1+\omega}$, 则 $\rho(B) = 0$. 事实上,

$$0 = \rho\left(\frac{\omega - r + r\dfrac{1}{1+\omega}}{\omega}L + U \right)$$

$$= \rho\left(\left(1 - \frac{r}{1+\omega} \right)L + U \right)$$

$$\geqslant \left(1 - \frac{r}{1+\omega} \right)\rho(B).$$

(3) $0 < \rho(B) < 1$ 当且仅当 $\dfrac{1}{1+\omega} < \lambda < 1$. 在这种情况下, 由式 (2.43) 可得

$$\frac{(\omega - r)\rho(B) + 1}{1 + \omega - r\rho(B)} \leqslant \lambda \leqslant \frac{\omega\rho(B) + 1}{1 + \omega}.$$

(4) $\rho(B) > 1$ 当且仅当 $\lambda > 1$.

2.5.4　QAOR 与 AOR 的关系

基于 2.5.3 节的讨论, 有

$$Q_{r,\omega} = ((1+\omega)D - rA_L)^{-1}[D + (\omega - r)A_L + \omega A_U]$$

$$= ((1+\omega)I - rL)^{-1}[I + (\omega - r)L + \omega U]$$

$$= \left(I - \frac{r}{1+\omega}L \right)^{-1}\left[\frac{1}{1+\omega}I + \frac{\omega - r}{1+\omega}L + \frac{\omega}{1+\omega}U \right]$$

$$= \left(I - \frac{r}{1+\omega}L \right)^{-1}\left[\left(1 - \frac{\omega}{1+\omega} \right)I + \frac{\omega - r}{1+\omega}L + \frac{\omega}{1+\omega}U \right],$$

设 $s = \dfrac{\omega}{1+\omega}$, $t = \dfrac{r}{1+\omega}$. 因此,

$$Q_{r,\omega} = (I - tL)^{-1}[(1-s)I + (s-t)L + sU] = L_{t,s}.$$

也就是说, 当 $s = \dfrac{\omega}{1+\omega}$ 及 $t = \dfrac{r}{1+\omega}$ 时, QAOR 方法就转化为 AOR 方法. 图 2.1 描述了 QAOR 方法与 AOR 方法的关系.

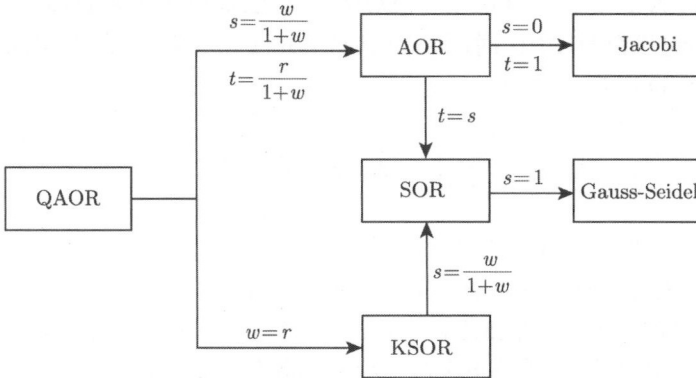

图 2.1 QAOR 与 AOR 的关系图

2.5.5 数值例子

本节将通过一个简单数值例子来说明 QAOR 方法的有效性和可行性. 假定 $b = Ae$ $(e = (1, 1, \cdots, 1)^{\mathrm{T}})$, 线性系统 (2.1) 的系数矩阵 A 为

$$A = \begin{cases} a_{ij} = \dfrac{1}{10j} - \dfrac{1}{20}, & i > j, \\ a_{ii} = 1, \\ a_{ij} = \dfrac{1}{10(i-j)} - \dfrac{1}{20}, & i < j. \end{cases}$$

数值测试在 MATLAB 7.0 上执行. 初始迭代向量为零向量. 当 QAOR(QSOR) 迭代法求解线性系统 (2.1) 时, 表 2.11 及表 2.12 列举了在 w 和 r 取不同参数值的情况下迭代矩阵的谱半径 ρ, 迭代数 (IT) 及 CPU 时间 (CPU).

表 2.11　QAOR 的 ρ, IT 及 RES

n	w	r	ρ	IT	CPU
8	0.9	0.6	0.575	63	0.015
16	0.95	0.2	0.7188	102	0.056
20	0.9	0.3	0.8068	155	0.084
25	0.8	0.4	0.9198	385	0.156

表 2.12　QSOR 的 ρ, IT 及 RES

n	w	ρ	IT	CPU
8	0.9	0.5726	62	0.015
16	0.95	0.6977	94	0.035
20	0.9	0.789	141	0.076
25	0.8	0.9123	352	0.098

由表 2.11 及表 2.12 知 QAOR(QSOR) 迭代法均可用于求解线性系统 (2.1), 然而, QSOR 的迭代数及 CPU 时间要少于 QAOR 的. 也就是说, QAOR 方法在一定条件下要逊于 QSOR 方法.

2.6　本章小结

本章给出了经典矩阵分裂迭代法求三类线性系统及给出了经典 AOR 方法的一个新版本. 主要包括四个方面: 第一个方面, 给出了修正预处理 AOR 迭代法求 L-矩阵线性系统的收敛定理和比较定理; 第二个方面, 将预处理子与 G-S 迭代法相结合来求解 H-矩阵线性系统并获得了相应的收敛条件; 第三个方面, 将经典 AOR 迭代法与预处理子结合一起求解由最小二乘问题形成的 (2, 2) 块线性系统, 给出了预处理 AOR 迭代法的收敛条件和比较定理; 第四个方面, 给出了经典 AOR 方法的一个新版本——QAOR 迭代法. 尽管这些方法在实际应用中比较少, 但其理论意义比较大. 对于其实际应用, 有待于进一步研究和探讨. 目前, 基于基本迭代法的新方法也在不断地涌现, 如 Bai 在文献 [14] 中提出的 HSS 方法就是一种交替迭代法 (第 4 章).

第 3 章　矩阵双分裂比较定理及在线性互补问题的应用

第 2 章主要介绍了矩阵单分裂所衍生的经典迭代法在求解某些线性系统的应用. 本章主要描述矩阵双分裂所衍生的迭代法在求解某些线性系统时的一些比较定理, 并将矩阵双分裂的思想应用到求解一类经典的线性互补问题中.

3.1　矩阵双分裂比较定理

3.1.1　引言

矩阵双分裂的目的是求解线性系统 (2.1), 其首先由 Woźnicki 在文献 [12] 中提出, 分裂形式如下:

$$A = P - R - S, \tag{3.1}$$

这里 P 是一个非奇异矩阵. 这样就可以建立三步松弛迭代策略

$$x^{k+1} = P^{-1}Rx^k + P^{-1}Sx^{k-1} + P^{-1}b, \quad k = 0, 1, 2, \cdots. \tag{3.2}$$

依据 Golub 和 Varge 在文献 [92] 中的思想, Woźnicki 将方程 (3.2) 写为如下等价格式:

$$\begin{bmatrix} x^{k+1} \\ x^k \end{bmatrix} = \begin{bmatrix} P^{-1}R & P^{-1}S \\ I & 0 \end{bmatrix} \begin{bmatrix} x^k \\ x^{k-1} \end{bmatrix} + \begin{bmatrix} P^{-1}b \\ 0 \end{bmatrix}, \tag{3.3}$$

其中 I 为单位矩阵. 对任意的初始向量 x^0, x^1, 由式 (3.2) 诱导生成的迭代法 (3.3) 收敛到线性系统 (2.1) 的唯一解的充要条件是迭代矩阵

$$W = \begin{bmatrix} P^{-1}R & P^{-1}S \\ I & 0 \end{bmatrix} \tag{3.4}$$

的谱半径小于 1.

近年来, 关于矩阵双分裂的收敛性理论研究也逐步进入有关专家与学者的视线, 如单调矩阵及 Hermitian 正定矩阵双分裂收敛比较定理 [93–95]、矩阵的非负双分裂比较定理 [96] 等. 在 1997 年, Cvetković 在文献 [97] 中给出了非奇异 H-矩阵

的 Jacobi 和 G-S 双 SOR 方法的比较理论. 目前, 双 SOR 方法已成功应用到核反应堆物理学中的离散多维椭圆形问题求解 [13].

接下来, 在 3.1.2 节将给出不同矩阵之间的双分裂收敛定理及比较定理, 非负矩阵双分裂收敛定理及比较定理等. 在 3.1.3 节将根据双分裂的思想建立一类二步搜索模系矩阵分裂迭代法来求解线性互补问题.

3.1.2　收敛性理论

为了便于讨论, 这里需要给出一些定义、引理.

定义 3.1.1　若矩阵 A 满足 $A^{-1} \geqslant 0$, 则称矩阵 A 为单调矩阵.

定义 3.1.2　设 A 是非奇异矩阵, 则矩阵 A 的双分裂 $A = P - R - S$

(1) 收敛当且仅当 $\rho(W) < 1$;

(2) 是正则双分裂, 若 $P^{-1} \geqslant 0$, $R \geqslant 0$ 且 $S \geqslant 0$;

(3) 是弱正则双分裂, 若 $P^{-1} \geqslant 0$, $P^{-1}R \geqslant 0$ 且 $P^{-1}S \geqslant 0$;

(4) 是非负双分裂, 若 $P^{-1}R \geqslant 0$ 且 $P^{-1}S \geqslant 0$;

(5) 是 M-双分裂, 若 P 为 M-矩阵, $R \geqslant 0$ 且 $S \geqslant 0$.

引理 3.1.1[93]　设 $A^{-1} \geqslant 0$ 且 $A = P - R - S$ 为弱正则双分裂, 则 $\rho(W) < 1$.

引理 3.1.2[98]　设 $A \in \mathbb{R}^{n \times n}$, $A = M_1 - N_1 = M_2 - N_2$ 为 A 的 M-分裂 (M_i 是 M-矩阵, $N_i \geqslant 0, i = 1, 2$) 且

$$N_1 \geqslant N_2, \quad N_1 \neq N_2, \quad N_2 \neq 0,$$

则下面三种情况有一种成立:

(1) $0 \leqslant \rho(M_2^{-1}N_2) < \rho(M_1^{-1}N_1) < 1$. 另外, 如果 A 是不可约的, 第一个不等式是严格成立的;

(2) $\rho(M_2^{-1}N_2) = \rho(M_1^{-1}N_1) = 1$;

(3) $\rho(M_2^{-1}N_2) > \rho(M_1^{-1}N_1) > 1$.

在文献 [99] 中, 为了刻画不同单调矩阵之间的双分裂比较定理, Miao 和 Zheng 给出了如下结果.

设 A_1 和 A_2 为两个单调矩阵且 $A_1 = P_1 - R_1 - S_1$ 和 $A_2 = P_2 - R_2 - S_2$, 则

$$W_1 = \begin{bmatrix} P_1^{-1}R_1 & P_1^{-1}S_1 \\ I & 0 \end{bmatrix}, \quad W_2 = \begin{bmatrix} P_2^{-1}R_2 & P_2^{-1}S_2 \\ I & 0 \end{bmatrix}.$$

定理 3.1.1[99]　设 A_1 和 A_2 为非奇异矩阵且 $A_1^{-1} \geqslant 0$ 及 $A_2^{-1} \geqslant 0$, $A_1 = P_1 - R_1 - S_1$ 和 $A_2 = P_2 - R_2 - S_2$ 为弱正则双分裂. 若 $P_1^{-1}A_1 \geqslant P_2^{-1}A_2$ 且 $P_1^{-1}R_1 \geqslant P_2^{-1}R_2$, 则 $\rho(W_1) \leqslant \rho(W_2) < 1$.

依据 W_1 和 W_2 的结构, 有下面结论.

定理 3.1.2 设 A_1 和 A_2 为非奇异矩阵, $A_1 = P_1 - R_1 - S_1$ 和 $A_2 = P_2 - R_2 - S_2$ 为非负双分裂. 若 $P_1^{-1}R_1 \leqslant P_2^{-1}R_2$, $P_1^{-1}S_1 \leqslant P_2^{-1}S_2$ 且 $\rho(W_2) < 1$, 则 $\rho(W_1) \leqslant \rho(W_2) < 1$.

证明 显然, 如果 $P_1^{-1}R_1 \leqslant P_2^{-1}R_2$ 且 $P_1^{-1}S_1 \leqslant P_2^{-1}S_2$, 则 $0 \leqslant W_1 \leqslant W_2$. 因此, 我们可以断定对 $\rho(W_2) < 1$ 有 $\rho(W_1) \leqslant \rho(W_2) < 1$.

根据定义 3.1.2, 下面定理 3.1.3 的结果将优于定理 3.1.1[99] 的结果.

定理 3.1.3 设 A_1 和 A_2 为非奇异矩阵, $A_1 = P_1 - R_1 - S_1$ 和 $A_2 = P_2 - R_2 - S_2$ 为非负双分裂. 若 $P_1^{-1}A_1 \geqslant P_2^{-1}A_2$, $P_1^{-1}R_1 \geqslant P_2^{-1}R_2$ 且 $0 < \rho(W_2) < 1$, 则 $\rho(W_1) \leqslant \rho(W_2) < 1$.

证明 显然, $W_1 \geqslant 0$, $W_2 \geqslant 0$. 由 Perron-Frobenius 定理 [79], 存在向量

$$x = \begin{bmatrix} x_1 \\ x_2 \end{bmatrix} \geqslant \mathbf{0}, \quad x \neq \mathbf{0},$$

满足 $W_2 x = \rho(W_2)x$, 该公式可进一步地写为

$$P_2^{-1}R_2 x_1 + P_2^{-1}S_2 x_2 = \rho(W_2)x_1,$$
$$x_1 = \rho(W_2)x_2,$$

则

$$
\begin{aligned}
W_1 x - \rho(W_2)x &= \begin{bmatrix} P_1^{-1}R_1 x_1 + P_1^{-1}S_1 x_2 - \rho(W_2)x_1 \\ x_1 - \rho(W_2)x_2 \end{bmatrix} \\
&= \begin{bmatrix} (P_1^{-1}R_1 - P_2^{-1}R_2)x_1 + \dfrac{1}{\rho(W_2)}(P_1^{-1}S_1 - P_2^{-1}S_2)x_1 \\ x_1 - \rho(W_1)x_2 \end{bmatrix} \\
&\leqslant \frac{1}{\rho(W_2)} \begin{bmatrix} (P_1^{-1}R_1 - P_2^{-1}R_2)x_1 + (P_1^{-1}S_1 - P_2^{-1}S_2)x_1 \\ \mathbf{0} \end{bmatrix} \\
&= \frac{1}{\rho(W_2)} \begin{bmatrix} (P_1^{-1}R_1 + P_1^{-1}S_1)x_1 - (P_2^{-1}R_2 + P_2^{-1}S_2)x_1 \\ \mathbf{0} \end{bmatrix} \\
&= \frac{1}{\rho(W_2)} \begin{bmatrix} P_1^{-1}(R_1 + S_1)x_1 - P_2^{-1}(R_2 + S_2)x_1 \\ \mathbf{0} \end{bmatrix} \\
&= \frac{1}{\rho(W_2)} \begin{bmatrix} P_1^{-1}(P_1 - A_1)x_1 - P_2^{-1}(P_2 - A_2)x_1 \\ \mathbf{0} \end{bmatrix} \\
&= \frac{1}{\rho(W_2)} \begin{bmatrix} (P_2^{-1}A_2 - P_1^{-1}A_1)x_1 \\ \mathbf{0} \end{bmatrix} \leqslant \mathbf{0},
\end{aligned}
$$

由引理 2.1.2 易得对 $0 < \rho(W_2) < 1$ 有 $\rho(W_1) \leqslant \rho(W_2) < 1$.

观察定理 3.1.3 的条件知定理 3.1.3 的条件要比定理 3.1.1[99] 的条件要弱. 具体地, 定理 3.1.3 的条件不需要满足 $A_1^{-1} \geqslant 0$ 和 $A_2^{-1} \geqslant 0$.

类似地, 有如下定理.

定理 3.1.4   设 A_1 和 A_2 为非奇异矩阵, $A_1 = P_1 - R_1 - S_1$ 和 $A_2 = P_2 - R_2 - S_2$ 为非负双分裂. 若 $P_1^{-1}A_1 \geqslant P_2^{-1}A_2$, $P_1^{-1}S_1 \leqslant P_2^{-1}S_2$ 且 $0 < \rho(W_2) < 1$, 则 $\rho(W_1) \leqslant \rho(W_2) < 1$.

下面给出矩阵单双分裂的比较定理. 为了探求矩阵单双分裂在求解线性系统 (2.1) 之间的内在关系, 这里需要给出矩阵单双分裂比较定理.

观察式 (2.2) 和式 (3.1), 可得 $M = P$ 及 $N = R + S$. 记 $\mathcal{T} = P^{-1}(R + S)$. 于是有下面结果.

定理 3.1.5   设 $A = P - R - S$ 为非负分裂, 则

(1) $\rho(\mathcal{T}) \leqslant \rho(W) < 1$, 若 $\rho(W) < 1$;

(2) $\rho(\mathcal{T}) \geqslant \rho(W) > 1$, 若 $\rho(W) > 1$.

证明   基于定义 3.1.2, 矩阵 $W \geqslant 0$. 由 Perron-Frobenius 定理 [79], 存在向量

$$x = \begin{bmatrix} x_1 \\ x_2 \end{bmatrix} \geqslant \mathbf{0}, \quad x \neq \mathbf{0},$$

满足 $Wx = \rho(W)x$, 即

$$\begin{bmatrix} P^{-1}R & P^{-1}S \\ I & 0 \end{bmatrix} \begin{bmatrix} x_1 \\ x_2 \end{bmatrix} = \rho(W) \begin{bmatrix} x_1 \\ x_2 \end{bmatrix}, \tag{3.5}$$

方程 (3.5) 进一步可以表示为

$$P^{-1}Rx_1 + P^{-1}Sx_2 = \rho(W)x_1, \tag{3.6}$$

$$x_1 = \rho(W)x_2. \tag{3.7}$$

由式 (3.7) 得 $x_2 = \dfrac{1}{\rho(W)}x_1$. 并将其代入式 (3.6) 得

$$\rho(W)x_1 = P^{-1}Rx_1 + \frac{1}{\rho(W)}P^{-1}Sx_1.$$

如果 $\rho(W) < 1$, 则

$$\rho(W)x_1 \geqslant P^{-1}Rx_1 + P^{-1}Sx_1,$$

即 $\rho(W)x_1 \geqslant \mathcal{T}x_1$. 由引理 2.1.2 得 $\rho(\mathcal{T}) \leqslant \rho(W) < 1$.

同理, 若 $\rho(W) > 1$, 则 $\rho(T) \geqslant \rho(W) > 1$.

例 3.1.1 设

$$A = \begin{bmatrix} 1 & -2 \\ -2 & 1 \end{bmatrix} = \begin{bmatrix} 0 & -2 \\ -2 & 0 \end{bmatrix} - \begin{bmatrix} -1 & 0 \\ 0 & 0 \end{bmatrix} - \begin{bmatrix} 0 & 0 \\ 0 & -1 \end{bmatrix} \equiv P - R - S,$$

则

$$P^{-1} = \begin{bmatrix} 0 & -\dfrac{1}{2} \\ -\dfrac{1}{2} & 0 \end{bmatrix} \leqslant 0, \quad P^{-1}R = \begin{bmatrix} 0 & 0 \\ \dfrac{1}{2} & 0 \end{bmatrix} \geqslant 0, \quad P^{-1}S = \begin{bmatrix} 0 & \dfrac{1}{2} \\ 0 & 0 \end{bmatrix} \geqslant 0.$$

通过计算得 $\rho(W) = 0.63$ 和 $\rho(T) = 0.5$. 显然, $\rho(T) \leqslant \rho(W) < 1$ 成立.

假定 $\omega \neq 0, \sigma \neq 0$. 设

$$P_J = \frac{1}{\omega\sigma}D,$$

$$R_J = \frac{1}{\omega\sigma}[\omega\sigma(L+U) - (\omega-1)D - (\sigma-1)D],$$

$$S_J = \frac{(\omega-1)(\sigma-1)}{\omega\sigma}D, \tag{3.8}$$

其中 $D = \mathrm{diag}(A)$, L 和 U 分别为矩阵 A 的严格下三角矩阵和严格上三角矩阵, 则迭代法 (3.2) 对应的双分裂为

$$A = P_J - R_J - S_J, \tag{3.9}$$

称为 Jacobi 双 SOR 方法 [97].

于是, 根据式 (3.8) 有下面引理.

引理 3.1.3 设矩阵 A 为 L-矩阵, 其双分裂由式 (3.8) 和式 (3.9) 定义. 若

$$2 - \sigma - \omega \geqslant 0, \quad (\omega-1)(\sigma-1) \geqslant 0,$$

则由式 (3.9) 定义的双分裂是正则的.

设

$$W_J = \begin{bmatrix} P_J^{-1}R_J & P_J^{-1}S_J \\ I & 0 \end{bmatrix}, \quad T_J = P_J^{-1}(R_J + S_J).$$

定理 3.1.6 在引理 3.1.3 的条件下, 则

(1) $\rho(T_J) \leqslant \rho(W_J) < 1$, 若 $\rho(W_J) < 1$;

(2) $\rho(T_J) \geqslant \rho(W_J) > 1$, 若 $\rho(W_J) > 1$.

证明 由定理 3.1.5 易得. □

设

$$P_G = \frac{1}{\omega\sigma} D(I - \sigma D^{-1}U),$$

$$S_G = \frac{(\omega - 1)(\sigma - 1)}{\omega\sigma} D, \tag{3.10}$$

$$R_G = \frac{1}{\omega\sigma} [\omega\sigma L - (\omega - 1)D(I - \sigma D^{-1}U) - (\sigma - 1)D],$$

则迭代法 (3.2) 对应的双分裂为

$$A = P_G - R_G - S_G, \tag{3.11}$$

称为 G-S 双 SOR 方法 [97].

设

$$W_G = \left[\begin{array}{cc} P_G^{-1}R_G & P_G^{-1}S_G \\ I & 0 \end{array} \right], \quad T_G = P_G^{-1}(R_G + S_G).$$

类似地, 有如下定理.

定理 3.1.7　设矩阵 A 为 L-矩阵, 其双分裂由式 (3.10) 和式 (3.11) 定义. 若 $0 < \sigma \leqslant 1$ 且 $0 < \omega \leqslant 1$, 则

(1) $\rho(T_G) \leqslant \rho(W_G) < 1$, 若 $\rho(W_G) < 1$;

(2) $\rho(T_G) \geqslant \rho(W_G) > 1$, 若 $\rho(W_G) > 1$.

由定理 3.1.5~定理 3.1.7 知, 单分裂所对应的迭代矩阵谱半径的大小要比双分裂的要小, 这也就表明在一定的条件下, 单分裂方法要优于双分裂方法.

接下来给出矩阵非负双分裂及 M-双分裂的比较定理. 设矩阵 A 的两个双分裂为

$$A = \overline{P}_1 - \overline{R}_1 - \overline{S}_1 = \overline{P}_2 - \overline{R}_2 - \overline{S}_2. \tag{3.12}$$

于是可定义

$$\overline{W}_1 = \left[\begin{array}{cc} \overline{P}_1^{-1}\overline{R}_1 & \overline{P}_1^{-1}\overline{S}_1 \\ I & 0 \end{array} \right], \quad \overline{W}_2 = \left[\begin{array}{cc} \overline{P}_2^{-1}\overline{R}_2 & \overline{P}_2^{-1}\overline{S}_2 \\ I & 0 \end{array} \right].$$

定理 3.1.8　设矩阵 A 的两个 M-双分裂为 $A = \overline{P}_1 - \overline{R}_1 - \overline{S}_1 = \overline{P}_2 - \overline{R}_2 - \overline{S}_2$. 若 $\overline{R}_1 \leqslant \overline{R}_2$, $\overline{S}_1 \leqslant \overline{S}_2$, 则 $\rho(\overline{W}_1) \leqslant \rho(\overline{W}_2)$.

证明　对 $i = 1, 2$, 设

$$\mathcal{M}_i = \left[\begin{array}{cc} \overline{P}_i & \overline{S}_i \\ 0 & I \end{array} \right], \quad \mathcal{N}_i = \left[\begin{array}{cc} \overline{R}_i + \overline{S}_i & \overline{S}_i \\ 0 & I \end{array} \right],$$

记矩阵 $\mathcal{A} = \mathcal{M}_i - \mathcal{N}_i$, 易知 $W_i = \mathcal{M}_i^{-1}\mathcal{N}_i$.

显然知若 A 非奇异得 $\mathcal{A}$ 也非奇异. 由于 $\overline{R}_1 \leqslant \overline{R}_2, \overline{S}_1 \leqslant \overline{S}_2$, 则 $\overline{R}_1 + \overline{S}_1 \leqslant R_2 + S_2$, $S_1 \leqslant S_2$, 即

$$\mathcal{N}_1 \leqslant \mathcal{N}_2.$$

由引理 3.1.2 得 $\rho(\overline{W}_1) \leqslant \rho(\overline{W}_2)$. □

定理 3.1.9 设矩阵 A 的两个 M-双分裂为 $A = \overline{P}_1 - \overline{R}_1 - \overline{S}_1 = \overline{P}_2 - \overline{R}_2 - \overline{S}_2$. 若 $\overline{P}_1 \leqslant \overline{P}_2$, $\overline{S}_1 \leqslant \overline{S}_2$, 则 $\rho(\overline{W}_1) \leqslant \rho(\overline{W}_2)$.

证明 通过简单计算得

$$\overline{R}_1 + \overline{S}_1 = \overline{P}_1 - A, \quad \overline{R}_2 + \overline{S}_2 = \overline{P}_2 - A.$$

显然, $\overline{R}_1 + \overline{S}_1 \leqslant \overline{R}_2 + \overline{S}_2$. 因此,

$$\mathcal{N}_1 \leqslant \mathcal{N}_2.$$

由引理 3.1.2 得 $\rho(\overline{W}_1) \leqslant \rho(\overline{W}_2)$. □

比较文献 [96] 中的定理 3.3 及推论 3.5, 那么这里的定理 3.1.8 及定理 3.1.9 不再要求矩阵 A 满足 $A^{-1} \geqslant 0$.

定理 3.1.10 设 $A = \overline{P}_1 - \overline{R}_1 - \overline{S}_1 = \overline{P}_2 - \overline{R}_2 - \overline{S}_2$ 为 $A \geqslant 0$ 的非负双分裂. 若 $\overline{P}_1^{-1} \geqslant \overline{P}_2^{-1}$, $\overline{P}_1^{-1}\overline{R}_1 \geqslant \overline{P}_2^{-1}\overline{R}_2$ 且 $0 < \rho(\overline{W}_2) < 1$, 则 $\rho(\overline{W}_1) \leqslant \rho(\overline{W}_2) < 1$.

证明 显然, $\overline{W}_1 \geqslant 0, \overline{W}_2 \geqslant 0$. 由 Perron-Frobenius 定理 [79], 存在向量

$$x = \begin{bmatrix} x_1 \\ x_2 \end{bmatrix} \geqslant \mathbf{0}, \quad x \neq \mathbf{0},$$

满足 $\overline{W}_2 x = \rho(\overline{W}_2) x$. 于是,

$$\overline{P}_2^{-1}\overline{R}_2 x_1 + \overline{P}_2^{-1}\overline{S}_2 x_2 = \rho(\overline{W}_2) x_1,$$
$$x_1 = \rho(\overline{W}_2) x_2,$$

进而,

$$\overline{W}_1 x - \rho(\overline{W}_2) x = \begin{bmatrix} \overline{P}_1^{-1}\overline{R}_1 x_1 + \overline{P}_1^{-1}\overline{S}_1 x_2 - \rho(\overline{W}_2) x_1 \\ \\ x_1 - \rho(\overline{W}_2) x_2 \end{bmatrix}$$

$$= \begin{bmatrix} (\overline{P}_1^{-1}\overline{R}_1 - \overline{P}_2^{-1}\overline{R}_2) x_1 + \dfrac{1}{\rho(\overline{W}_2)}(\overline{P}_1^{-1}\overline{S}_1 - \overline{P}_2^{-1}\overline{S}_2) x_1 \\ \\ x_1 - \rho(\overline{W}_1) x_2 \end{bmatrix},$$

由 $\overline{P}_1^{-1}\overline{R}_1 \geqslant \overline{P}_2^{-1}\overline{R}_2$ 及 $0 < \rho(\overline{W}_2) < 1$ 得

$$
\begin{aligned}
\overline{W}_1 x - \rho(\overline{W}_2)x &\leqslant \frac{1}{\rho(\overline{W}_2)}\left[\begin{array}{c} (\overline{P}_1^{-1}\overline{R}_1 - \overline{P}_2^{-1}\overline{R}_2)x_1 + (\overline{P}_1^{-1}\overline{S}_1 - \overline{P}_2^{-1}\overline{S}_2)x_1 \\ \mathbf{0} \end{array}\right] \\
&= \frac{1}{\rho(\overline{W}_2)}\left[\begin{array}{c} (\overline{P}_1^{-1}\overline{R}_1 + \overline{P}_1^{-1}\overline{S}_1)x_1 - (\overline{P}_2^{-1}\overline{R}_2 + \overline{P}_2^{-1}\overline{S}_2)x_1 \\ \mathbf{0} \end{array}\right] \\
&= \frac{1}{\rho(W_2)}\left[\begin{array}{c} \overline{P}_1^{-1}(\overline{R}_1 + \overline{S}_1)x_1 - \overline{P}_2^{-1}(\overline{R}_2 + \overline{S}_2)x_1 \\ \mathbf{0} \end{array}\right] \\
&= \frac{1}{\rho(W_2)}\left[\begin{array}{c} \overline{P}_1^{-1}(\overline{P}_1 - A)x_1 - \overline{P}_2^{-1}(\overline{P}_2 - A)x_1 \\ \mathbf{0} \end{array}\right] \\
&= \frac{1}{\rho(W_2)}\left[\begin{array}{c} (\overline{P}_2^{-1} - \overline{P}_1^{-1})Ax_1 \\ \mathbf{0} \end{array}\right] \leqslant \mathbf{0}.
\end{aligned}
$$

由引理 2.1.2 知对 $0 < \rho(W_2) < 1$ 有 $\rho(W_1) \leqslant \rho(W_2) < 1$.　　　　□
类似地, 有如下定理.

定理 3.1.11　设 $A = \overline{P}_1 - \overline{R}_1 - \overline{S}_1 = \overline{P}_2 - \overline{R}_2 - \overline{S}_2$ 为 $A \geqslant 0$ 的非负双分裂. 若 $\overline{P}_1^{-1} \geqslant \overline{P}_2^{-1}$, $\overline{P}_1^{-1}\overline{S}_1 \leqslant \overline{P}_2^{-1}\overline{S}_2$ 且 $0 < \rho(\overline{W}_2) < 1$, 则 $\rho(\overline{W}_1) \leqslant \rho(\overline{W}_2) < 1$.

比较文献 [96] 中的定理 3.9, 那么这里的定理 3.1.11 不再要求矩阵 A 满足 $A^{-1} \geqslant 0$, 取而代之的是 $A \geqslant 0$. 这就意味着定理定理 3.1.11 的条件要弱于定理 3.9[96].

例 3.1.2　设

$$
A = \left[\begin{array}{cc} 2 & -2 \\ -2 & 3 \end{array}\right],
$$

$$
\overline{P}_1 = \left[\begin{array}{cc} 2 & 0 \\ -1 & 4 \end{array}\right], \quad \overline{R}_1 = \left[\begin{array}{cc} 0 & 0 \\ 1 & 0 \end{array}\right], \quad \overline{S}_1 = \left[\begin{array}{cc} 0 & 2 \\ 0 & 1 \end{array}\right],
$$

$$
\overline{P}_2 = \left[\begin{array}{cc} 2 & 0 \\ 0 & 5 \end{array}\right], \quad \overline{R}_2 = \left[\begin{array}{cc} 0 & 0 \\ 1 & 1 \end{array}\right], \quad \overline{S}_2 = \left[\begin{array}{cc} 0 & 2 \\ 1 & 1 \end{array}\right].
$$

在这种情况下, $\overline{R}_1 \leqslant \overline{R}_2$, $\overline{S}_1 \leqslant \overline{S}_2$ 满足定理 3.1.8 的条件. 同时, 不难发现 $\overline{P}_1 \leqslant \overline{P}_2$, $\overline{S}_1 \leqslant \overline{S}_2$ 满足定理 3.1.9 的条件.

通过计算得 $\rho(\overline{W}_1) = 0.8846$, $\rho(\overline{W}_2) = 0.9164$. 显然, $\rho(\overline{W}_1) \leqslant \rho(\overline{W}_2) < 1$ 成立, 即定理 3.1.8 及定理 3.1.9 成立.

例 3.1.3　设

$$
A = \left[\begin{array}{cc} 1 & 0 \\ 0 & 2 \end{array}\right],
$$

$$\overline{P}_1 = \begin{bmatrix} 3 & 0 \\ 0 & 3 \end{bmatrix}, \quad \overline{R}_1 = \begin{bmatrix} 1 & 0 \\ 0 & 1 \end{bmatrix}, \quad \overline{S}_1 = \begin{bmatrix} 1 & 0 \\ 0 & 0 \end{bmatrix},$$

$$\overline{P}_2 = \begin{bmatrix} 4 & 0 \\ 0 & 5 \end{bmatrix}, \quad \overline{R}_2 = \begin{bmatrix} 1 & 0 \\ 0 & 1 \end{bmatrix}, \quad \overline{S}_2 = \begin{bmatrix} 2 & 0 \\ 0 & 2 \end{bmatrix},$$

则

$$\overline{P}_1^{-1} = \begin{bmatrix} \dfrac{1}{3} & 0 \\ 0 & \dfrac{1}{3} \end{bmatrix}, \quad \overline{P}_2^{-1} = \begin{bmatrix} \dfrac{1}{4} & 0 \\ 0 & \dfrac{1}{5} \end{bmatrix},$$

$$\overline{P}_1^{-1}\overline{R}_1 = \begin{bmatrix} \dfrac{1}{3} & 0 \\ 0 & \dfrac{1}{3} \end{bmatrix}, \quad \overline{P}_2^{-1}\overline{R}_2 = \begin{bmatrix} \dfrac{1}{4} & 0 \\ 0 & \dfrac{1}{5} \end{bmatrix}.$$

不难发现 $\overline{P}_1^{-1} \geqslant \overline{P}_2^{-1}$, $\overline{P}_1^{-1}\overline{R}_1 \geqslant \overline{P}_2^{-1}\overline{R}_2$ 满足定理 3.1.10 的条件.

通过计算得 $\rho(\overline{W}_1) = 0.7676$, $\rho(\overline{W}_2) = 0.7696$. 显然, $\rho(\overline{W}_1) \leqslant \rho(\overline{W}_2) < 1$ 成立. 即定理 3.1.10 成立.

最后, 我们从一个新的角度来讨论矩阵双分裂的比较定理. 具体地说就是构建一个新矩阵来导出迭代法 (3.3) 的迭代矩阵. 依据矩阵单分裂的比较定理来诱导出矩阵双分裂的比较定理. 基于此, 下面定义及引理需要给出.

定义 3.1.3 设 A 为非奇异矩阵, 则矩阵 A 的单分裂 $A = M - N$

(1) 是弱正则分裂, 若 $M^{-1} \geqslant 0$ 且 $M^{-1}N \geqslant 0$;

(2) 是非负分裂, 若 $M^{-1}N \geqslant 0$;

(3) 是 M-分裂, 若 M 为 M- 矩阵且 $N \geqslant 0$.

引理 3.1.4[100] 设 $A = M_1 - N_1 = M_2 - N_2$ 非负分裂且收敛, 则

(1) 若 $M_1^{-1}M_2 \geqslant I$ 或 $M_2^{-1}M_1 \leqslant I$, 则 $\rho(M_1^{-1}N_1) < \rho(M_2^{-1}N_2) < 1$.

(2) 若存在 $\alpha\,(0 < \alpha < 1)$ 满足 $M_1^{-1}M_2 \geqslant \dfrac{1}{\alpha}I$ 或 $M_2^{-1}M_1 \leqslant \alpha I$, 则 $\rho(M_1^{-1}N_1) < \rho(M_2^{-1}N_2) < 1$.

设

$$\mathcal{A} = \begin{bmatrix} A & 0 \\ -I & I \end{bmatrix},$$

显然, $\mathcal{A} \in \mathbb{R}^{2n \times 2n}$ 及

$$\mathcal{A}^{-1} = \begin{bmatrix} A^{-1} & 0 \\ A^{-1} & I \end{bmatrix},$$

这就说明, 只要 A 非奇异, 那么 $\mathcal{A}$ 也非奇异. 若将矩阵 $\mathcal{A}$ 分裂为

$$\mathcal{A} = \mathcal{M} - \mathcal{N}, \tag{3.13}$$

其中

$$\mathcal{M} = \left[\begin{array}{cc} P & S \\ 0 & I \end{array} \right], \quad \mathcal{N} = \left[\begin{array}{cc} R+S & S \\ I & 0 \end{array} \right],$$

则

$$W = \mathcal{M}^{-1}\mathcal{M} = \left[\begin{array}{cc} P^{-1}R & P^{-1}S \\ I & 0 \end{array} \right].$$

在文献 [96] 中, 正是通过利用式 (3.13) 单分裂来获得式 (3.1) 双分裂的一些收敛定理及比较定理. 而事实上, 在判断矩阵 $\mathcal{A}$ 的非奇异性时, 也可以依据下面方法, 即

$$\mathcal{M}^{-1}\mathcal{A} = I - \mathcal{M}^{-1}\mathcal{N}.$$

显然, 如果 $I - \mathcal{M}^{-1}\mathcal{N}$ 是非奇异的, 则矩阵 $\mathcal{A}$ 也是非奇异的. 当在讨论迭代策略 (3.3) 的收敛性时, 总是期望迭代矩阵 $W = \mathcal{M}^{-1}\mathcal{N}$ 的谱半径 $\rho(W)$ 小于 1. 因为在这种情况下, 迭代策略 (3.3) 才是收敛的, 同时也知 $\mathcal{A}$ 是非奇异的. 也就是说, 在迭代矩阵 $W = \mathcal{M}^{-1}\mathcal{N}$ 的谱半径 $\rho(W)$ 小于 1 时, 讨论比较定理才是有意义的. 依据这种思想, 可以选择矩阵 $\mathcal{M}$ 和 $\mathcal{N}$ 为

$$\mathcal{M} = \left[\begin{array}{cc} P & 0 \\ 0 & I \end{array} \right], \quad \mathcal{N} = \left[\begin{array}{cc} R & S \\ I & 0 \end{array} \right].$$

根据这个选择可以诱导出迭代矩阵 W,

$$W = \mathcal{M}^{-1}\mathcal{N} = \left[\begin{array}{cc} P^{-1}R & P^{-1}S \\ I & 0 \end{array} \right],$$

在这种情况下, 矩阵 $\mathcal{A}$ 不是

$$\mathcal{A} = \left[\begin{array}{cc} A & 0 \\ -I & I \end{array} \right],$$

而是

$$\mathcal{A} = \left[\begin{array}{cc} P-R & -S \\ -I & I \end{array} \right],$$

进一步,

$$\mathcal{A} = \mathcal{M} - \mathcal{N} \equiv \left[\begin{array}{cc} P & 0 \\ 0 & I \end{array} \right] - \left[\begin{array}{cc} R & S \\ I & 0 \end{array} \right]. \tag{3.14}$$

定理 3.1.12 设矩阵 $\mathcal{A}$ 的 M-分裂为

$$\mathcal{A} = \mathcal{M}_i - \mathcal{N}_i = \begin{bmatrix} P_i & 0 \\ 0 & I \end{bmatrix} - \begin{bmatrix} R_i & S \\ I & 0 \end{bmatrix} \quad (i = 1, 2),$$

如果 $R_1 \leqslant R_2$, 则下面情况之一成立.

(1) $0 \leqslant \rho(W_1) < \rho(W_2) < 1$. 另外, 若 $\mathcal{A}$ 不可约, 第一个不等式严格成立.

(2) $\rho(W_1) = \rho(W_2) = 1$.

(3) $\rho(W_1) > \rho(W_2) > 1$.

证明 对 $i = 1, 2$, 设

$$\mathcal{M}_i = \begin{bmatrix} P_i & 0 \\ 0 & I \end{bmatrix}, \quad \mathcal{N}_i = \begin{bmatrix} R_i & S \\ 0 & I \end{bmatrix},$$

则

$$\mathcal{A} = \mathcal{M}_i - \mathcal{N}_i, \quad W_i = \mathcal{M}_i^{-1} \mathcal{N}_i.$$

由于 $R_1 \leqslant R_2$, 则 $\mathcal{N}_1 \leqslant \mathcal{N}_2$. 即由引理 3.1.2 知定理 3.1.12 的结论成立. □

定理 3.1.13 设

$$\mathcal{A} = \mathcal{M}_i - \mathcal{N}_i = \begin{bmatrix} P_i & 0 \\ 0 & I \end{bmatrix} - \begin{bmatrix} R_i & S \\ I & 0 \end{bmatrix} \quad (i = 1, 2)$$

是非负分裂且收敛. 若 $P_1^{-1} P_2 \geqslant I$ 或 $P_2^{-1} P_1 \leqslant I$, 则 $\rho(W_1) < \rho(W_2) < 1$.

证明 设

$$\mathcal{A} = \mathcal{M}_i - \mathcal{N}_i = \begin{bmatrix} P_i & 0 \\ 0 & I \end{bmatrix} - \begin{bmatrix} R_i & S \\ I & 0 \end{bmatrix} \quad (i = 1, 2)$$

是非负分裂. 直接计算得

$$\mathcal{M}_1^{-1} \mathcal{M}_2 = \begin{bmatrix} P_1^{-1} P_2 & 0 \\ 0 & I \end{bmatrix}, \quad \mathcal{M}_2^{-1} \mathcal{M}_1 = \begin{bmatrix} P_2^{-1} P_1 & 0 \\ 0 & I \end{bmatrix}.$$

由于 $P_1^{-1} P_2 \geqslant I$ 或 $P_2^{-1} P_1 \leqslant I$, 则有 $\mathcal{M}_1^{-1} \mathcal{M}_2 \geqslant I$ 或 $\mathcal{M}_2^{-1} \mathcal{M}_1 \leqslant I$. 由引理 3.1.3 知定理 3.1.13 的结论成立. □

同理, 有如下定理.

定理 3.1.14 设

$$\mathcal{A} = \mathcal{M}_i - \mathcal{N}_i = \begin{bmatrix} P_i & 0 \\ 0 & I \end{bmatrix} - \begin{bmatrix} R_i & S \\ I & 0 \end{bmatrix} \quad (i = 1, 2)$$

是非负分裂且收敛. 若存在 $\alpha(0 < \alpha < 1)$ 满足 $P_1^{-1}P_2 \geqslant \dfrac{1}{\alpha}I$ 或 $P_2^{-1}P_1 \leqslant \alpha I$, 则 $\rho(W_1) < \rho(W_2) < 1$.

定理 3.1.15　设

$$\mathcal{A}^{-1} = \begin{bmatrix} P - R & -S \\ -I & I \end{bmatrix}^{-1} \geqslant 0$$

和

$$\mathcal{A} = \mathcal{M}_i - \mathcal{N}_i = \begin{bmatrix} P_i & 0 \\ 0 & I \end{bmatrix} - \begin{bmatrix} R_i & S \\ I & 0 \end{bmatrix} \quad (i = 1, 2)$$

是非负分裂且收敛. 如果 $P_1 \leqslant P_2$, 则 $\rho(W_1) < \rho(W_2) < 1$.

证明　显然, 如果 $P_1 \leqslant P_2$, 则 $\mathcal{M}_1 \leqslant \mathcal{M}_2$. 由定理 2.11[100] 知定理 3.1.15 的结论成立.　　　　　　　　□

定理 3.1.16　设

$$\mathcal{A}^{-1} = \begin{bmatrix} P - R & -S \\ -I & I \end{bmatrix}^{-1} \geqslant 0,$$

$\mathcal{A} = \mathcal{M}_1 - \mathcal{N}_1$ 为正则分裂, $\mathcal{A} = \mathcal{M}_2 - \mathcal{N}_2$ 为非负分裂且收敛. 若 $P_2^{-1} \leqslant P_1^{-1}$, 则 $\rho(W_1) < \rho(W_2) < 1$.

证明　假定 $\rho(W_1) = 0$, 结果显然成立. 假定 $\rho(W_1) > 0$, 显然 $\mathcal{A} = \mathcal{M}_1 - \mathcal{N}_1 = \mathcal{M}_2 - \mathcal{N}_2$ 是非负分裂.

根据 Perron-Frobenius 定理, 存在向量 $x \geqslant \mathbf{0}$ 且 $x \neq \mathbf{0}$ 满足 $W_1 x = \rho(W_1)x$. 依 $\mathcal{N}_1 \geqslant \mathbf{0}$ 得 $\mathcal{N}_1 x \geqslant \mathbf{0}$. 由于 $P_2^{-1} \leqslant P_1^{-1}$, 则 $\mathcal{M}_2^{-1} \leqslant \mathcal{M}_1^{-1}$. 再根据定理 2.17[100], 定理 3.1.16 的结果成立.　　　　　　　　□

例 3.1.4　假定

$$\mathcal{A} = \begin{bmatrix} 3 & 0 & -1 & -1 \\ 0 & 4 & -1 & -1 \\ -1 & 0 & 1 & 0 \\ 0 & -1 & 0 & 1 \end{bmatrix},$$

通过计算得

$$\mathcal{A}^{-1} = \begin{bmatrix} 0.6 & 0.2 & 0.8 & 0.8 \\ 0.2 & 0.4 & 0.6 & 0.6 \\ 0.6 & 0.2 & 1.8 & 0.8 \\ 0.2 & 0.4 & 0.6 & 1.6 \end{bmatrix} \geqslant 0,$$

设

$$\mathcal{M}_1 = \begin{bmatrix} 4 & 0 & 0 & 0 \\ 0 & 5 & 0 & 0 \\ 0 & 0 & 1 & 0 \\ 0 & 0 & 0 & 1 \end{bmatrix}, \quad \mathcal{N}_1 = \begin{bmatrix} 1 & 0 & -1 & -1 \\ 0 & 1 & -1 & -1 \\ 1 & 0 & 0 & 0 \\ 0 & 1 & 0 & 0 \end{bmatrix},$$

$$\mathcal{M}_2 = \begin{bmatrix} 5 & 0 & 0 & 0 \\ 0 & 6 & 0 & 0 \\ 0 & 0 & 1 & 0 \\ 0 & 0 & 0 & 1 \end{bmatrix}, \quad \mathcal{N}_2 = \begin{bmatrix} 2 & 0 & -1 & -1 \\ 0 & 2 & -1 & -1 \\ 1 & 0 & 0 & 0 \\ 0 & 1 & 0 & 0 \end{bmatrix},$$

即得

$$P_1^{-1} = \begin{bmatrix} \dfrac{1}{4} & 0 \\ 0 & \dfrac{1}{5} \end{bmatrix}, \quad P_2^{-1} = \begin{bmatrix} \dfrac{1}{5} & 0 \\ 0 & \dfrac{1}{6} \end{bmatrix}.$$

因此, $R_1 \leqslant R_2$; $P_1^{-1}P_2 \geqslant I$ 和 $P_2^{-1}P_1 \leqslant I$; $P_1 \leqslant P_2$; $P_2^{-1} \leqslant P_1^{-1}$. 这些条件显然分别满足定理 3.1.12、定理 3.1.13、定理 3.1.15 及定理 3.1.16 的条件. 通过计算得

$$\rho(W_1) = 0.7949, \quad \rho(W_2) = 0.8195.$$

显然, $\rho(W_1) \leqslant \rho(W_2) < 1$. 于是, 定理 3.1.12、定理 3.1.13、定理 3.1.15 及定理 3.1.16 的结论均成立.

3.2 矩阵双分裂在线性互补问题的应用

3.2.1 引言

给定矩阵 $A \in \mathbb{R}^{n \times n}$ 及向量 $q \in \mathbb{R}^n$, 线性互补问题 $(\text{LCP}(q, A))$ 是发现向量 $w \in \mathbb{R}^n$ 和 $z \in \mathbb{R}^n$ 使其满足

$$w := Az + q \geqslant \mathbf{0}, \quad z \geqslant \mathbf{0}, \quad z^{\mathrm{T}}w = 0. \tag{3.15}$$

形如式 (3.15) 的 $\text{LCP}(q, A)$ 常出现在科学计算的不同领域中, 如线性规划及二次规划、价格在经济与制度中的限制、Markov 链的最优停止及自由边界问题 [101−104].

为了有效求解形如式 (3.15) 的 $\text{LCP}(q, A)$, 枢轴算法在文献 [105] 中首先提出. 然而, 枢轴算法并没有受到广泛的重视, 这主要是因为在执行时其有可能破坏系统矩阵的稀疏性以及需要太多的轴心. 为了高效的获取 $\text{LCP}(q, A)$ 数值解, 现已存在许多有效的迭代法, 如投影的 SOR 迭代法 [106]、广义的固定点迭代法 [107−110].

通过将 LCP(q, A) 转化为线性系统的固定点形式, 一种具有多项式复杂度的模迭代方法在文献 [111] 提出, 该方法适合于对称正定的系统矩阵 A, 执行时, 每一步迭代仅需求一个线性系统的解. 关于该方法的详细讨论, 可参阅文献 [103] 的 9.2 节. 紧接着, 文献 [105] 将模迭代方法延伸到求解非对称的情况. 通过将模迭代方法与自由参数相结合, 一个改进的模迭代法在文献 [112] 中提出, 该方法也适合于对称正定的系统矩阵 A. 随后, 基于系统矩阵 A 的矩阵分裂, 一类模系矩阵分裂迭代法在文献 [113] 中提出, 该类方法可被看成迭代求解 LCP(q, A) 的一个通用框架. 模系矩阵分裂迭代法的优点在于其不仅能包含已有的一些迭代法, 如改进的模迭代方法 [112]、非定常外推模迭代方法 [114], 也能产生一系列松弛模系迭代法, 如模系 Jacobi, G-S, SOR 及 AOR 迭代法. 文献 [115] 将模系矩阵分裂迭代法的收敛条件由相容 H-分裂减弱到 H-分裂.

由于模系矩阵分裂迭代法具有结构简单、易于程序实现等数值特质而受到了许多专家及学者的重视并由此导致了许多新的算法, 如模系同步多分裂迭代法 [116]、模系同步二级分裂迭代法 [117]、加速的模系矩阵分裂迭代法 [118,119]、二步模系分裂迭代法 [120]、广义的模系矩阵分裂迭代法 [121]、尺度化外推块模迭代方法 [122] 及非定常外推模迭代方法 [114].

本节主要将二步搜索迭代法用于求解线性互补问题. 通过引入一个恒等方程 [92] 的方式建立一类二步搜索模系矩阵分裂迭代法, 用于求解大型稀疏的 LCP(q, A). 基于不同的参数矩阵, 所提方法将会产生一系列松弛的二步搜索模系迭代法. 同时, 讨论在系统矩阵分别为正定矩阵及 H_+-矩阵时的收敛性条件. 最后, 通过数值算例验证本节所提方法的有效性.

3.2.2　预备知识

为了便于讨论的需要, 这里需要给出一些定义及引理.

如果矩阵 $A \in \mathbb{R}^{n \times n}$ 的所有主子式为正, 称矩阵 A 为 P-矩阵 [9]. 矩阵 A 为 P-矩阵的充要条件是 LCP(q, A) 对所有的 $q \in \mathbb{R}^n$ 有唯一的解 [104]. 矩阵 A 为 P-矩阵的一个充分条件是系统矩阵 A 是正定的或是对角元为正的 H-矩阵 (H_+-矩阵 [14]). 如果矩阵 A 为 M-阵, B 为 Z-矩阵, 则 $A \leqslant B$ 意味着 B 为一个 M-阵 [79].

引理 3.2.1 [123]　设 $A \in \mathbb{R}^{n \times n}$. 假定这里存在一个正向量 $u \in \mathbb{R}^n$ 满足 $|A|u < u$, 则这里存在一个属于 $[0, 1)$ 的 θ 使其满足 $\rho(A) \leqslant \theta$.

引理 3.2.2 [124]　设 $A \in \mathbb{R}^{n \times n}$ 为一个 H-矩阵及 $A = D - B$, 其中 D 为矩阵 A 的对角部分, 则下面结论成立:

(1) A 非奇异且 $|A^{-1}| \leqslant \langle A \rangle^{-1}$;

(2) $|D|$ 非奇异且 $\rho(|D|^{-1}|B|) < 1$.

引理 3.2.3 [93]　设

$$A = \begin{bmatrix} B & C \\ I & 0 \end{bmatrix} \geqslant 0 \text{及 } \rho(B+C) < 1,$$

则 $\rho(A) < 1$.

3.2.3 二步搜索模系矩阵分裂迭代法

为了建立二步搜索模系矩阵分裂迭代法, 这里需要简单的回顾一下经典的模系矩阵分裂迭代法.

通过对系统矩阵 A 的矩阵分裂, LCP(q, A) 可以等价的转化为隐式不定点方程

$$(\Omega + M)x = Nx + (\Omega - A)|x| - \gamma q. \tag{3.16}$$

并由此构造了求解线性互补问题的模系矩阵分裂迭代法.

模系矩阵分裂迭代法[113]　设 $A = M - N$ 为矩阵 $A \in \mathbb{R}^{n \times n}$ 一个分裂. 给定初始向量 $x^{(0)} \in \mathbb{R}^n$, 对 $k = 0, 1, 2, \cdots$ 来说, 直至迭代序列 $\{z^{(k)}\}_{k=0}^{+\infty} \subset \mathbb{R}^n$ 收敛, 求解线性系统

$$(\Omega + M)x^{(k+1)} = Nx^{(k)} + (\Omega - A)|x^{(k)}| - \gamma q, \tag{3.17}$$

得 $x^{(k+1)} \in \mathbb{R}^n$. 令

$$z^{(k+1)} = \frac{1}{\gamma}(|x^{(k+1)}| + x^{(k+1)}),$$

这里 Ω 是一个 $n \times n$ 正对角矩阵, γ 为一个给定的正数.

为了获取二步搜索模系矩阵分裂迭代法, 这里引入一个恒等方程 $x = x$, 于是, 式 (3.16) 可等价的转化为

$$\begin{cases} (\Omega + M)x = Nx + (\Omega - A)|x| - \gamma q, \\ x = x. \end{cases} \tag{3.18}$$

由式 (3.18) 可获取如下迭代格式:

$$\begin{cases} (\Omega + M)x^{(k+1)} = Nx^{(k)} + (\Omega - A)|x^{(k-1)}| - \gamma q, \\ x^{(k)} = x^{(k)} \end{cases} \tag{3.19}$$

或

$$\begin{bmatrix} x^{(k+1)} \\ x^{(k)} \end{bmatrix} = \begin{bmatrix} (\Omega + M)^{-1}N & (\Omega + M)^{-1}(\Omega - A) \\ I & 0 \end{bmatrix} \begin{bmatrix} x^{(k)} \\ |x^{(k-1)}| \end{bmatrix} + \begin{bmatrix} -\gamma(\Omega + M)^{-1}q \\ \mathbf{0} \end{bmatrix}, \tag{3.20}$$

其中 I 为单位矩阵. 迭代格式 (3.19) 或迭代格式 (3.20) 称为二步搜索模系矩阵分裂迭代法. 类似于迭代格式 (3.19) 或迭代格式 (3.20), 也可参阅文献 [12],[92],[93],[97].

依据迭代格式 (3.19) 或迭代格式 (3.20), 可以建立如下的二步搜索模系矩阵分裂迭代法求解 LCP(q, A).

二步搜索模系矩阵分裂迭代法:　设 $A = M - N$ 为矩阵 $A \in \mathbb{R}^{n \times n}$ 一个分裂. 给定两个初始向量 $x^{(0)}, x^{(1)} \in \mathbb{R}^n$, 对 $k = 0, 1, 2, \cdots$ 来说, 直至迭代序列 $\{z^{(k)}\}_{k=0}^{+\infty} \subset \mathbb{R}^n$ 收敛, 求解线性系统

$$\begin{cases} (\Omega + M)x^{(k+1)} = Nx^{(k)} + (\Omega - A)|x^{(k-1)}| - \gamma q, \\ x^{(k)} = x^{(k)} \end{cases}$$

或

$$\begin{bmatrix} x^{(k+1)} \\ x^{(k)} \end{bmatrix} = \begin{bmatrix} (\Omega + M)^{-1}N & (\Omega + M)^{-1}(\Omega - A) \\ I & 0 \end{bmatrix} \begin{bmatrix} x^{(k)} \\ |x^{(k-1)}| \end{bmatrix}$$

$$+ \begin{bmatrix} -\gamma(\Omega + M)^{-1}q \\ \mathbf{0} \end{bmatrix},$$

得 $x^{(k+1)} \in \mathbb{R}^n$. 令

$$z^{(k+1)} = \frac{1}{\gamma}(|x^{(k+1)}| + x^{(k+1)}),$$

这里 Ω 是一个 $n \times n$ 正对角矩阵, γ 是一个给定的正数.

通过比较模系矩阵分裂迭代法和二步搜索模系矩阵分裂迭代法, 知二者的系数矩阵相同, 不同之处在于迭代过程. 具体地说, 前者是一个二步松弛迭代策略, 后者是一个三步松弛迭代策略. 同时也发现, 前者需要一个初始向量, 后者需要两个初始迭代向量.

二步搜索模系矩阵分裂迭代法也提供了一个迭代求解 LCP(q, A) 的一个通用框架, 也可通过选择适当的矩阵分裂及迭代参数来获取一系列松弛的二步搜索模系迭代法. 例如, 如果

$$M = \frac{1}{\alpha}(D - \beta L), \quad N = \frac{1}{\alpha}[(1 - \alpha)D + (\alpha - \beta)L + \alpha U], \quad \gamma = 2,$$

则二步搜索模系矩阵分裂迭代法就生成一个二步搜索模系 AOR(TMAOR) 迭代法. TMAOR 可描述如下:

$$\begin{cases} (\Omega + D - \beta L)x^{(k+1)} = [(1 - \alpha)D + (\alpha - \beta)L + \alpha U]x^{(k)} + (\Omega - \alpha A)|x^{(k-1)}| - 2\alpha q, \\ x^{(k)} = x^{(k)}, \end{cases}$$

$$(3.21)$$

其中 $z^{(k+1)} = \dfrac{1}{2}(|x^{(k+1)}| + x^{(k+1)})$.

值得注意的是, 在式 (3.21) 中若适当选取迭代参数 α 和 β, 则 TMAOR 迭代法就简化为相对应的二步搜索模系 SOR(TMSOR) 迭代法, 二步搜索模系 G-S(TMGS) 迭代法及二步搜索模系 Jacobi(TMJ) 迭代法.

3.2.4 收敛定理

本节将建立二步搜索模系矩阵分裂迭代法的一些收敛定理, 其收敛定理的讨论主要涉及系统矩阵 A 为正定矩阵及 H_+-矩阵的情况.

1. 正定矩阵的情形

为方便讨论, 这里需要下面引理.

引理 3.2.4 设

$$W = \begin{bmatrix} (\Omega + M)^{-1}N & (\Omega + M)^{-1}(\Omega - A) \\ I & 0 \end{bmatrix},$$

若 $\rho(|W|) < 1$, 则对任意的两个初始向量, 二步搜索模系矩阵分裂迭代法生成的迭代序列 $\{z^k\}_{k=0}^{+\infty} \subset \mathbb{R}^n$ 收敛到 $\mathrm{LCP}(q, A)$ 是唯一解 $z^* \in \mathbb{R}_+^n$.

证明 考虑式 (3.19) 的误差形式的矩阵式, 即

$$\begin{bmatrix} x^{(k+1)} - x^* \\ x^{(k)} - x^* \end{bmatrix} = \begin{bmatrix} (\Omega + M)^{-1}N & (\Omega + M)^{-1}(\Omega - A) \\ I & 0 \end{bmatrix} \cdot \begin{bmatrix} x^{(k)} - x^* \\ |x^{(k-1)}| - |x^*| \end{bmatrix},$$

于是, 有

$$\left\| \begin{bmatrix} x^{(k+1)} - x^* \\ x^{(k)} - x^* \end{bmatrix} \right\| = \left\| \begin{bmatrix} (\Omega + M)^{-1}N & (\Omega + M)^{-1}(\Omega - A) \\ I & 0 \end{bmatrix} \begin{bmatrix} x^{(k)} - x^* \\ |x^{(k-1)}| - |x^*| \end{bmatrix} \right\|$$

$$\leqslant \left\| \begin{bmatrix} (\Omega + M)^{-1}N & (\Omega + M)^{-1}(\Omega - A) \\ I & 0 \end{bmatrix} \right\| \cdot \left\| \begin{bmatrix} x^{(k)} - x^* \\ |x^{(k-1)}| - |x^*| \end{bmatrix} \right\|$$

$$\leqslant \left\| \begin{bmatrix} (\Omega + M)^{-1}N & (\Omega + M)^{-1}(\Omega - A) \\ I & 0 \end{bmatrix} \right\| \cdot \left\| \begin{bmatrix} x^{(k)} - x^* \\ x^{(k-1)} - x^* \end{bmatrix} \right\|.$$

故 $\rho(|W|) < 1$, 则对任意的两个初始向量, 二步搜索模系矩阵分裂迭代法生成的迭代序列 $\{z^k\}_{k=0}^{+\infty} \subset \mathbb{R}^n$ 收敛到 $\mathrm{LCP}(q, A)$ 是唯一解 $z^* \in \mathbb{R}_+^n$. $\qquad\square$

定理 3.2.1 设 $A = M - N$ 为正定矩阵 $A \in \mathbb{R}^{n \times n}$ 的一个分裂且 $M \in \mathbb{R}^{n \times n}$ 是正定矩阵. 假定 $\Omega \in \mathbb{R}^{n \times n}$ 为一个正对角矩阵, $\gamma > 0$. 设

$$\xi(\Omega) = \|(\Omega + M)^{-1}N\|, \quad \eta(\Omega) = \|(\Omega + M)^{-1}(\Omega - M)\|,$$

其中 $\|\cdot\|$ 表示任意矩阵范数. 令

$$\delta(\Omega) = 2\xi(\Omega) + \eta(\Omega),$$

如果 $\delta(\Omega) < 1$, 则对任意的两个初始向量, 二步搜索模系矩阵分裂迭代法生成的迭代序列 $\{z^{(k)}\}_{k=0}^{+\infty} \subset \mathbb{R}^n$ 收敛到 LCP(q, A) 的唯一解 $z^* \in \mathbb{R}^n_+$.

证明　显然, 若 $\rho(|W|) < 1$, 则结论成立. 因为

$$|W| = \left[\begin{array}{cc} |(\Omega + M)^{-1}N| & |(\Omega + M)^{-1}(\Omega - A)| \\ I & 0 \end{array} \right] \geqslant 0,$$

由引理 3.2.3 知仅需证明

$$\rho(|(\Omega + M)^{-1}N| + |(\Omega + M)^{-1}(\Omega - A)|) < 1,$$

由于

$$\begin{aligned} &|(\Omega + M)^{-1}N| + |(\Omega + M)^{-1}(\Omega - A)| \\ =&|(\Omega + M)^{-1}N| + |(\Omega + M)^{-1}(\Omega - M + N)| \\ =&|(\Omega + M)^{-1}N| + |(\Omega + M)^{-1}(\Omega - M) + (\Omega + M)^{-1}N| \\ \leqslant&2|(\Omega + M)^{-1}N| + |(\Omega + M)^{-1}(\Omega - M)|, \end{aligned}$$

则

$$\begin{aligned} &\rho(|(\Omega + M)^{-1}N| + |(\Omega + M)^{-1}(\Omega - A)|) \\ \leqslant&\rho(2|(\Omega + M)^{-1}N| + |(\Omega + M)^{-1}(\Omega - M)|) \\ \leqslant&\|2|(\Omega + M)^{-1}N| + |(\Omega + M)^{-1}(\Omega - M)|\| \\ \leqslant&\|2|(\Omega + M)^{-1}N|\| + \||(\Omega + M)^{-1}(\Omega - M)|\| \\ \leqslant&2\xi(\Omega) + \eta(\Omega). \end{aligned}$$

显然, 若 $\delta(\Omega) < 1$, 则对任意的两个初始向量, 二步搜索模系矩阵分裂迭代法生成的迭代序列 $\{z^{(k)}\}_{k=0}^{+\infty} \subset \mathbb{R}^n$ 收敛到 LCP(q, A) 的唯一解 $z^* \in \mathbb{R}^n_+$. □

2. H_+-矩阵的情形

定理 3.2.2　设 $A = M - N$ 为 H_+-矩阵 $A \in \mathbb{R}^{n \times n}$ 的一个 H-分裂. 若正对角矩阵满足 $\Omega \geqslant D$, 其中 $D = \text{diag}(A)$, 则对任意的两个初始向量, 二步搜索模系矩阵分裂迭代法生成的迭代序列 $\{z^{(k)}\}_{k=0}^{+\infty} \subset \mathbb{R}^n$ 收敛到 LCP(q, A) 的唯一解 $z^* \in \mathbb{R}^n_+$.

证明 事实上, 如果对于任意的两个初始向量, 二步搜索模系矩阵分裂迭代法生成的迭代序列 $\{z^{(k)}\}_{k=0}^{+\infty} \subset \mathbb{R}^n$ 收敛到 LCP(q, A) 的唯一解 $z^* \in \mathbb{R}_+^n$, 则由定理 3.2.3 知仅需证明

$$\rho(\overline{W}) < 1, \tag{3.22}$$

其中 $\overline{W} = |(\Omega + M)^{-1} N| + |(\Omega + M)^{-1}(\Omega - A)|$.

由于 H_+-矩阵 A 的矩阵分裂

$$A = M - N \tag{3.23}$$

是一个 H-分裂 (定理 3.4[126]), 显然, 矩阵 $\langle M \rangle$ 是 M-矩阵, 矩阵 M 是 H-矩阵. 进一步, 由式 (3.23) 知

$$\begin{cases} a_{ii} = m_{ii} - n_{ii}, \\ |m_{ii}| - |n_{ii}| > 0, \end{cases} i = 1, 2, \cdots, n. \tag{3.24}$$

通过对式 (3.32) 的简单化简得 $m_{ii} > 0$, 即知 $\mathrm{diag}(M) > 0$, $\Omega + M$ 是 H_+-矩阵. 依据引理 3.2.2, 有

$$0 \leqslant |(\Omega + M)^{-1}| \leqslant (\Omega + \langle M \rangle)^{-1}, \tag{3.25}$$

设

$$\hat{W} = (\Omega + \langle M \rangle)^{-1}(|N| + |\Omega - A|),$$

由式 (3.25) 可得

$$\overline{W} \leqslant \hat{W}, \quad \rho(\overline{W}) \leqslant \rho(\hat{W}), \tag{3.26}$$

其中

$$\hat{W} = I - (\Omega + \langle M \rangle)^{-1}(\langle M \rangle - |N| + D - |B|),$$

因为 $\langle M \rangle - |N|$ 是 M-矩阵, 这里存在一个正向量 $u > \mathbf{0}$ 满足

$$(\langle M \rangle - |N|)u > \mathbf{0},$$

即

$$(|m_{ii}| - |n_{ii}|)u_i - \sum_{j \neq i}(|m_{ij}| + |n_{ij}|)u_j > 0, \quad i = 1, 2, \cdots, n,$$

再由于 $|m_{ii}| - |n_{ii}| \leqslant a_{ii} = |a_{ii}|$ 和 $|a_{ij}| \leqslant |m_{ij}| + |n_{ij}|$, 则

$$a_{ii}u_i - \sum_{j \neq i}|a_{ij}|u_j \geqslant (|m_{ii}| - |n_{ii}|)u_i - \sum_{j \neq i}(|m_{ij}| + |n_{ij}|)u_j > 0, \quad i = 1, 2, \cdots, n,$$

因此, 令

$$e := (\langle M \rangle - |N| + D - |B|)u > \mathbf{0},$$

得

$$\hat{W}u = u - (\Omega + \langle M \rangle)^{-1}(\langle M \rangle - |N| + D - |B|)u$$
$$= u - (\Omega + \langle M \rangle)^{-1}e < u. \tag{3.27}$$

从式 (3.27) 得 $\rho(\hat{W}) < 1$. 基于式 (3.26) 和引理 3.2.1 知 $\rho(\overline{W}) < 1$, 即式 (3.22) 成立. $\hfill\square$

定理 3.2.3　设 $A \in \mathbb{R}^{n \times n}$ 是 H_+-矩阵且 $A = D - B$, 其中 $B := L + U$ 是矩阵 A 的非对角部分. 假定 $\rho := \rho(D^{-1}|B|)$, $\gamma > 0$ 及正对角矩阵 Ω 满足 $\Omega \geqslant \dfrac{1}{2\alpha}D$. 则对于任意的两个初始向量 TMAOR 迭代法是收敛的, 若下面条件满足

(1) 当 $\dfrac{1}{2\alpha}D \leqslant \Omega < \dfrac{1}{\alpha}D$ 时,

$$0 \leqslant \beta \leqslant \alpha, \quad \frac{1}{2(1-\rho)} < \alpha < \frac{3}{2(1+\rho)}, \quad \rho < \frac{1}{2};$$

$$\alpha \leqslant \beta < \frac{1}{4\rho}, \quad \frac{4\beta\rho+1}{2} < \alpha < \frac{3-4\beta\rho}{2}, \quad \rho < \frac{1}{4\beta}.$$

(2) 当 $\Omega \geqslant \dfrac{1}{\alpha}D$ 时,

$$0 \leqslant \beta \leqslant \alpha, \quad 0 < \alpha < \frac{2}{1+\rho}, \quad \rho < 1;$$

$$\alpha \leqslant \beta < \frac{1}{2\rho}, \quad 2\beta\rho < \alpha < 2 - 2\beta\rho, \quad \rho < \frac{1}{2\beta}.$$

证明　设

$$M_\Omega = \Omega + \langle M \rangle, \quad N_\Omega = |\Omega - M| + 2|N|, \quad A_\Omega = M_\Omega - N_\Omega, \quad L_\Omega = M_\Omega^{-1}N_\Omega.$$

众所周知, 若 $A_\Omega = M_\Omega - N_\Omega$ 且 A_Ω 是 M-矩阵, 则 $\rho(L_\Omega) < 1$. 在这种情况下, 由定理 3.2.1 或定理 3.2.2 的证明知 TMAOR 的分裂 $A = M - N$, 其中

$$M = \frac{1}{\alpha}(D - \beta L), \quad N = \frac{1}{\alpha}[(1-\alpha)D + (\alpha-\beta)L + \alpha U]$$

是收敛的, 若 M_Ω 是 M-矩阵, $N_\Omega \geqslant 0$ 且 $A_\Omega = M_\Omega - N_\Omega$ 是 M-矩阵.

通过简单计算得

$$M_\Omega = \Omega + \frac{1}{\alpha}(D - \beta|L|),$$

$$N_\Omega = \left| \Omega - \frac{1}{\alpha}D \right| + \frac{\beta}{\alpha}|L| + \frac{2|1-\alpha|}{\alpha}D + \frac{2|\alpha-\beta|}{\alpha}|L| + 2|U|$$

及

$$A_\Omega = \Omega - \left| \Omega - \frac{1}{\alpha}D \right| + \frac{1-2|1-\alpha|}{\alpha}D - \frac{2(|\alpha-\beta|+\beta)}{\alpha}|L| - 2|U|. \qquad (3.28)$$

显然, M_Ω 是 M-矩阵, $N_\Omega \geqslant 0$.

当 $\frac{1}{2\alpha}D \leqslant \Omega \leqslant \frac{1}{\alpha}D$ 且 $0 \leqslant \beta \leqslant \alpha$ 时, $\Omega - \left| \Omega - \frac{1}{\alpha}D \right| \geqslant 0$, 则由式 (3.28) 得

$$A_\Omega \geqslant \frac{1-2|1-\alpha|}{\alpha}D - 2|B| := K,$$

易看出, 若 K 是 M-矩阵, 则 A_Ω 是 M-矩阵. 而 K 是 M-矩阵的充要条件是

$$1 - 2|1-\alpha| > 0 \text{ 且 } \rho < \frac{1-2|1-\alpha|}{2\alpha},$$

即

$$\frac{1}{2(1-\rho)} < \alpha < \frac{3}{2(1+\rho)} \text{ 且 } \rho < \frac{1}{2},$$

如果 $\beta \geqslant \alpha$, 则

$$A_\Omega = \Omega - \left| \Omega - \frac{1}{\alpha}D \right| + \frac{1-2|1-\alpha|}{\alpha}D - \frac{2(2\beta-\alpha)}{\alpha}|L| - 2|U|,$$

进一步, 有

$$A_\Omega \geqslant \frac{1-2|1-\alpha|}{\alpha}D - \frac{4\beta}{\alpha}|L| - 2|U| \geqslant \frac{1-2|1-\alpha|}{\alpha}D - \frac{4\beta}{\alpha}|B| := K.$$

显然, 由 K 是 M-矩阵知 A_Ω 是 M-矩阵. 类似地, K 是 M-矩阵的充要条件是

$$1 - 2|1-\alpha| > 0 \text{ 且 } \rho < \frac{1-2|1-\alpha|}{4\beta},$$

注意到 α 的上界不小于其下界得

$$\frac{4\beta\rho+1}{2} < \alpha < \frac{3-4\beta\rho}{2} \text{ 且 } \rho < \frac{1}{4\beta}.$$

当 $\frac{1}{\alpha}D \leqslant \Omega$ 且 $0 \leqslant \beta \leqslant \alpha$ 时, $\Omega - \left| \Omega - \frac{1}{\alpha}D \right| = \frac{1}{\alpha}D > 0$. 由式 (3.28) 得

$$A_\Omega = 2\frac{1-|1-\alpha|}{\alpha}D - 2|B|.$$

显然, A_Ω 是 M-矩阵的充要条件为

$$1 - |1 - \alpha| > 0 \, \text{且} \, \rho < \frac{1 - |1 - \alpha|}{\alpha},$$

这就暗含着

$$0 < \alpha < \frac{2}{1 + \rho} \, \text{且} \, \rho < 1,$$

如果 $\beta \geqslant \alpha$, 则

$$A_\Omega = 2 \frac{1 - |1 - \alpha|}{\alpha} D - \frac{2(2\beta - \alpha)}{\alpha} |L| - 2|U|,$$

进一步, 有

$$A_\Omega \geqslant 2 \frac{1 - |1 - \alpha|}{\alpha} D - \frac{4\beta}{\alpha} |L| - 2|U| \geqslant 2 \left[\frac{1 - |1 - \alpha|}{\alpha} D - \frac{2\beta}{\alpha} |B| \right] := K.$$

易看出, 若 K 是 M-矩阵, 则 A_Ω 也是 M-矩阵. 类似地, K 是 M-矩阵的充要条件为

$$1 - |1 - \alpha| > 0 \, \text{且} \, \rho < \frac{1 - |1 - \alpha|}{2\beta},$$

注意到 α 的上界不小于其下界得

$$2\beta\rho < \alpha < 2 - 2\beta\rho \, \text{且} \, \rho < \frac{1}{2\beta},$$

这就完成了证明.　　　　　　　　　　　　　　　　　　　　　　　　　　□

推论 3.2.1　在定理 3.2.3 的条件下, 如果 $\alpha = \beta$, TMSOR 是收敛的, 若下面条件成立:

(1) 当 $\frac{1}{2\alpha} D \leqslant \Omega < \frac{1}{\alpha} D$ 时, $\frac{1}{2(1 - \rho)} < \alpha < \frac{3}{2(1 + \rho)}$ 且 $\rho < \frac{1}{2}$;

(2) 当 $\Omega \geqslant \frac{1}{\alpha} D$ 时, $0 < \alpha < \frac{2}{1 + \rho}$ 且 $\rho < 1$.

另外, 若 $\alpha = \beta = 1$, TMGS 是收敛的; 若 $\alpha = 1$ 且 $\beta = 0$, TMJ 是收敛的.

注意到 H-相容分裂 (定理 $3.4^{[126]}$) 条件在定理 3.2.3 中是不需要的, 否则, TMAOR 中的参数范围应是 $0 < \beta \leqslant \alpha \leqslant 1$, 这种情况下, 其收敛区域要小于定理 3.2.3.

定理 3.2.4　设 $A \in \mathbb{R}^{n \times n}$ 为 H_+-矩阵且 $A = D - L - U$ 满足 $\langle A \rangle = D - |L| - |U|$. 假定 $\rho := \rho(D^{-1}|B|)$, $\gamma > 0$ 及正对角矩阵 Ω 满足 $\Omega \geqslant D$. 若参数 α 和 β 满足 $\max\{\alpha, \beta\}\rho < \min\{1, \alpha\}$, 则对任意的两个初始向量 TMAOR 迭代法是收敛的.

证明　由定理 3.2.3 的证明知, 这里可取

$$M = \frac{1}{\alpha}(D - \beta L), \quad N = \frac{1}{\alpha}[(1 - \alpha)D + (\alpha - \beta)L + \alpha U].$$

接下来, 仅需证明 $\rho(\hat{W}) < 1$. 在这种情况下, 依 $\rho(\hat{W}) < 1$ 知 $\rho(\overline{W}) < 1$. 于是, 通过简单计算得

$$
\begin{aligned}
\hat{W} &= (\Omega + \langle M \rangle)^{-1}(|N| + |\Omega - A|) \\
&= \left(\Omega + \frac{1}{\alpha}\langle D - \beta L \rangle \right)^{-1} \left(\frac{1}{\alpha}|(1-\alpha)D + (\alpha - \beta)L + \alpha U| + |\Omega - A| \right) \\
&= (\alpha\Omega + D - \beta|L|)^{-1}(|(1-\alpha)D + (\alpha - \beta)L + \alpha U| + \alpha|\Omega - A|) \\
&= I - (\alpha\Omega + D - \beta|L|)^{-1}((1 + \alpha - |1 - \alpha|)D - |\alpha B - \beta L| - \alpha|B| - \beta|L|),
\end{aligned}
$$

由于

$$
(1 + \alpha - |1 - \alpha|) = 2\min\{1, \alpha\}
$$

及

$$
\begin{aligned}
|\alpha B - \beta L| + \alpha|B| + \beta|L| &= |\alpha L + \alpha U - \beta L| + \alpha|U| + \alpha|L| + \beta|L| \\
&= (|\alpha - \beta| + \alpha + \beta)|L| + 2\alpha|U| \\
&\leqslant 2\max\{\alpha, \beta\}|B|,
\end{aligned}
$$

则

$$
\hat{W} \leqslant \tilde{W},
$$

其中 $\tilde{W} = I - 2(\alpha\Omega + D - \beta|L|)^{-1}D(\min\{1, \alpha\}I - \max\{\alpha, \beta\}D^{-1}|B|)$.

由于 $\rho(D^{-1}|B|) < 1$, 这里存在任意小的正数 $\varepsilon > 0$ 满足

$$
\rho_\varepsilon := \rho(J_\varepsilon) < 1,
$$

其中 $J_\varepsilon := D^{-1}|B| + \epsilon ee^{\mathrm{T}}$, 以及 $e := (1, \cdots, 1)^{\mathrm{T}} \in \mathbb{R}^n$. 由于 J_ε 是一个非负矩阵, 依 Perron-Frobenius 定理知, 这里存在一个正向量 $v_\varepsilon \in \mathbb{R}^n$ 满足

$$
J_\varepsilon v_\varepsilon = \rho_\varepsilon v_\varepsilon,
$$

因此

$$
\begin{aligned}
\tilde{W}v_\varepsilon &\leqslant v_\varepsilon - 2(\alpha\Omega + D - \beta|L|)^{-1}D(\min\{1, \alpha\}v_\varepsilon - \max\{\alpha, \beta\}J_\varepsilon v_\varepsilon) \\
&= v_\varepsilon - 2(\min\{1, \alpha\} - \max\{\alpha, \beta\}\rho_\varepsilon)(\alpha\Omega + D - \beta|L|)^{-1}Dv_\varepsilon \\
&\leqslant v_\varepsilon - 2(\min\{1, \alpha\} - \max\{\alpha, \beta\}\rho_\varepsilon)(\alpha\Omega + D)^{-1}Dv_\varepsilon \\
&< v_\varepsilon.
\end{aligned}
$$

类似于定理 3.2.3 的证明, 易知 $\rho(\overline{W}) \leqslant \rho(\hat{W}) \leqslant \rho(\tilde{W}) < 1$, 即定理 3.2.4 的结论成立. $\qquad\square$

3.2.5　数值实验

本节给出两个数值例子来说明二步搜索模系矩阵分裂迭代法的可行性、有效性, 主要是从迭代数 (记为 "IT")、CPU 时间 (记为 "CPU") 及残差向量的模 (记为 "RES") 等方面来描述二步搜索模系矩阵分裂迭代法在求解线性互补问题时的效率. 这里 "RES" 定义为

$$\mathrm{RES}(z^{(k)}) := \| \min(Az^{(k)} + q, z^{(k)}) \|_2,$$

其中 $z^{(k)}$ 表示 LCP(q, A) 的第 k 步近似解 [113].

在数值计算中, 为了比较二步搜索模系矩阵分裂迭代法和模系矩阵分裂迭代法, 初始向量选为

$$x^{(0)} = x^{(1)} = (1, 0, 1, 0, \cdots, 1, 0, \cdots)^{\mathrm{T}} \in \mathbb{R}^n,$$

数值实验是在 MATLAB 7.0 上执行, 迭代的停止准则为 $\mathrm{RES}(z^{(k)}) \leqslant 10^{-5}$. 另外, 依据文献 [113], 对 TMGS, MGS, TMSOR 及 MSOR 方法来说, Ω 取为 $\Omega = \dfrac{1}{2\alpha} D$. 表 3.1 描述了测试方法的缩写.

表 3.1　测试方法的缩写

方法	说明
MGS	The modulus-based Gauss-Seidel method
MSOR	The modulus-based successive overrelaxation method
TMGS	The two-sweep modulus-based Gauss-Seidel method
TMSOR	The two-sweep modulus-based successive overrelaxation method

设 m 为正整数且 $n = m^2$. 考虑线性互补问题 LCP(q, A), 其中 $A \in \mathbb{R}^{n \times n}$ 由 $A = \hat{A} + \mu I$ 给定, $q \in \mathbb{R}^n$ 由 $q = -Az^*$ 给定, 这里

$$\hat{A} = \mathrm{tridiag}(-rI, S, -tI) = \begin{bmatrix} S & -tI & 0 & \cdots & 0 & 0 \\ -rI & S & -tI & \cdots & 0 & 0 \\ 0 & -rI & S & \cdots & 0 & 0 \\ \vdots & \vdots & \vdots & & \vdots & \vdots \\ 0 & 0 & 0 & \cdots & S & -tI \\ 0 & 0 & 0 & \cdots & -rI & S \end{bmatrix} \in \mathbb{R}^{n \times n},$$

其中

$$S = \mathrm{tridiag}(-r, 4, -t) = \begin{bmatrix} 4 & -t & 0 & \cdots & 0 & 0 \\ -r & 4 & -t & \cdots & 0 & 0 \\ 0 & -r & 4 & \cdots & 0 & 0 \\ \vdots & \vdots & \vdots & & \vdots & \vdots \\ 0 & 0 & 0 & \cdots & 4 & -t \\ 0 & 0 & 0 & \cdots & -r & 4 \end{bmatrix} \in \mathbb{R}^{m \times m},$$

这里

$$z^* = (1, 2, 1, 2, \cdots, 1, 2, \cdots)^{\mathrm{T}} \in \mathbb{R}^n$$

为 LCP(q, A) 的唯一解 [118].

1. 对称情形

对于对称情形, 取 $r = t = 1$[113]. 在这种情况下, 系统矩阵 $A \in \mathbb{R}^{n \times n}$ 对 $\mu \geqslant 0$ 来说是对称正定的. 显然, LCP(q, A) 有唯一解.

表 3.2 及表 3.3 列举了在问题规模 m 取不同值时 TMGS, MGS, TMSOR 及 MSOR 的迭代数, CPU 时间及残差范数. 当 TMSOR 和 MSOR 用于求解 LCP(q, A)

表 3.2　在对称情况下的 TMGS 和 MGS 的 IT, CPU 及 Error

		m	20	30	40	50	60
$\mu = 0.5$	TMGS	IT	91	92	93	94	95
		CPU	0.0156	0.0469	0.1094	0.2031	0.25
		Error	9.92×10^{-6}	9.97×10^{-6}	9.99×10^{-6}	9.79×10^{-6}	9.57×10^{-6}
	MGS	IT	116	148	175	194	206
		CPU	0.0469	0.0781	0.2031	0.3281	0.5156
		Error	8.31×10^{-6}	9.44×10^{-6}	8.98×10^{-6}	9.87×10^{-6}	9.78×10^{-6}
$\mu = 1$	TMGS	IT	77	78	79	79	80
		CPU	0.0156	0.0469	0.1094	0.1406	0.2188
		Error	9.22×10^{-6}	8.89×10^{-6}	8.76×10^{-6}	9.64×10^{-6}	8.55×10^{-6}
	MGS	IT	92	107	112	115	117
		CPU	0.0313	0.0781	0.125	0.2188	0.3125
		Error	9.85×10^{-6}	9.32×10^{-6}	9.95×10^{-6}	9.47×10^{-6}	9.10×10^{-6}
$\mu = 1.5$	TMGS	IT	68	69	70	71	71
		CPU	0.0156	0.0469	0.0781	0.1094	0.1719
		Error	9.81×10^{-6}	9.15×10^{-6}	9.29×10^{-6}	7.95×10^{-6}	8.65×10^{-6}
	MGS	IT	75	80	82	83	84
		CPU	0.0313	0.0625	0.0938	0.125	0.203
		Error	8.28×10^{-6}	8.59×10^{-6}	8.65×10^{-6}	9.00×10^{-6}	8.84×10^{-6}
$\mu = 2$	TMGS	IT	62	63	64	64	65
		CPU	0.0156	0.0313	0.0625	0.1094	0.1406
		Error	8.89×10^{-6}	9.67×10^{-6}	8.37×10^{-6}	9.35×10^{-6}	8.69×10^{-6}
	MGS	IT	62	64	65	66	67
		CPU	0.0156	0.0469	0.0625	0.125	0.1563
		Error	8.27×10^{-6}	9.36×10^{-6}	9.87×10^{-6}	9.53×10^{-6}	8.81×10^{-6}
$\mu = 2.5$	TMGS	IT	58	58	60	60	60
		CPU	0.0156	0.0313	0.0781	0.0938	0.1719
		Error	8.06×10^{-6}	9.84×10^{-6}	6.98×10^{-6}	7.79×10^{-6}	8.53×10^{-6}
	MGS	IT	53	55	56	56	57
		CPU	0.0156	0.0313	0.0781	0.0938	0.1406
		Error	8.59×10^{-6}	7.98×10^{-6}	7.86×10^{-6}	9.22×10^{-6}	8.13×10^{-6}

表 3.3　在对称情况下且 $\mu = 4$ 的 TMSOR 和 MSOR 的 IT, CPU 及 Error

		α	0.6	0.9	1.1	1.2	1.25
$m = 20$	TMSOR	IT	54	33	79	162	319
		CPU	0.0156	0.0156	0.0313	0.0469	0.0938
		Error	8.98×10^{-6}	8.29×10^{-6}	9.22×10^{-6}	9.84×10^{-6}	9.97×10^{-6}
	MSOR	IT	36	20	116	449	—
		CPU	0.0156	0.0156	0.0313	0.125	0.1406
		Error	7.37×10^{-6}	8.14×10^{-6}	9.09×10^{-6}	9.58×10^{-6}	—
$m = 30$	TMSOR	IT	56	34	80	163	346
		CPU	0.0313	0.0313	0.0625	0.0938	0.2188
		Error	8.53×10^{-6}	8.41×10^{-6}	8.94×10^{-6}	9.44×10^{-6}	9.87×10^{-6}
	MSOR	IT	37	21	130	—	—
		CPU	0.0156	0.0156	0.0781	0.3281	0.2969
		Error	8.02×10^{-6}	5.37×10^{-6}	9.35×10^{-6}		
$m = 40$	TMSOR	IT	57	34	81	163	347
		CPU	0.0781	0.0469	0.0938	0.1875	0.4063
		Error	9.02×10^{-6}	9.84×10^{-6}	8.90×10^{-6}	9.72×10^{-6}	9.84×10^{-6}
	MSOR	IT	38	21	135	—	—
		CPU	0.0469	0.0313	0.1563	0.5938	0.6406
		Error	7.27×10^{-6}	6.40×10^{-6}	9.27×10^{-6}		
$m = 50$	TMSOR	IT	58	35	81	163	347
		CPU	0.1094	0.0625	0.1406	0.2969	0.6406
		Error	8.73×10^{-6}	5.66×10^{-6}	9.89×10^{-6}	9.99×10^{-6}	9.84×10^{-6}
	MSOR	IT	38	21	137	—	—
		CPU	0.0781	0.0313	0.25	0.9375	1
		Error	9.40×10^{-6}	7.28×10^{-6}	9.82×10^{-6}		
$m = 60$	TMSOR	IT	59	35	82	164	347
		CPU	0.1563	0.0938	0.2188	0.4531	0.9688
		Error	8.02×10^{-6}	6.22×10^{-6}	9.07×10^{-6}	9.50×10^{-6}	9.84×10^{-6}
	MSOR	IT	39	21	139	—	—
		CPU	0.0938	0.0625	0.4219	1.3125	1.3438
		Error	7.41×10^{-6}	8.07×10^{-6}	9.54×10^{-6}		

时, 迭代参数 α 要满足推论 3.2.1 或定理 4.4[113]. 在这种情况下, 为了便于讨论, 表 3.3 及表 3.5 迭代参数 α 是在满足推论 3.2.1 或定理 4.4[113] 的条件下选取的.

由表 3.2, 对 TMGS 和 MGS 来说, 当固定 μ 时, 易看出迭代数和 CPU 时间随问题规模 m 的增加而增加. 当固定 m 时, TMGS 和 MGS 的迭代数随 μ 的增加而减少. 在数值实验中, 我们发现当 μ 的取值在 0.27 和 2 之间选取 $(0.27 \leqslant \mu \leqslant 2)$ 时, TMGS 的迭代数和 CPU 时间要小于 MGS 的; 在 $0 < \mu < 0.27$ 或 $\mu > 2$ 时, MGS 的迭代数和 CPU 时间要小于 TMGS 的. 也就是说, TGMS 有时要优于 MGS, 有时要逊于 MGS.

表 3.3 列举了 TMSOR 和 MSOR 的迭代数、CPU 时间及残差范数. 在这种情况下, $\alpha \neq 1$. 这里 "–" 表示迭代数超过 500 或残差范数超过 10^{-5}, 即 $\text{RES}(z^{(k)}) > 10^{-5}$.

在表 3.3 中, 易发现在 $\alpha < 1$ 时 MSOR 的迭代数及 CPU 时间要小于 TMSOR 的, 而在 $\alpha > 1$ 时 TMSOR 的迭代数及 CPU 时间要小于 TMSOR 的. 也就是说, TMSOR 有时要优于 MSOR, 有时要逊于 MSOR. 然而, 在数值实验中, 我们发现当迭代参数 α 满足推论 3.2.1 或定理 4.4[113] 时 TMSOR 是收敛的, 而 MSOR 方法在迭代参数 $\alpha > 1$ 时不是收敛的. 从收敛区间来看, TMSOR 的收敛区域要比 MSOR 的收敛区域要宽.

2. 非对称情形

对于非对称情形, 这里取 $r = 0.2, t = 0.8$. 在这种情况下, 系统矩阵 $A \in \mathbb{R}^{n \times n}$ 是非对称的, 但系统矩阵 A 对 $\mu \geqslant 0$ 是严格对角占优的. 此时, $\text{LCP}(q, A)$ 具有唯一解.

表 3.4 及表 3.5 列举了非对称情形问题规模 m 取不同值时 TMGS, MGS, TMSOR 及 MSOR 的迭代数, CPU 时间及残差范数.

表 3.4　在非对称情况下的 TMGS 和 MGS 的 IT, CPU 及 Error

		m	20	30	40	50	60
		IT	60	61	62	62	62
	TMGS	CPU	0.0156	0.0469	0.0781	0.1094	0.1875
$\mu = 0.1$		Error	9.84×10^{-6}	9.15×10^{-6}	8.22×10^{-6}	8.99×10^{-6}	9.71×10^{-6}
		IT	71	82	85	87	88
	MGS	CPU	0.0156	0.0625	0.1094	0.1719	0.3281
		Error	8.99×10^{-6}	8.66×10^{-6}	9.23×10^{-6}	8.82×10^{-6}	9.02×10^{-6}
		IT	57	58	59	59	59
	TMGS	CPU	0.0156	0.0313	0.0781	0.125	0.1563
$\mu = 0.3$		Error	9.52×10^{-6}	9.41×10^{-6}	8.02×10^{-6}	8.83×10^{-6}	9.58×10^{-6}
		IT	65	71	73	74	75
	MGS	CPU	0.0156	0.0469	0.0936	0.1455	0.1875
		Error	8.70×10^{-6}	8.92×10^{-6}	9.04×10^{-6}	9.38×10^{-6}	9.12×10^{-6}
		IT	55	56	56	57	57
	TMGS	CPU	0.0156	0.0313	0.0615	0.0933	0.1405
$\mu = 0.5$		Error	8.67×10^{-6}	8.25×10^{-6}	9.42×10^{-6}	7.86×10^{-6}	8.55×10^{-6}
		IT	59	63	64	65	66
	MGS	CPU	0.0156	0.0323	0.0675	0.1096	0.1719
		Error	9.40×10^{-6}	8.77×10^{-6}	9.75×10^{-6}	9.62×10^{-6}	8.99×10^{-6}

续表

		m	20	30	40	50	60
$\mu = 0.8$	TMGS	IT	52	52	53	54	54
		CPU	0.0125	0.0412	0.0617	0.0926	0.1396
		Error	8.14×10^{-6}	9.79×10^{-6}	9.60×10^{-6}	7.57×10^{-6}	8.27×10^{-6}
	MGS	IT	52	54	55	56	57
		CPU	0.0135	0.0472	0.0781	0.1094	0.1563
		Error	8.95×10^{-6}	9.50×10^{-6}	9.68×10^{-6}	9.02×10^{-6}	8.05×10^{-6}
$\mu = 1$	TMGS	IT	50	51	52	52	52
		CPU	0.0156	0.0313	0.0625	0.0918	0.125
		Error	8.99×10^{-6}	9.06×10^{-6}	7.20×10^{-6}	8.00×10^{-6}	8.73×10^{-6}
	MGS	IT	48	50	51	52	52
		CPU	0.0156	0.0468	0.0622	0.0936	0.125
		Error	9.44×10^{-6}	8.87×10^{-6}	8.68×10^{-6}	7.85×10^{-6}	8.90×10^{-6}

表 3.5　在非对称情况下且 $\mu = 4$ 的 TMSOR 和 MSOR 的 IT, CPU 及 Error

		α	0.6	0.9	1.1	1.2	1.25
$m = 20$	TMSOR	IT	35	26	58	97	140
		CPU	0.0156	0.0156	0.0156	0.0313	0.0469
		Error	6.89×10^{-6}	9.64×10^{-6}	8.80×10^{-6}	9.74×10^{-6}	9.67×10^{-6}
	MSOR	IT	24	15	66	261	—
		CPU	0.0124	0.0124	0.0168	0.0786	0.1520
		Error	6.07×10^{-6}	8.74×10^{-6}	8.58×10^{-6}	9.31×10^{-6}	
$m = 30$	TMSOR	IT	36	28	59	98	141
		CPU	0.0313	0.0176	0.0323	0.0675	0.0938
		Error	6.96×10^{-6}	4.33×10^{-6}	8.55×10^{-6}	9.80×10^{-6}	9.60×10^{-6}
	MSOR	IT	24	16	68	364	—
		CPU	0.0136	0.0156	0.0469	0.2344	0.3594
		Error	9.81×10^{-6}	4.45×10^{-6}	8.86×10^{-6}	9.79×10^{-6}	
$m = 40$	TMSOR	IT	36	28	59	99	142
		CPU	0.0469	0.0313	0.0768	0.1012	0.1716
		Error	9.62×10^{-6}	5.03×10^{-6}	9.88×10^{-6}	9.75×10^{-6}	9.46×10^{-6}
	MSOR	IT	25	16	69	467	—
		CPU	0.0331	0.0124	0.0816	0.5781	0.5983
		Error	6.76×10^{-6}	5.27×10^{-6}	9.14×10^{-6}	8.73×10^{-6}	—
$m = 50$	TMSOR	IT	37	28	60	100	143
		CPU	0.0616	0.0772	0.1123	0.1875	0.2656
		Error	7.69×10^{-6}	5.64×10^{-6}	9.27×10^{-6}	9.47×10^{-6}	9.11×10^{-6}
	MSOR	IT	25	16	70	—	—
		CPU	0.0414	0.0321	0.126	1	1.125
		Error	8.63×10^{-6}	5.98×10^{-6}	8.77×10^{-6}	—	—

续表

	α	0.6	0.9	1.1	1.2	1.25
	IT	37	28	61	101	143
TMSOR	CPU	0.1122	0.0798	0.1801	0.7912	0.3906
	Error	9.36×10^{-6}	6.19×10^{-6}	7.16×10^{-6}	8.68×10^{-6}	9.63×10^{-6}
$m=60$	IT	26	16	70		
MSOR	CPU	0.0675	0.0524	0.1875	1.4688	1.3288
	Error	5.25×10^{-6}	6.61×10^{-6}	9.90×10^{-6}	—	—

由表 3.4 知, 对非对称情形, 当固定 μ 时, TMGS 和 MGS 的迭代数和 CPU 时间随问题规模 m 的增加而增加. 当规定问题规模 m 时, TMGS 和 MGS 的迭代数随 μ 的增加而减少. 在数值实验中, 我们发现当 μ 的取值在 0 和 0.82 之间 ($0 \leqslant \mu < 0.82$) 选取时, TMGS 的迭代数和 CPU 时间要小于 MGS 的; 当 $\mu \geqslant 0.82$ 时, TMGS 的迭代数和 CPU 时间要大于 MGS 的. 也就是说, 对非对称情形, TGMS 有时要优于 MGS, 有时要逊于 MGS.

表 3.5 列举了 TMSOR 和 MSOR 对非对称情形的迭代数, CPU 时间及残差范数. 在这种情况下, $\alpha = 1$ 不需要考虑. 这里 "–" 表示迭代数超过 500 或残差范数超过 10^{-5}, 即 $\mathrm{RES}(z^{(k)}) > 10^{-5}$.

由表 3.5 易知, 在 $\alpha < 1$ 时, MSOR 的迭代数和 CPU 时间要小于 TMSOR 的; 在 $\alpha > 1$ 时, TMSOR 的迭代数和 CPU 时间要小于 MSOR 的. 也就是说, 对非对称情形, TMSOR 有时要优于 MSOR, 有时要逊于 MSOR. 然而, 在数值实验中, 发现在迭代参数 α 满足推论 3.2.1 或定理 4.4[113] 时 TMSOR 是收敛的, 但在 $\alpha > 1$ 时 MSOR 是不收敛的. 从收敛区间来看, TMSOR 的收敛区域要比 MSOR 的收敛区域要宽.

总之, 从这两个例子的数值结果来看, 二步搜索模系矩阵分裂迭代法和模系矩阵分裂迭代法均适合于求解 LCP(q, A). 同时, 在这两个方法中, 我们不能得出哪一个方法始终是最优的. 也就是说, 在某些情形下, 前者可以优选考虑; 在某些情形下, 后者可以优选考虑.

3.3　本章小结

本章首先给出两个不同非奇异矩阵双分裂的收敛性和比较定理, 同时, 也给出了单分裂和双分裂之间的比较定理. 其次, 建立了矩阵非负双分裂及 M-双分裂的比较定理. 再次, 通过构建一个新矩阵来获取双分裂迭代法的迭代矩阵, 以此利用单分裂的一些比较定理来诱导出双分裂的一些比较定理. 最后, 利用双分裂的思想构建了一类二步搜索模系矩阵分裂迭代法来解线性互补问题. 关于矩阵双分裂理论及应用的研究还比较少, 这里仅做了一些有益的尝试.

第 4 章   HSS 迭代法及其预处理技术

HSS 定常迭代法是由 Bai, Golub 和 Ng[14] 针对非 Hermitian 正定系统的求解提出的, 其思想主要是基于对线性系统的系数矩阵的 Hermitian 和反-Hermitian 分裂 (HSS) 并结合经典的交替方向隐式迭代技术 (ADI)[9]. 为了改进 HSS 迭代法的收敛速度, Bai, Golub 和 Pan 在文献 [16] 中提出了预处理 HSS 迭代法 (PHSS). 由于 HSS 迭代法具有形式简单、易程序化且有理论上的最优参数等优点, 所以自其诞生以来就立即受到许多专家及学者的重视并由此衍生出许多新的算法, 如 LHSS 迭代法 [21]、NSS 迭代法 [19]、PHSS 迭代法 [16, 22]、TSS 迭代法 [18] 及 NHSS 迭代法 [20] 等.

本章将依次对 HSS 迭代法及 LHSS 迭代法的选择问题给出一个新判据; 提出了求解非 Hermitian 正定系统一个修正 HSS 迭代法 (MHSS); 研究了 HSS 预处理技术作用于鞍点矩阵的谱性质.

4.1   选择 HSS 迭代法及 LHSS 迭代法一个新准则

4.1.1   引言

考虑求解下面的大型稀疏线性系统

$$Ax = b, \tag{4.1}$$

其中 A 是非 Hermitian 正定矩阵, x 是待求未知量, b 是已知量. 众所周知, 基于矩阵分裂而形成的迭代法在求解线性系统中起着举足轻重的作用. 若用矩阵分裂迭代法求解线性系统 (4.1), 则需要对系数矩阵 A 作一个有效的分裂. 一般地, 矩阵分裂的收敛性在很大程度上决定了相应迭代法的数值性质 [9, 78, 79, 89]. 为了求解大型稀疏非 Hermitian 正定线性系统, Bai, Golub 和 Ng 在文献 [14] 中提出了的 HSS 迭代法.

HSS 迭代法   给定初始向量 $x^{(0)}$, 通过式 (4.2) 格式计算, 直到 $\{x^{(k)}\}(k = 0, 1, 2, \cdots)$ 收敛,

$$\begin{cases} (\alpha I + H)x^{(k+\frac{1}{2})} = (\alpha I - S)x^{(k)} + b, \\ (\alpha I + S)x^{(k+1)} = (\alpha I - H)x^{(k+\frac{1}{2})} + b, \end{cases} \tag{4.2}$$

其中 $H = \frac{1}{2}(A + A^*)$ 和 $S = \frac{1}{2}(A - A^*)$ 分别是 A 的 Hermitian 和反-Hermitian 部

分, α 是任意给定的正实数.

将 HSS 迭代法 (4.2) 写成矩阵–向量形式为

$$x^{(k+1)} = M(\alpha)x^{(k)} + G(\alpha)b, \quad k = 0, 1, 2, \cdots,$$

其中

$$\begin{cases} M(\alpha) = (\alpha I + S)^{-1}(\alpha I - H)(\alpha I + H)^{-1}(\alpha I - S), \\ G(\alpha) = 2\alpha(\alpha I + S)^{-1}(\alpha I + H)^{-1}. \end{cases}$$

显然, $M(\alpha)$ 是 HSS 迭代法的迭代矩阵. 为了刻画 HSS 迭代法的收敛性, Bai, Golub 和 Ng[14] 给出了如下定理.

定理 4.1.1[14] 设 $A \in \mathbb{C}^{n \times n}$ 为正定矩阵, $H = \frac{1}{2}(A + A^*)$ 及 $S = \frac{1}{2}(A - A^*)$ 分别是它的 Hermitian 和反-Hermitian 部分, α 是任意给定的正实数, 则 HSS 迭代法的迭代矩阵 $M(\alpha)$ 的谱半径 $\rho(M(\alpha))$ 受限于

$$\gamma(\alpha) = \max_{\lambda_i \in \lambda(H)} \left| \frac{\alpha - \lambda_i}{\alpha + \lambda_i} \right|,$$

其中 $\lambda_1 \geqslant \lambda_2 \geqslant \cdots \geqslant \lambda_n$ 是矩阵 H 的特征值, 即

$$\rho(M(\alpha)) \leqslant \gamma(\alpha) < 1, \quad \forall \alpha > 0,$$

α 的最优值为

$$\overline{\alpha} \equiv \arg\min_{\alpha} \left\{ \max_{\lambda_n \leqslant \lambda \leqslant \lambda_1} \left| \frac{\alpha - \lambda}{\alpha + \lambda} \right| \right\} = \sqrt{\lambda_1 \lambda_n},$$

且

$$\gamma(\overline{\alpha}) = \frac{\sqrt{\lambda_1} - \sqrt{\lambda_n}}{\sqrt{\lambda_1} + \sqrt{\lambda_n}}. \tag{4.3}$$

最近, Li, Huang 和 Liu 在文献 [21] 中通过对式 (4.1) 的系数矩阵 A 进行如下分裂

$$A = H + S = (\alpha I + S) - (\alpha I - H), \tag{4.4}$$

而提出一种类似于 HSS 迭代法的斜 Hermitian 和反-Hermitian 分裂 (LHSS) 迭代法, 其迭代格式如下.

LHSS 迭代法 给定初始向量 $x^{(0)}$, 通过式 (4.5) 格式计算, 直到 $\{x^{(k)}\}(k = 0, 1, 2, \cdots)$ 收敛,

$$\begin{cases} Hx^{(k+\frac{1}{2})} = -Sx^{(k)} + b, \\ (\alpha I + S)x^{(k+1)} = (\alpha I - H)x^{(k+\frac{1}{2})} + b, \end{cases} \tag{4.5}$$

其中 α 是任意给定的正实数.

从式 (4.4) 知, 如果 A 是正定矩阵, 则 H 为正定矩阵, S 为反-Hermitian 矩阵, 且

$$A + A^* = H + H^*,$$

由于矩阵 S 是反-Hermitian 的, 易知矩阵 $\alpha I + S$ 是非奇异的. 于是 LHSS 迭代法 (4.5) 可以等价地写为矩阵–向量式, 即

$$x^{(k+1)} = \mathcal{M}(\alpha)x^{(k)} + \mathcal{G}(\alpha)b, \quad k = 0, 1, 2, \cdots, \tag{4.6}$$

其中

$$\begin{cases} \mathcal{M}(\alpha) = (\alpha I + S)^{-1}(\alpha I - H)H^{-1}(-S), \\ \mathcal{G}(\alpha) = \alpha(\alpha I + S)^{-1}H^{-1}. \end{cases}$$

显然, $\mathcal{M}(\alpha)$ 是 LHSS 迭代法的迭代矩阵. 事实上, 式 (4.6) 也可由下面分裂导出, 即将线性系统 (4.1) 的系数矩阵 A 分裂为

$$A = M - N,$$

其中 $M = \alpha^{-1}H(\alpha I + S), N = \alpha^{-1}(\alpha I - H)(-S)$.

文献 [21] 为了刻画 LHSS 迭代法的收敛性而给出了下面定理.

定理 4.1.2[21]　　设 $A \in \mathbb{C}^{n \times n}$ 为正定矩阵, $H = \frac{1}{2}(A + A^*)$ 及 $S = \frac{1}{2}(A - A^*)$ 分别是它的 Hermitian 和反-Hermitian 部分, α 是任意给定的正实数, 则 LHSS 迭代法的迭代矩阵 $\mathcal{M}(\alpha)$ 的谱半径 $\rho(\mathcal{M}(\alpha))$ 受限于

$$\delta(\alpha) \equiv \frac{\sigma_{\max}}{\sqrt{\alpha^2 + \sigma_{\max}^2}} \max_{\lambda_i \in \lambda(H)} \left| \frac{\alpha - \lambda_i}{\lambda_i} \right|,$$

其中 $\lambda_1 \geqslant \lambda_2 \geqslant \cdots \geqslant \lambda_n$ 是矩阵 H 的特征值, $\sigma_{\max}$ 是矩阵 S 的最大奇异值. 于是有下面情形:

(1) 当 $\sigma_{\max} \leqslant \lambda_n$ 时, 如果

$$\alpha > 0 \text{或} \alpha < \frac{2\lambda_1 \sigma_{\max}^2}{\sigma_{\max}^2 - \lambda_1^2},$$

则 $\delta(\alpha) < 1$, 即 LHSS 迭代法收敛;

(2) 当 $\lambda_n < \sigma_{\max} < \lambda_1$ 时, 如果

$$0 < \alpha < \frac{2\lambda_n \sigma_{\max}^2}{\sigma_{\max}^2 - \lambda_n^2} \text{或} \alpha < \frac{2\lambda_1 \sigma_{\max}^2}{\sigma_{\max}^2 - \lambda_1^2},$$

则 $\delta(\alpha) < 1$, 即 LHSS 迭代法收敛;

(3) 当 $\sigma_{\max} \geqslant \lambda_1$ 时, 如果

$$0 < \alpha < \frac{2\lambda_n \sigma_{\max}^2}{\sigma_{\max}^2 - \lambda_n^2},$$

则 $\delta(\alpha) < 1$, 即 LHSS 迭代法收敛.

迭代参数 α 的最优值为

$$\alpha^* \equiv \frac{2\lambda_1 \lambda_n}{\lambda_1 + \lambda_n},$$

且

$$\delta(\alpha^*) = \frac{(\lambda_1 - \lambda_n)\sigma_{\max}}{\sqrt{4\lambda_1^2 \lambda_n^2 + \sigma_{\max}^2(\lambda_1 - \lambda_n)^2}}. \tag{4.7}$$

定理 4.1.2 显示了如果矩阵 A 是正定的, 参数 α 满足上述三种情形之一, 那么 LHSS 迭代法产生的迭代序列收敛到线性系统 (4.1) 的唯一解. 同时, 也显示出 LHSS 迭代法的迭代矩阵谱半径的上界依赖于三个方面: ① α 的选取; ② 矩阵 H 的谱; ③ 矩阵 S 的最大奇异值, 与矩阵 S 的其他奇异值及矩阵 H, S 和 A 特征值对应的特征向量无关.

注 4.1.1 由于矩阵 S 是反-Hermitian 的, 进而可知矩阵 S 的特征值是纯虚数. 记 $\mu(S) = \{i\mu_1, i\mu_2, \cdots, i\mu_n\}$, 其中 $\mu_i \in \mathbb{R}(i \in \langle n \rangle)$, $\mu_{\max} = \max_{\mu_i \in \mu(S)} |\mu_i|$. 即有 $\mu_{\max} = \sigma_{\max}$. 也就是说, 定理 4.1.2 中的 $\sigma_{\max}$ 可以被 $\mu_{\max}$ 代替. 于是 LHSS 迭代法的迭代矩阵谱半径的上界依赖 α 选取, 矩阵 H 的谱及矩阵 S 最大特征值的模三个方面; 与矩阵 S 的其他特征值及矩阵 H, S 和 A 特征值对应的特征向量无关.

4.1.2 HSS 迭代法与 LHSS 迭代法的选择

当 HSS 迭代法与 LHSS 迭代法同时用于求解线性系统 (4.1) 时, 那么哪个方法可以优先考虑呢? 对 LHSS 迭代法及 HSS 迭代法的选取问题, 这里给出一个优先选取的简单判据.

定理 4.1.3 在满足定理 4.1.1 及定理 4.1.2 的条件下, 有如下情形:

(1) 如果 $\lambda_1 = \lambda_n$, 则 $\delta(\alpha^*) = \gamma(\overline{\alpha})$;

(2) 如果 $\lambda_1 \neq \lambda_n$ 且

$$\frac{\lambda_1^2 \lambda_n^2}{(\sqrt{\lambda_1} + \sqrt{\lambda_n})^2 \sqrt{\lambda_1 \lambda_n}} < \sigma_{\max}^2,$$

则

$$\gamma(\overline{\alpha}) < \delta(\alpha^*).$$

证明 由式 (4.3) 和式 (4.7) 知, (1) 是成立的. 因此, 只需证明 (2) 成立即可.

假定 $\gamma(\overline{\alpha}) < \delta(\alpha^*)$. 由 $\lambda_1 > \lambda_n$ 得

$$\frac{\sqrt{\lambda_1} - \sqrt{\lambda_n}}{\sqrt{\lambda_1} + \sqrt{\lambda_n}} < \frac{(\lambda_1 - \lambda_n)\sigma_{\max}}{\sqrt{4\lambda_1^2\lambda_n^2 + \sigma_{\max}^2(\lambda_1 - \lambda_n)^2}},$$

即有

$$\frac{1}{\sqrt{\lambda_1} + \sqrt{\lambda_n}} < \frac{(\sqrt{\lambda_1} + \sqrt{\lambda_n})\sigma_{\max}}{\sqrt{4\lambda_1^2\lambda_n^2 + \sigma_{\max}^2(\lambda_1 - \lambda_n)^2}},$$

通过整理上式得

$$4\lambda_1^2\lambda_n^2 < [(\sqrt{\lambda_1} + \sqrt{\lambda_n})^4 - (\lambda_1 - \lambda_n)^2]\sigma_{\max}^2,$$

于是

$$\lambda_1^2\lambda_n^2 < \sqrt{\lambda_1\lambda_n}(\sqrt{\lambda_1} + \sqrt{\lambda_n})^2\sigma_{\max}^2,$$

故得证.　　　　　　　　　　　　　　　　　　　　　　　　　　　　　　　　　□

类似地, 可得如下定理.

定理 4.1.4　在定理 4.1.3 的条件下, 如果 $\lambda_1 \neq \lambda_n$ 且

$$\sigma_{\max}^2 < \frac{\lambda_1^2\lambda_n^2}{(\sqrt{\lambda_1} + \sqrt{\lambda_n})^2\sqrt{\lambda_1\lambda_n}},$$

则 $\delta(\alpha^*) < \gamma(\overline{\alpha})$.

注 4.1.2　事实上, 定理 4.1.3 及定理 4.1.4 中的 $\sigma_{\max}$ 可以被 $\mu_{\max}$ 代替. 当 $\lambda_1 = \lambda_n$ 时, 文献 [21] 的判断依据失效. 实际上, 在这种情况下, $\delta(\alpha^*) = \gamma(\overline{\alpha})$.

推论 4.1.1　在定理 4.1.3 的条件下, 如果 $\lambda_1 \neq \lambda_n$ 且 $\frac{1}{2}\lambda_1\lambda_n < \sigma_{\max}^2$, 则 $\gamma(\overline{\alpha}) < \delta(\alpha^*)$.

4.1.3　两个例子

例 4.1.1　考虑在正方体 $\Omega = [0,1] \times [0,1] \times [0,1]$ 上的对流-扩散方程

$$-(u_{xx} + u_{yy} + u_{zz}) + q(u_x + u_y + u_z) = f(x, y, z),$$

且满足 Dirichlet 边界条件, 其中 q 是常数项. 假定在三个方向的网格节点数 (n) 相同, 用七点差分格式离散上述方程, 并定义 $h = \dfrac{1}{n+1}$ 为步长, $r = \dfrac{qh}{2}(q > 0)$ 为 Reynolds 网格数. 由文献 [14] 知, 当问题的规模充分大 (即 h 合理的小) 时, 可得

$$\lambda_1 = 6(1 + \cos \pi h) \approx 12,$$
$$\lambda_n = 6(1 - \cos \pi h) \approx 3\pi^2 h^2,$$
$$\sigma_{\max} = 6r\cos \pi h \approx 3qh,$$

由定理 4.1.3 知, 如果

$$\frac{8\pi^3 h}{(2+\pi h)^2} \leqslant \frac{8\pi^3 h}{8\pi h} = \pi^2 < q^2,$$

即 $q > \pi$, 则相对于 LHSS 迭代法而言, HSS 迭代法可以优先考虑. 而由定理 3.1.4 知, 如果

$$q^2 < \frac{8\pi^3 h}{9} \leqslant \frac{8\pi^3 h}{(2+\pi h)^2}, \tag{4.8}$$

则相对于 HSS 迭代法而言, LHSS 迭代法可以优先考虑.

例 4.1.2 考虑在 $[0,1]$ 上的微分方程

$$-u'' + qu' = f,$$

其中在边界 0 及 1 处 $u = 0$. 利用中心差分及逆风差分格式离散微分方程可以获得

$$\lambda_1 = 2(1 + \cos \pi h) \approx 4,$$
$$\lambda_n = 2(1 - \cos \pi h) \approx \pi^2 h^2,$$
$$\sigma_{\max} = \frac{3qh}{2} \cos \pi h \approx \frac{3qh}{2}(q > 0),$$

由定理 4.1.3 知, 如果

$$\frac{32\pi^3 h}{9(2+\pi h)^2} \leqslant \frac{32\pi^3 h}{72\pi h} = \frac{4}{9}\pi^2 < q^2,$$

即 $q > \frac{2}{3}\pi$, 那么相对于 LHSS 迭代法而言, HSS 迭代法可以优先考虑. 而由定理 4.1.4 知, 如果

$$q^2 < \frac{32\pi^3 h}{81} \leqslant \frac{32\pi^3 h}{9(2+\pi h)^2}, \tag{4.9}$$

则相对于 HSS 迭代法而言, LHSS 迭代法可以优先考虑.

注 4.1.3 依据式 (4.8) 和式 (4.9) 可以发现, 当问题规模充分大 (h 合理的小) 时, 若选择 LHSS 迭代法, 则常数项 $q > 0$ 的取值一定非常小. 这就暗示了定理 4.1.4 的应用范围相当狭窄. 再者, 即使 q 的取值很小, 那么在一般情况下 LHSS 迭代法没有广义共轭梯度法效果好. 也就是说, 关于 LHSS 迭代法, 我们需要对其作进一步改善. 通过观察例 4.1.1 及例 4.1.2 知, 当 HSS 迭代法应用求解线性系统 (4.1) 时, q 的选取可能与步长 h 无关.

注 4.1.4 事实上, 由定理 4.1.3 及定理 4.1.4 可知, 迭代矩阵谱半径的上界并不一定能真正地反映出迭代法的收敛速度, 其结果仅仅可以用来比较两个迭代法的优越性. 通过比较 HSS 迭代法及 LHSS 迭代法, 不难发现, 在实践中 HSS 迭代法的效率要优于 LHSS 迭代法. 这里可以从两个方面加以说明: 首先, 由定理 4.1.1 及

定理 4.1.2 知, 在同等的情况下 LHSS 迭代法的收敛域小于 HSS 迭代法; 其次, 依据式 (4.2) 和式 (4.5) 可以发现, 对系数矩阵为 H 的子系统和对系数矩阵为 $\alpha I + H$ 子系统的求解来说, LHSS 迭代法的效率要低于 HSS 迭代法. 至于这一点, 可以从条件数的角度来考虑. 事实上, 设 $\lambda_{\max}(H)$ 和 $\lambda_{\min}(H)$ 分别是矩阵 H 的最大和最小特征值. $\kappa(H)$ 表示矩阵 H 的条件数. 通过简单计算得

$$\kappa(\alpha I + H) = \frac{\alpha + \lambda_{\max}(H)}{\alpha + \lambda_{\min}(H)} < \frac{\lambda_{\max}(H)}{\lambda_{\min}(H)} = \kappa(H) \ (\alpha > 0).$$

4.2　非 Hermitian 正定线性系统的改进的 HSS 迭代法

4.2.1　引言

对大型稀疏非 Hermitian 正定线性系统 (4.1) 的求解, Bai, Golub 和 Ng 在文献 [14] 中提出了的 HSS 迭代法, 并指出当 H 是正定矩阵时, HSS 迭代法是无条件收敛到线性系统 (4.1) 的精确解, 同时, 也给出了参数 α 的最优值, 即

$$\alpha = \sqrt{\lambda_{\min}(H)\lambda_{\max}(H)}.$$

由于 HSS 迭代法结构简单, 易于程序实现且具有简洁的数值性质等优点, 因而备受关注. 当今, HSS 迭代法的一个重要应用是能够有效的求解鞍点问题 [16, 24].

为了提高 HSS 迭代法的收敛速度, 最近, Benzi 在文献 [20] 中将矩阵 H 分裂成两个 Hermitian 正定矩阵相加的形式:

$$H = G + K,$$

进而可将线性系统 (4.1) 的系数矩阵 A 分裂为

$$A = (G + \alpha I) - (\alpha I - K - S) = (\alpha I + S + K) - (\alpha I - G).$$

基于上述分裂, 广义 HSS(GHSS) 迭代法定义如下.

GHSS 迭代法　给定初始向量 $x^{(0)}$, 通过式 (4.10) 格式计算, 直到 $\{x^{(k)}\}(k = 0, 1, 2, \cdots)$ 收敛,

$$\begin{cases} (G + \alpha I)x^{(k+\frac{1}{2})} = (\alpha I - K - S)x^{(k)} + b, \\ (\alpha I + S + K)x^{(k+1)} = (\alpha I - G)x^{(k+\frac{1}{2})} + b, \end{cases} \tag{4.10}$$

其中 α 是任意给定的正实数.

文献 [20] 显示了当矩阵 G 或 K 是正定时, GHSS 迭代法产生的迭代序列无条件收敛到精确解 $x_* = A^{-1}b$, 并指出若 GHSS 迭代法与 HSS 迭代法同时涉及内迭

代时, GHSS 迭代法相对于 HSS 迭代法的优势在于求解 $S + K + \alpha I$ 子线性系统的计算量有望低于求解 $S + \alpha I$ 子线性系统的计算量.

显然, 由迭代格式 (4.2) 知, HSS 迭代法需要求解系数矩阵为 $H + \alpha I$ 和 $S + \alpha I$ 的两个子线性系统. 由于系数矩阵为 $H + \alpha I$ 的子线性系统是 Hermitian 正定的, 所以对此子线性系统的求解可借助于 CG 方法; 而由于系数矩阵为 $S + \alpha I$ 的子线性系统是反-Hermitian 的, 所以对此子线性系统的求解并不是一件很容易的事 [20].

本节的思想是基于对线性系统 (4.1) 的系数矩阵 A 作进一步地细化而提出一种改进的 HSS 迭代法 (MHSS). 具体的策略是将矩阵 S 分成两个反-Hermitian 矩阵:

$$S = R + T.$$

于是, 线性系统 (4.1) 的系数矩阵 A 可分裂为

$$A = (G + R + \alpha I) - (\alpha I - T - K) = (\alpha I + T + K) - (\alpha I - G - R).$$

进而有如下方法.

MHSS 迭代法 给定初始向量 $x^{(0)}$, 通过 (4.11) 格式计算, 直到 $\{x^{(k)}\}(k = 0, 1, 2, \cdots)$ 收敛,

$$\begin{cases} (G + R + \alpha I)x^{(k+\frac{1}{2})} = (\alpha I - T - K)x^{(k)} + b, \\ (\alpha I + T + K)x^{(k+1)} = (\alpha I - G - R)x^{(k+\frac{1}{2})} + b, \end{cases} \tag{4.11}$$

其中 α 是任意给定的正实数.

不难发现, 如果矩阵 $R = 0$ 和 $K = 0$, 则 MHSS 迭代法退化为 HSS 迭代法; 如果矩阵 $R = 0$, 则 MHSS 迭代法退化为 GHSS 迭代法.

4.2.2 MHSS 迭代法的收敛分析

本节主要讨论 MHSS 迭代法的收敛性质. 为方便起见, 这里需给出几个引理.

引理 4.2.1[14] 设 $A \in \mathbb{C}^{n \times n}$, $A = M_i - N_i$ $(i = 1, 2)$ 是矩阵 A 的两个分裂, $x^{(0)} \in \mathbb{C}^n$ 是给定的初始向量. 如果迭代序列 $\{x^{(k)}\}$ 为如下两步迭代的解序列:

$$\begin{cases} M_1 x^{(k+\frac{1}{2})} = N_1 x^{(k)} + b, \\ M_2 x^{(k+1)} = N_2 x^{(k+\frac{1}{2})} + b, \end{cases} \quad k = 0, 1, \cdots,$$

则

$$x^{(k+1)} = M_2^{-1} N_2 M_1^{-1} N_1 x^{(k)} + M_2^{-1}(I + N_2 M_1^{-1})b, \quad k = 0, 1, \cdots,$$

若 $\rho(M_2^{-1} N_2 M_1^{-1} N_1) < 1$, 则对于任意的初始向量 $x^{(0)} \in \mathbb{C}^n$, 迭代序列 $\{x^{(k)}\}$ 收敛到线性系统 (4.1) 的唯一解 $x_* \in \mathbb{C}^n$.

引理 4.2.2[127] (Kellogg 引理)　　如果矩阵 A 是半正定的且 $\sigma \geqslant 0$, 则

$$\|(I - \sigma A)(I + \sigma A)^{-1}\| \leqslant 1.$$

引理 4.2.3　　假设 $A, B \in \mathbb{R}^{n \times n}$, A 是正定的, B 是反对称的, 则

$$x^{\mathrm{T}}(A + B)x > 0, \quad \forall x \neq \mathbf{0} \in \mathbb{R}^n.$$

证明　　显然, $B^{\mathrm{T}} = -B$. 于是, 对任意 $x \in \mathbb{R}^n$, 有

$$x^{\mathrm{T}}Bx = (x^{\mathrm{T}}Bx)^{\mathrm{T}} = x^{\mathrm{T}}B^{\mathrm{T}}x = -x^{\mathrm{T}}Bx,$$

故 $x^{\mathrm{T}}Bx = 0$. 又因为矩阵 A 是正定的, 所以对 $x \neq \mathbf{0}$ 有

$$x^{\mathrm{T}}(A + B)x = x^{\mathrm{T}}Ax + x^{\mathrm{T}}Bx = x^{\mathrm{T}}Ax > 0,$$

即原命题成立. □

进而, 如果 $A, B \in \mathbb{R}^{n \times n}$, A 是半正定的且 B 是反对称的, 则

$$x^{\mathrm{T}}(A + B)x \geqslant 0, \quad \forall x \neq \mathbf{0} \in \mathbb{R}^n.$$

将上面三个引理应用到 MHSS 迭代法, 可得下面收敛定理.

定理 4.2.1　　设 $A = (G + K) + (R + T) = H + S \in \mathbb{R}^{n \times n}$, 其中矩阵 G 和 K 一个是正定的, 另一个是半正定的, 矩阵 R 和 T 是反对称的, 则由式 (4.11) 产生的迭代序列无条件收敛到 $Ax = b$ 的精确解.

证明　　通过简单计算, 将式 (4.11) 等价的转化为如下矩阵–向量式

$$x^{(k+1)} = \mathcal{M}(\alpha)x^{(k)} + \mathcal{G}(\alpha)b, \quad k = 0, 1, 2, \cdots, \tag{4.12}$$

其中

$$\begin{cases} \mathcal{M}(\alpha) = (\alpha I + T + K)^{-1}(\alpha I - G - R)(G + R + \alpha I)^{-1}(\alpha I - T - K), \\ \mathcal{G}(\alpha) = \dfrac{1}{2\alpha}(\alpha I + T + K)^{-1}(G + R + \alpha I)^{-1}. \end{cases}$$

依据矩阵的相似性, 迭代矩阵 $\mathcal{M}(\alpha)$ 相似于

$$\hat{\mathcal{M}}(\alpha) = (\alpha I - G - R)(G + R + \alpha I)^{-1}(\alpha I - T - K)(\alpha I + T + K)^{-1},$$

设 $A_1 = G + R$, $A_2 = T + K$. 由引理 4.2.3 知, 矩阵 A_1 和 A_2 都是半正定的.

另外, 注意到

$$\hat{\mathcal{M}}(\alpha) = (\alpha I - A_1)(A_1 + \alpha I)^{-1}(\alpha I - A_2)(\alpha I + A_2)^{-1}.$$

由引理 4.2.2 得

$$\|(\alpha I - A_1)(\alpha I + A_1)^{-1}\| \leqslant 1 \tag{4.13}$$

和

$$\|(\alpha I - A_2)(\alpha I + A_2)^{-1}\| \leqslant 1. \tag{4.14}$$

如果矩阵 A_1 和 A_2 是正定的, 那么不等式 (4.13) 和不等式 (4.14) 是严格成立的. 因此, 如果矩阵 G 或 K 是对称正定的, 则

$$\rho(\mathcal{M}(\alpha)) = \rho(\hat{\mathcal{M}}(\alpha)) \leqslant \|(\alpha I - A_1)(\alpha I + A_1)^{-1}\|\|(\alpha I - A_2)(\alpha I + A_2)^{-1}\| < 1. \qquad \square$$

与 GHSS 迭代法一样, 定理 4.2.1 表明了如果矩阵 G 或 K 是正定的, 则对于任意的 $\alpha > 0$, 式 (4.11) 计算格式产生的迭代序列收敛到线性系统 (4.1) 的精确解. 显然, 定理 4.2.1 是定理 2.1[20] 的一个推广.

依据文献 [127] 第 4 章的结论, 我们可以获得使迭代矩阵 $\mathcal{M}(\alpha)$ 谱半径最小的参数 α 的最优值, 即有下面推论.

推论 4.2.1 设 $A = (G + K) + (R + T) = H + S \in \mathbb{R}^{n \times n}$, 其中矩阵 G 和 K 一个是正定的, 另一个是半正定的, 矩阵 R 和 T 是反对称的. 如果 $A_1 = G + R$ 和 $A_2 = K + T$ 满足

$$(A_i u, u) \geqslant m(u, u) 和 (A_i u, u) \leqslant M(A_i u, u), \quad i = 1, 2,$$

则迭代格式 (4.11) 中参数 α 的最优值为

$$\alpha_{opt} = \frac{1}{\sqrt{mM}}.$$

注 4.2.1 在实际应用中, 对 MHSS 迭代法中参数 α 的估计从某种程度上来说是比较困难的. 如果依据推论 4.2.1 的结论, 那么最优参数 α 的确定要依赖于 m 和 M 的选取 (即参数 α 的最优值要依赖于矩阵 $G + R$ 和 $K + T$ 的谱分布), 而仅仅依靠推论 4.2.1 中的两个不等式来确定参数 α 的最优值可以说是相当困难的. 对 GHSS 迭代法及 HSS 迭代法来说也有类似结果. 事实上, 即便获得了最优参数 α, 使得迭代矩阵谱半径的值达到最小, 但依据文献 [128] 的数值实验结果我们发现: 当选取最优参数值时, 如果定常迭代法用 Krylov 子空间方法加速, 那么其迭代次数也并不一定是最优的. 大量的数值实验表明, 当参数 α 在 0.01~0.5 选取时, 通常可以得到一个好的数值结果.

为了在实践中进一步提高 MHSS 迭代法的效率, 这里给出它的一个非精确版本, 即 IMHSS 迭代法. IMHSS 迭代法提出的思想类似于 IHSS 迭代法 [14].

4.2.3　IMHSS 迭代法

在 MHSS 迭代法中, 每一步都需要求解两个子线性系统. 若用直接法求解这两个子线性系统, 那么这里的每个子线性系统的计算量与求解原线性系统相当. 这样一来, 两步迭代就失去了意义. 为了加快两步迭代的收敛速度, 在求解这两个子线性系统时, 我们不精确求出其解, 而是用迭代法求其近似解.

类似于 IHSS 迭代法 [14], IMHSS 迭代法需要求解系数矩阵为 $G + R + \alpha I$ 和 $\alpha I + T + K$ 的两个子线性系统. 依据 4.2.2 节的分析知, 如果矩阵 $G + R$ 和 $T + K$ 都是正定的, 那么在求解 $G + R + \alpha I$ 和 $\alpha I + T + K$ 的两个子线性系统时就可以借助于某些 Krylov 子空间方法 (如 GMRES 子空间方法) 求解. 与 IHSS 迭代相似, IMHSS 迭代算法可描述如下.

算法 4.2.1

$k = 0;$

while(未收敛)

　　$r^{(k)} = b - Ax^{(k)};$

用 GMRES 方法近似求解 $(G + R + \alpha I)z^{(k)} = r^{(k)}$, 使得参差 $p^{(k)} = r^{(k)} - (G + R + \alpha I)z^{(k)}$ 满足 $\|p^{(k)}\| \leqslant \eta_k \|r^{(k)}\|$;

　　$x^{(k+\frac{1}{2})} = x^{(k)} + z^{(k)};$

　　$r^{(k+\frac{1}{2})} = b - Ax^{(k+\frac{1}{2})};$

用 GMRES 方法近似求解 $(T + K + \alpha I)z^{(k+\frac{1}{2})} = r^{(k+\frac{1}{2})}$, 使得参差 $q^{(k+\frac{1}{2})} = r^{(k+\frac{1}{2})} - (T + K + \alpha I)z^{(k+\frac{1}{2})}$ 满足 $\|q^{(k+\frac{1}{2})}\| \leqslant \tau_k \|r^{(k+\frac{1}{2})}\|$;

　　$x^{(k+1)} = x^{(k+\frac{1}{2})} + z^{(k+\frac{1}{2})};$

　　$k = k + 1;$

　　end

注 4.2.2　　算法 4.2.1 含有内外迭代. 如果 $\eta_k = 0, \tau_k = 0$, 那么 IMHSS 迭代法就退化成 MHSS 迭代法. 实际上, 为了使 IMHSS 迭代法收敛, η_k 和 τ_k 并不需要随着 k 的增大而逐渐向 0 靠拢. 为了刻画 IMHSS 迭代法的收敛性, 这里需如下引理. 记 $\||x\||_M = \|Mx\|$ $(\forall x \in \mathbb{C}^n)$.

引理 4.2.4[14]　　设 $A \in \mathbb{C}^{n \times n}$, $A = M_i - N_i$ $(i = 1, 2)$ 是矩阵 A 的两个分裂. 如果迭代序列 $\{x^{(k+1)}\}$ 定义如下:

$$x^{(k+\frac{1}{2})} = x^{(k)} + z^{(k)},$$

其中 $M_1 z^{(k)} = r^{(k)} + p^{(k)}$ 满足 $\|p^{(k)}\| \leqslant \eta_k \|r^{(k)}\|$, 这里 $r^{(k)} = b - Ax^{(k)}$; 且

$$x^{(k+1)} = x^{(k+\frac{1}{2})} + z^{(k+\frac{1}{2})},$$

其中 $M_2 z^{(k+\frac{1}{2})} = r^{(k+\frac{1}{2})} + q^{(k+\frac{1}{2})}$ 满足 $\|q^{(k+\frac{1}{2})}\| \leqslant \tau_k \|r^{(k+\frac{1}{2})}\|$, 这里 $r^{(k+\frac{1}{2})} = b - Ax^{(k+1/2)}$, 则

$$x^{(k+1)} = M_2^{-1} N_2 M_1^{-1} N_1 x^{(k)} + M_2^{-1}(I + N_2 M_1^{-1})b + M_2^{-1}(N_2 M_1^{-1} p^{(k)} + q^{(k+\frac{1}{2})}),$$

进一步, 如果 $x_* \in \mathbb{C}^n$ 是线性系统 (4.1) 的精确解, 则

$$|||x^{(k+1)} - x_*|||_{M_2} \leqslant (\zeta + \mu\theta\eta_k + \theta(\rho + \theta\nu\eta_k)\tau_k)|||x^{(k)} - x_*|||_{M_2}, \quad k = 1, 2, \cdots,$$

其中

$$\zeta = \|N_2 M_1^{-1} N_1 M_2^{-1}\|, \quad \rho = \|M_2 M_1^{-1} N_1 M_2^{-1}\|, \quad \mu = \|N_2 M_1^{-1}\|,$$
$$\theta = \|A M_2^{-1}\|, \quad \nu = \|M_2 M_1^{-1}\|.$$

特别地, 如果

$$\zeta + \mu\theta\eta_{\max} + \theta(\rho + \theta\nu\eta_{\max})\tau_{\max} < 1,$$

则迭代序列 $\{x^{(k)}\}$ 收敛到 $x_* \in \mathbb{C}^n$, 其中 $\eta_{\max} = \max_k\{\eta_k\}$, $\tau_{\max} = \max_k\{\tau_k\}$.

利用引理 4.2.4, 定理 4.2.2 给出了判断 IMHSS 迭代法收敛的一个准则.

记 $\delta(\alpha) = \delta_1\delta_2$, 其中 $\delta_1 = \|(\alpha I - A_1)(\alpha I + A_1)^{-1}\|$, $\delta_2 = \|(\alpha I - A_2)(\alpha I + A_2)^{-1}\|$.

定理 4.2.2 设 $A = (G + K) + (R + T) = H + S \in \mathbb{R}^{n \times n}$, 其中 G 和 K 是对称正定矩阵, R 和 T 是反对称矩阵, α 为任意给定的正实数. 如果 $\{x^{(k)}\}$ 是 IMHSS 迭代法 (算法 4.2.1) 产生的迭代序列, $x_* \in \mathbb{C}^n$ 是线性系统 (4.1) 的精确解, 则

$$|||x^{(k+1)} - x_*||| \leqslant (\delta(\alpha) + \theta\rho\tau_k\delta_2)(1 + \theta\eta_k\delta_2^{-1})|||x^{(k)} - x_*|||, \quad k = 1, 2, \cdots,$$

其中 $|||x|||$ 表示 $|||x|||_{(\alpha I + T + K)}$,

$$\rho = \|(\alpha I + T + K)(G + R + \alpha I)^{-1}\|_2, \quad \theta = \|A(\alpha I + T + K)^{-1}\|_2.$$

特别地, 如果

$$(\delta(\alpha) + \theta\rho\tau_{\max}\delta_2)(1 + \theta\eta_{\max}\delta_2^{-1}) < 1,$$

则迭代序列 $\{x^{(k)}\}$ 收敛到 x_*, 其中 $\eta_{\max} = \max_k\{\eta_k\}$, $\tau_{\max} = \max_k\{\tau_k\}$.

证明 设

$$M_1 = G + R + \alpha I, \quad N_1 = \alpha I - T - K, \quad M_2 = \alpha I + T + K, \quad N_2 = \alpha I - G - R.$$

通过简单计算得

$$|||x^{(k+1)} - x_*||| \leqslant (\delta(\alpha) + \theta\eta_k\delta_1 + \theta\rho\tau_k(\delta_2 + \theta\eta_k))|||x^{(k)} - x_*|||$$
$$= (\delta(\alpha) + \theta\eta_k\delta(\alpha)\delta_2^{-1} + \theta\rho\tau_k\delta_2(1 + \theta\eta_k\delta_2^{-1}))|||x^{(k)} - x_*|||$$
$$= (\delta(\alpha) + \theta\rho\tau_k\delta_2)(1 + \theta\eta_k\delta_2^{-1})|||x^{(k)} - x_*|||. \qquad \square$$

定理 4.2.2 显示了为了使 IMHSS 迭代法收敛, 参数 η_k 和 τ_k 需满足一定的条件. 为了使 IMHSS 迭代法的收敛速度达到最佳, 则需要确定参数 η_k 和 τ_k 的最优值使得内外迭代之间有一个恰当的平衡. 然而, 如何确定参数 η_k 和 τ_k 的最优值还有待研究.

4.2.4　数值实验

本节将给出数值实验来说明 MHSS 及 IMHSS 迭代法的有效性, 并对 HSS 及 GHSS 迭代法的效果作出了相关的比较.

考虑在单位正方体 $\Omega = [0,1] \times [0,1] \times [0,1]$ 上的三维对流–扩散方程[14, 129, 130, 131]:

$$-(u_{xx} + u_{yy} + u_{zz}) + (u_x + u_y + u_z) = f(x, y, z), \tag{4.15}$$

且边界条件为 Dirichlet 边界条件. 为离散方程 (4.15), 假定在每个方向的网格节点数 n 相同, $h = \dfrac{1}{n+1}$ 为步长. 利用七点差分格式离散扩散项, 一阶差分格式离散对流项, 这样可以获得系数矩阵 A 为 $n^3 \times n^3$ 阶的非 Hermitian 正定线性系统且系数矩阵 A 有形式如下:

$$A = T_x \otimes I \otimes I + I \otimes T_y \otimes I + I \otimes I \otimes T_z,$$

其中 $\otimes$ 表示 Kronecker 乘积, $T_i(i = x, y, z)$ 是三对角矩阵, 这里

$$T_x = \text{tridiag}(t_2, t_1, t_3), \quad T_y = T_z = \text{tridiag}(t_2, 0, t_3).$$

为了验证 MHSS 迭代法及 IMHSS 迭代法的有效性, 我们采用向前差分策略离散一阶导数项, 于是有

$$t_1 = 6 + 6r, \quad t_2 = -1 - 2r, \quad t_3 = -1,$$

其中 $r = \dfrac{h}{2}$.

不难发现, 矩阵 A 的 Hermitian 部分及反-Hermitian 部分分别是

$$H = H_x \otimes I \otimes I + I \otimes H_y \otimes I + I \otimes I \otimes H_z$$

和

$$S = S_x \otimes I \otimes I + I \otimes S_y \otimes I + I \otimes I \otimes S_z,$$

其中

$$H_x = \text{tridiag}(-1 - r, 6 + 6r, -1 - r), \quad H_y = H_z = \text{tridiag}(-1 - r, 0, -1 - r)$$

及
$$S_x = S_y = S_z = \text{tridiag}(-r, 0, r).$$

　设
$$G = G_x \otimes I \otimes I + I \otimes G_y \otimes I + I \otimes I \otimes G_z,$$
其中
$$G_x = \text{tridiag}(-1, 6, -1), \quad G_y = G_z = \text{tridiag}(-1, 0, -1),$$
则 $K = H - G = rG$.

　一般情况下, 迭代矩阵谱半径的大小在很大程度上能够反映出迭代法收敛速度的快慢. 因此, 考察 HSS, GHSS 及 MHSS 迭代法谱半径的大小是有必要的. 在实验中, 为方便起见, 这里取 $n = 8$, 此时, 系数矩阵为 512×512 阶. 设 $R = (1-w)S$, $T = wS$. 图 4-1 给出了在 $w = 0.3$ 的情况下, 参数 α 取不同值时的 HSS, GHSS 及 MHSS 迭代法所对应谱半径的大小. 由图 4.1 知, 当 $\alpha = 0.05, 0.06, 0.07, 0.08, 0.09$ 及 0.1 时,
$$\rho(\mathcal{M}_{\text{M}}) < \rho(M_{\text{G}}) < \rho(M_{\text{H}}),$$
其中 $\mathcal{M}_{\text{M}}, M_{\text{G}}$ 和 M_{H} 分别表示 MHSS, GHSS 和 HSS 迭代法的迭代矩阵.

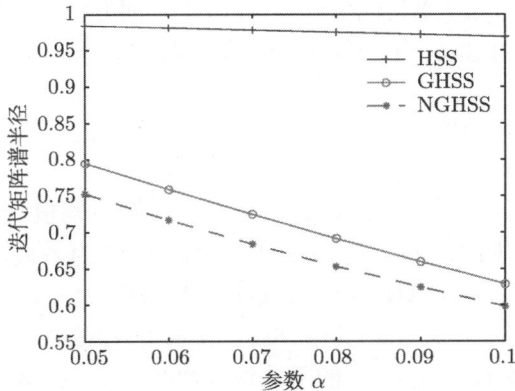

图 4.1　$w = 0.3$ 和 $n = 8$ 的三个迭代法谱半径比较

　接下来, 考察用 HSS, GHSS 及 MHSS 迭代法求解离散方程 (4.15) 得到的相关线性系统. 通过调整 $f(x, y, z)$ 的值使其线性系统的右端常数项为 $b = Ae$ $(e = (1, 1, \cdots, 1)^{\text{T}})$. 初始向量为零向量. 停止准则为 $\left\| \dfrac{r^{(k)}}{r^{(0)}} \right\| \leqslant 10^{-6}$. 所有数值实验是在 MATLAB 上执行的.

　表 4.1 列出了在 $w = 0.3$ 的情况下, α 取不同值时的 HSS, GHSS 和 MHSS 迭代法的迭代次数 (IT) 以及相对应的迭代矩阵谱半径的大小. 由表 4.1 知, 当用 HSS,

GHSS 和 MHSS 迭代法求解线性系统时, 在适当的条件下, MHSS 迭代法优于 HSS 和 GHSS 迭代法. 因此, 在适当的条件下, 相对于 HSS 迭代法及 GHSS 迭代法来说, MHSS 迭代法可以优先考虑.

表 4.1　$w = 0.3$ 和 $n = 8$ 时的三个迭代法的迭代次数及谱半径的大小

α		0.05	0.06	0.07	0.08	0.09	0.1
HSS	IT	362	302	256	235	203	189
	$\rho(M_{\mathrm{H}})$	0.9842	0.9810	0.9779	0.9748	0.9717	0.9686
GHSS	IT	23	20	17	15	13	12
	$\rho(M_{\mathrm{G}})$	0.7948	0.7588	0.7243	0.6912	0.6594	0.6289
MHSS	IT	18	15	13	11	10	9
	$\rho(\mathcal{M}_{\mathrm{M}})$	0.7525	0.7166	0.6837	0.6532	0.6246	0.5977

由 4.2.3 节知, MHSS 迭代法需要求解以系数矩阵为 $G + R + \alpha I$ 和 $T + K + \alpha I$ 的两个子线性系统. 在实际应用 MHSS 迭代法时, 求解以 $G + R + \alpha I$ 和 $T + K + \alpha I$ 为系数矩阵的两个子线性系统通常是比较昂贵的. 因此, 为了弥补上述缺陷, 常常借助于 IMHSS 迭代法求解线性系统 (4.1). 对于 IMHSS 迭代法而言, 需要处理以 $G + R$ 和 $T + K$ 为系数矩阵的两个子线性系统. 由于 $G + R$ 和 $T + K$ 是非对称正定的, 所以对于求解以 $G + R$ 和 $T + K$ 系数矩阵的两个子线性系统常常利用 GMRES(m) 子空间方法 (或其他一些 Krylov 子空间方法, 如 BiCGStab) 求解.

在实验中, GMRES(m) 子空间方法的重启数取为 $m = 20$. GMRES(20) 迭代法的停止准则为

$$\frac{\|p^{(j)}\|_2}{\|r^{(k)}\|_2} \leqslant 0.1\tau^{(k)} \text{ 和 } \frac{\|q^{(j)}\|_2}{\|r^{(k)}\|_2} \leqslant 0.1\tau^{(k)},$$

其中 $r^{(k)}$ 是 IMHSS 迭代的第 k 步残差, τ 是一个预设阈值, $p^{(j)}$ 和 $q^{(j)}$ 分别是用 GMRES(20) 迭代法求解以 $G + R + \alpha I$ 和 $T + K + \alpha I$ 为系数矩阵的两个子线性系统的第 j 步迭代残差 (依据算法 4.2.1), 这里 $K = rG$, $R = 0.7S$ 和 $T = 0.3S$.

通过计算得表 4.2 和表 4.3, 其中 "it.s" 表示 IMHSS 的迭代次数, "avg1" 表示用 GMRES(20) 求解 $G + R + \alpha I$ 的平均迭代次数, "avg2" 表示用 GMRES(20) 求解 $T + K + \alpha I$ 的平均迭代次数.

表 4.2　$\alpha = 0.05 \sim 0.08$ 的迭代次数

α	n	$\tau = 0.9$			$\tau = 0.8$			$\tau = 0.7$		
		it.s	avg1	avg2	it.s	avg1	avg2	it.s	avg1	avg2
0.05	8	69	33.1	36.4	42	34.5	40.1	39	38.1	48.5
0.05	10	71	34.3	36.0	38	34.9	47.5	34	39.4	44.2
0.05	14	70	40.6	33.0	36	41.2	33.9	28	44.5	36.8
0.06	8	71	32.7	35.3	36	32.8	36.1	33	35.7	42.4

续表

α	n	$\tau = 0.9$			$\tau = 0.8$			$\tau = 0.7$		
		it.s	avg1	avg2	it.s	avg1	avg2	it.s	avg1	avg2
0.06	10	72	34.4	34.5	34	33.9	34.3	29	36.3	38.4
0.06	14	73	40.6	31.8	32	39.1	30.4	24	40.8	32.8
0.07	8	70	31.5	33.9	34	31.2	34.1	28	33.1	37.3
0.07	10	68	33.8	32.3	32	33.3	32.1	25	34.4	34.9
0.07	14	69	39.5	29.5	33	39	29.6	23	39.8	30.5
0.08	8	70	30.6	32.7	33	30.2	32.5	26	31.5	35.4
0.08	10	68	33.6	30.9	32	33	30.9	22	33.1	31.7
0.08	14	62	37.9	26.7	32	38.2	27.7	21	38	28.3

表 4.3 $\alpha = 0.09, 0.1, 0.5$ 及 1 的迭代次数

α	n	$\tau = 0.9$			$\tau = 0.8$			$\tau = 0.7$		
		it.s	avg1	avg2	it.s	avg1	avg2	it.s	avg1	avg2
0.09	8	68	30.0	31.4	32	30.4	31.0	23	30.9	32.8
0.09	10	66	33.2	29.5	32	32.8	29.3	21	32.6	30.1
0.09	14	66	38.1	26.4	32	37.7	26.6	21	37.6	26.9
0.1	8	65	30.8	29.8	32	30.5	30.3	21	30.3	30.8
0.1	10	59	32.3	26.9	34	33.0	29.4	20	32.0	28.5
0.1	14	64	37.8	25.8	31	36.8	25.8	20	36.3	25.8
0.5	8	54	27.0	23.2	26	26.5	23.2	17	26.2	23.2
0.5	10	53	27.8	23	26	27.5	23	17	27	23
0.5	14	55	29.4	22.7	27	29	22.7	18	28.8	22.8
1	8	52	25.7	22.6	25	25.1	22.6	16	24.8	22.6
1	10	54	26.3	22.4	26	26.0	22.4	17	25.5	22.4
1	14	51	26.9	22.1	27	26.7	22.2	20	27.1	22.4

观察表 4.2 及表 4.3 知, IMHSS 迭代法对阈值 τ 是比较敏感的, 也即参数 τ 的选取在一定程度上影响着 IMHSS 迭代法的收敛速度. 通过实验发现, 当 τ 减少时, IMHSS 迭代法的迭代次数 (it.s) 是减少的.

4.3 鞍点问题 HSS 预处理矩阵谱的上下界

4.3.1 引言

考虑大型稀疏的鞍点问题

$$\begin{bmatrix} A & B^{\mathrm{T}} \\ -B & 0 \end{bmatrix} \begin{bmatrix} u \\ v \end{bmatrix} = \begin{bmatrix} f \\ -g \end{bmatrix} \text{ 或 } \mathcal{A}x = b, \tag{4.16}$$

其中 $A \in \mathbb{R}^{n \times n}$ 是对称半正定的, $B \in \mathbb{R}^{m \times n}$ 并满足 $\mathrm{rank}(B) = m \leqslant n$, $\mathrm{null}(A) \cap \mathrm{null}(B) = \{\mathbf{0}\}$. 易知, 系数矩阵 $\mathcal{A}$ 是非奇异的, 故线性系统 (4.16) 有唯一解.

设 $\mathcal{A}$ 的 Hermitian 和反-Hermitian 分裂为 $\mathcal{A} = \mathcal{H} + \mathcal{S}$, 其中

$$\mathcal{H} = \begin{bmatrix} A & 0 \\ 0 & 0 \end{bmatrix} \text{ 且 } \mathcal{S} = \begin{bmatrix} 0 & B^{\mathrm{T}} \\ -B & 0 \end{bmatrix},$$

Pan 等在文献 [132] 中考察了当经典的 ADI 方法应用于鞍点问题时 $\mathcal{P} = \dfrac{1}{2\alpha}(\alpha I + \mathcal{H})(\alpha I + \mathcal{S})$ 预处理子并研究了预处理矩阵的谱分布, 这里 α 是任意给定的正实数.

众所周知, 预处理矩阵的谱分布在一定程度上能够反映出迭代法的收敛性质. 因此, 考察预处理矩阵的谱分布在研究迭代法的收敛性时是十分有必要的. 对鞍点问题而言, 要研究预处理矩阵 $\mathcal{P}^{-1}\mathcal{A}$ 的谱性质, 则需要考虑下面特征值问题:

$$(\mathcal{H} + \mathcal{S})x = \eta(2\alpha)^{-1}(\mathcal{H} + \alpha I)(\mathcal{S} + \alpha I)x, \tag{4.17}$$

基于文献 [14],[16] 的工作, 文献 [24] 首次将预处理子 $\mathcal{P}$ 应用到广义鞍点问题, 并给出了如果 A 是对称正定的, 那么就一定存在一个数 α^* 使得当 $\alpha > \alpha^*$ 时预处理矩阵 $\mathcal{P}^{-1}\mathcal{A}$ 的特征值是正实的. 特别地, 当 $A = I$ 时, 文献 [128], [133] 也给予了相应的研究.

本节的目的是提供预处理矩阵 $\mathcal{P}^{-1}\mathcal{A}$ 谱的新上下界, 并给出使其预处理矩阵特征值全为实数的一个新充分条件. 记 B^{T} 表示矩阵 B 的转置, B^* 表示矩阵 B 的共轭转置. $\lambda_1, \lambda_n \geqslant 0$ 分别表示矩阵 A(对称半正定) 的最小和最大特征值. $\sigma_1 \geqslant \cdots \geqslant \sigma_m$ 表示矩阵 B 的奇异值.

4.3.2　谱的新界

本节主要是针对预处理矩阵谱的分布而给出新的上下界. 为了获得新的上下界, 这里需要引入文献 [43] 的一个引理.

引理 4.3.1[43]　设 A 是对称半正定的, $K = I + \dfrac{1}{\alpha^2}B^{\mathrm{T}}B$, 则对式 (4.17) 的任意特征对 $(\eta, [u; v])$ 有 $\eta = 2$ 或 $\eta = 2 - \dfrac{2\alpha}{\alpha + \theta}$, 其中 $\theta \neq 0$ 有如下情形:

(1) 如果 $\Im(\theta) \neq 0$, 则

$$\Re(\theta) = \frac{1}{2}\frac{u^* KAKu}{u^* Au}, \quad |\theta|^2 = \frac{u^* KB^{\mathrm{T}}Bu}{u^* Ku}. \tag{4.18}$$

(2) 记 $\rho = \lambda_1\left(1 + \dfrac{\sigma_1^2}{\alpha^2}\right)$. 如果 $\Im(\theta) = 0$, 则

$$\min\left\{\lambda_n, \frac{\alpha^2 \sigma_m^2}{\lambda_1(\alpha^2 + \sigma_m^2)}\right\} \leqslant \theta \leqslant \rho. \tag{4.19}$$

注 4.3.1　引理 4.3.1 中的 $\eta = 2$ 应去掉. 事实上, 由式 (4.17) 得

$$(2 - \eta)(\mathcal{H} + \mathcal{S})x = \eta\alpha\left(I + \frac{1}{\alpha^2}\mathcal{H}\mathcal{S}\right)x. \tag{4.20}$$

易知 $\eta \neq 2$. 否则, 若 $\eta = 2$, 则式 (4.20) 就简化为 $\alpha \left(I + \dfrac{1}{\alpha^2} \mathcal{H}\mathcal{S} \right) x = \mathbf{0}$. 由于 $\alpha \neq 0$ 且 $I + \dfrac{1}{\alpha^2} \mathcal{H}\mathcal{S}$ 是非奇异的, 则 $x = \mathbf{0}$. 这恰好与 $x \neq \mathbf{0}$ 相矛盾.

设

$$\theta = \frac{\eta\alpha}{2 - \eta}, \text{ 即有 } \eta = \frac{2\theta}{\theta + \alpha}. \tag{4.21}$$

于是, $(\mathcal{H} + \mathcal{S})x = \theta \left(I + \dfrac{1}{\alpha^2} \mathcal{H}\mathcal{S} \right) x$ 可具体地写为

$$\begin{bmatrix} A & B^{\mathrm{T}} \\ -B & 0 \end{bmatrix} x = \theta \begin{bmatrix} I & \dfrac{1}{\alpha^2} AB^{\mathrm{T}} \\ 0 & I \end{bmatrix} x,$$

进一步,

$$\begin{bmatrix} A + \dfrac{1}{\alpha^2} AB^{\mathrm{T}}B & B^{\mathrm{T}} \\ -B & 0 \end{bmatrix} x = \theta x \text{ 或 } \begin{bmatrix} AK & B^{\mathrm{T}} \\ -B & 0 \end{bmatrix} x = \theta x, \tag{4.22}$$

其中 $K = I + \dfrac{1}{\alpha^2} B^{\mathrm{T}}B$.

由式 (4.22) 得

$$AKu + B^{\mathrm{T}}v = \theta u, \tag{4.23}$$

$$-Bu = \theta v, \tag{4.24}$$

易证 $u \neq \mathbf{0}$, 否则, 由式 (4.24) 知 $v = \mathbf{0}$ 或 $\theta = 0$, 而这是不可能的, 因为特征向量不可能是零向量或鞍点问题 (4.16) 不能是零解.

由 $u \neq \mathbf{0}$ 及 $v = \mathbf{0}$, 知 θ 满足 $AKu = \theta u$ 且 $Bu = \mathbf{0}$. 由文献 [134] 中推论 4.6.3 得 $0 < \theta \leqslant \lambda_1 \lambda_{\max}(K)$. 显然,

$$\lambda_{\max}(K) = 1 + \frac{\sigma_1^2}{\alpha^2}, \quad \lambda_{\min}(K) \geqslant 1, \tag{4.25}$$

由式 (4.25) 得 $0 < \theta \leqslant \lambda_1 \left(1 + \dfrac{\sigma_1^2}{\alpha^2} \right) = \rho$.

假定 $v \neq \mathbf{0}$. 由式 (4.24) 知 $v = -\theta^{-1}Bu$, 将其代入式 (4.23) 得

$$\theta AKu - B^{\mathrm{T}}Bu = \theta^2 u.$$

上式左乘 u^*K 得

$$\theta u^* KAKu - u^* KB^{\mathrm{T}}Bu = \theta^2 u^* Ku. \tag{4.26}$$

于是, 有下面定理.

定理 4.3.1　在引理 4.3.1 的条件下, 若 $\Im(\eta) \neq 0$, 则式 (4.17) 特征值满足

$$\frac{\left(\alpha + \frac{1}{2}\lambda_n\right)\lambda_n}{2\alpha^2} < \Re(\eta) < \min\left\{2, \frac{3\alpha}{\alpha + \lambda_n}\right\},$$

$$\frac{\lambda_n^2}{2\alpha^2} < |\eta|^2 \leqslant \frac{4\alpha\left(1 - \left(1 + \frac{\sigma_1^2}{\alpha^2}\right)^{-1}\right)}{\alpha + \lambda_n}.$$

证明　假定 $\Im(\eta) \neq 0$. 由式 (4.21) 知 η 和 θ 是复数. 设 $\theta = \theta_1 + \mathrm{i}\theta_2$. 显然, $\theta_2 \neq 0$,

$$\Re(\eta) = 2\frac{\alpha\theta_1 + |\theta|^2}{\alpha^2 + 2\alpha\theta_1 + |\theta|^2}.$$

将 $\Re(\eta)$ 代入式 (4.18) 得

$$(\alpha^2 u^* K u + \alpha u^* KAKu + u^* KB^{\mathrm{T}} Bu)\Re(\eta) = \alpha u^* KAKu + 2u^* KB^{\mathrm{T}} Bu,$$

注意到 $\alpha^2 u^* K u + u^* KB^{\mathrm{T}} Bu = \alpha^2 u^* K^2 u$. 于是,

$$\left(\alpha\frac{u^* KAKu}{u^* K^2 u} + \alpha^2\right)\Re(\eta) = \alpha\frac{u^* KAKu}{u^* K^2 u} + 2\frac{u^* KB^{\mathrm{T}} Bu}{u^* K^2 u}, \tag{4.27}$$

利用 $KB^{\mathrm{T}} B = \alpha^2(K^2 - K)$ 得

$$0 \leqslant \frac{u^* KB^{\mathrm{T}} Bu}{u^* K^2 u} = \alpha^2\left(1 - \frac{u^* K u}{u^* K^2 u}\right) \leqslant \alpha^2 \tag{4.28}$$

和

$$\begin{aligned}
\left(\frac{u^* KAKu}{u^* K^2 u}\right)^2 &< 4\frac{u^* K u}{u^* K^2 u} \cdot \frac{u^* KB^{\mathrm{T}} Bu}{u^* K^2 u} \\
&= 4\alpha^2\left[\frac{u^* K u}{u^* K^2 u}\left(1 - \frac{u^* K u}{u^* K^2 u}\right)\right] \\
&\leqslant 4\alpha^2\left[\frac{\frac{u^* K u}{u^* K^2 u} + \left(1 - \frac{u^* K u}{u^* K^2 u}\right)}{2}\right]^2 \\
&= \alpha^2. \tag{4.29}
\end{aligned}$$

式 (4.26) 判别式满足

$$(u^* KAKu)^2 - 4(u^* K u)(u^* KB^{\mathrm{T}} Bu) < 0,$$

因此,

$$\frac{u^*KB^{\mathrm{T}}Bu}{u^*K^2u} > \frac{1}{4}\left(\frac{u^*KAKu}{u^*K^2u}\right)^2 \cdot \frac{u^*K^2u}{u^*Ku} \geqslant \frac{1}{4}\lambda_n^2, \tag{4.30}$$

注意到 $\lambda_n \leqslant \dfrac{u^*KAKu}{u^*K^2u}$. 并将式 (4.28) 和式 (4.29) 代入式 (4.27) 得

$$(\alpha^2 + \alpha\lambda_n)\Re(\eta) < 3\alpha^2 \Leftrightarrow \Re(\eta) < \frac{3\alpha}{\alpha + \lambda_n},$$

将式 (4.29) 和式 (4.30) 代入式 (4.27) 得

$$2\alpha^2\Re(\eta) > \alpha\lambda_n + \frac{1}{2}\lambda_n^2 \Leftrightarrow \Re(\eta) > \frac{\left(\alpha + \dfrac{1}{2}\lambda_n\right)\lambda_n}{2\alpha^2},$$

这样一来就给出了 $\Re(\eta)$ 的上下界.

下面给出 $|\eta|$ 的上下界, 由 $\eta = \dfrac{2\theta}{\alpha + \theta}$ 得

$$(\alpha^2 + 2\alpha\theta_1)|\eta|^2 = (4 - |\eta|^2)|\theta|^2.$$

利用式 (4.18), 并将上式两个同时除以 u^*K^2u 得

$$\left(\alpha\frac{u^*KAKu}{u^*K^2u} + \alpha^2\frac{u^*Ku}{u^*K^2u}\right)|\eta|^2 = (4 - |\eta|^2)\frac{u^*KB^{\mathrm{T}}Bu}{u^*K^2u},$$

其等价于

$$\left(\alpha^2 + \alpha\frac{u^*KAKu}{u^*K^2u}\right)|\eta|^2 = 4\frac{u^*KB^{\mathrm{T}}Bu}{u^*K^2u},$$

则

$$\begin{cases} (\alpha + \lambda_n)|\eta|^2 \leqslant 4\alpha\left(1 - \left(1 + \dfrac{\sigma_1^2}{\alpha^2}\right)^{-1}\right), \\ 2\alpha^2|\eta|^2 \geqslant \lambda_n^2, \end{cases}$$

即

$$\frac{\lambda_n^2}{2\alpha^2} < |\eta|^2 \leqslant \frac{4\alpha\left(1 - \left(1 + \dfrac{\sigma_1^2}{\alpha^2}\right)^{-1}\right)}{\alpha + \lambda_n},$$

这就完成了证明.

文献 [43] 关于此问题的讨论给出了如下结果.

定理 4.3.2[43]　　在引理 4.3.1 的条件下, 若 $\Im(\eta) \neq 0$, 则式 (4.17) 特征值满足

$$\frac{\left(\alpha + \frac{1}{2}\lambda_n\right)\lambda_n}{3\alpha^2} < \Re(\eta) < \min\left\{2, \frac{4\alpha}{\alpha + \lambda_n}\right\},$$

$$\frac{\lambda_n^2}{3\alpha^2 + \frac{1}{4}\lambda_n^2} < |\eta|^2 \leqslant \frac{4\alpha}{\alpha + \alpha\left(1 + \frac{\sigma_1^2}{\alpha^2}\right)^{-1} + \lambda_n}.$$

通过简单计算, 易看出

$$\frac{\left(\alpha + \frac{1}{2}\lambda_n\right)\lambda_n}{2\alpha^2} \geqslant \frac{\left(\alpha + \frac{1}{2}\lambda_n\right)\lambda_n}{3\alpha^2}, \quad \min\left\{2, \frac{3\alpha}{\alpha + \lambda_n}\right\} \leqslant \min\left\{2, \frac{4\alpha}{\alpha + \lambda_n}\right\},$$

$$\frac{\lambda_n^2}{2\alpha^2} \geqslant \frac{\lambda_n^2}{3\alpha^2 + \frac{1}{4}\lambda_n^2}$$

以及

$$\frac{4\alpha\left(1 - \left(1 + \frac{\sigma_1^2}{\alpha^2}\right)^{-1}\right)}{\alpha + \lambda_n} - \frac{4\alpha}{\alpha + \alpha\left(1 + \frac{\sigma_1^2}{\alpha^2}\right)^{-1} + \lambda_n}$$

$$= 4\alpha\frac{\alpha + \alpha\left(1 + \frac{\sigma_1^2}{\alpha^2}\right)^{-1} + \lambda_n - \alpha\left(1 + \frac{\sigma_1^2}{\alpha^2}\right)^{-1} - \alpha\left(1 + \frac{\sigma_1^2}{\alpha^2}\right)^{-2} - \lambda_n\left(1 + \frac{\sigma_1^2}{\alpha^2}\right)^{-1} - \alpha - \lambda_n}{(\alpha + \lambda_n)\left(\alpha + \alpha\left(1 + \frac{\sigma_1^2}{\alpha^2}\right)^{-1} + \lambda_n\right)}$$

$$= 4\alpha\frac{-\alpha\left(1 + \frac{\sigma_1^2}{\alpha^2}\right)^{-2} - \lambda_n\left(1 + \frac{\sigma_1^2}{\alpha^2}\right)^{-1}}{(\alpha + \lambda_n)\left(\alpha + \alpha\left(1 + \frac{\sigma_1^2}{\alpha^2}\right)^{-1} + \lambda_n\right)}$$

$$\leqslant 0.$$

显然, 定理 4.3.1 的结果优于定理 4.3.2[43] 的结果.

事实上, 假定 A 是正定的. 取 $\sigma_1 = \alpha = \lambda_n$, 由定理 4.3.2 得

$$0.5 < \Re(\eta) < 2, \quad 0.3077 < |\eta|^2 < 1.6,$$

由定理 4.3.1 得

$$0.75 < \Re(\eta) < 1.5, \quad 0.5 < |\eta|^2 < 1,$$

这一结果进一步说明定理 4.3.1 的结果优于定理 4.3.2[43] 的结果.

为了使预处理矩阵特征值全为实的, 文献 [43] 给出了定理 4.3.3.

定理 4.3.3[43]　假定 A 是对称正定的. 在引理 4.3.1 的条件下, 如果 $\alpha \leqslant \dfrac{1}{2}\lambda_n$, 那么特征值 η 是实的.

而依据引理 4.3.1, 我们有下面定理.

定理 4.3.4　假定 A 是对称正定的. 在引理 4.3.1 的条件下, 如果 $\alpha \leqslant \lambda_n$, 那么特征值 η 是实的.

证明　设 $x = [u; v]$ 是特征值 θ 对应的特征向量. 在 $u \neq \mathbf{0}$ 及 $v = \mathbf{0}$ 的情况下, 易知 θ 是实的.

现只需证 $u \neq \mathbf{0} \neq v$ 的情况下, θ 的值也是实的.

由于式 (4.22) 的特征值 θ 是式 (4.26) 方程的根, 那么要使其特征值全为实的, 则只需满足

$$(u^*KAKu)^2 - 4(u^*Ku)(u^*KB^{\mathrm{T}}Bu) \geqslant 0, \quad \forall u \neq \mathbf{0}.$$

又由于对任意 $u \neq \mathbf{0}$ 有 $u^*K^2u > 0$, 进而, 上述条件可等价地转化为: 如果

$$\left(\frac{u^*KAKu}{u^*K^2u}\right)^2 \geqslant 4\frac{u^*Ku}{u^*K^2u} \cdot \frac{u^*KB^{\mathrm{T}}Bu}{u^*K^2u},$$

则 $\theta \in \mathbb{R}$. 于是, 由式 (4.29), 知在 $\alpha \leqslant \lambda_n$ 的情况下其判别式是非负的. 此时, 式 (4.26) 的根 θ 是实的, 故 η 的值也是实的. □

显然, 定理 4.3.4 给出的充分条件比定理 4.3.3[43] 中的条件要弱.

下面用一个简单例子来说明定理 4.3.1 的结果.

例 4.3.1　测试的问题是来自于用有限元离散模型 Stokes 问题的鞍点问题, 该鞍点问题可以用 IFISS 软件 [135] 生成. 注意到矩阵 B 由该软件生成时是秩亏的, 因此, 为了获得一个满秩矩阵这里需要去掉矩阵 B 的前两行和前两列. 若 $n = 578$, $m = 254$, 则 $\lambda_n = 0.0763666$, $\lambda_1 = 3.949253$, $\sigma_1 = 0.247606661$.

表 4.4 给出了定理 4.3.1 和定理 4.3.2 的值以及 $\mathcal{P}^{-1}A$ 的最小和最大特征值. 由表 4.4 知, 定理 4.3.1 的上下界更加接近于 $\mathcal{P}^{-1}A$ 的最大和最小特征值, 特别当 α 的取值越小时, 情况更是如此. 虽然定理 4.3.1 的上界与定理 4.3.2 的上界相同, 当定理 4.3.1 的下界要远好于定理 4.3.2 的下界. 这也就是说, 定理 4.3.1 关于 $\mathcal{P}^{-1}A$ 的特征值的界要优于定理 4.3.2 的. 数值结果也进一步证实定理 4.3.1 给出的关于预处理矩阵 $\mathcal{P}^{-1}A$ 特征值分布的界更加合理.

表 4.4　定理 4.3.1 和定理 4.3.2 的数值比较

α	η	定理4.3.1	定理4.3.2
0.5	[0.00004485,1.8150]	[0.00004299, 1.8154]	[0.00002866, 1.8154]
0.6	[0.00003738, 1.7696]	[0.00003582, 1.7702]	[0.00002388, 1.7702]
0.7	[0.00003204, 1.7271]	[0.00003071, 1.7278]	[0.00002047, 1.7278]
0.8	[0.00002803, 1.6871]	[0.00002687, 1.6880]	[0.00001791, 1.6880]
0.9	[0.00002492, 1.6494]	[0.00002388, 1.6504]	[0.00001592, 1.6504]
1	[0.00002243, 1.6137]	[0.00002150, 1.6147]	[0.00001433, 1.6147]

4.4　广义鞍点问题 HSS 预处理矩阵的谱分布

4.4.1　引言

考虑大型稀疏的广义鞍点问题

$$\begin{bmatrix} A & B^* \\ B & -C \end{bmatrix} \begin{bmatrix} u \\ v \end{bmatrix} = \begin{bmatrix} f \\ g \end{bmatrix}, \tag{4.31}$$

其中 $A \in \mathbb{C}^{n \times n}$, $B \in \mathbb{C}^{m \times n}(m \leqslant n)$, $C \in \mathbb{C}^{m \times m}$ 是对称半正定的. 不失一般性, 这里总假设广义鞍点问题 (4.31) 的系数矩阵是非奇异的, 以致其线性系统有唯一解. 观察线性系统 (4.31) 知, 如果矩阵 A 是 Hermitian(非 Hermitian) 的, 那么其所对应的系数矩阵也是 Hermitian(非 Hermitian) 的. 广义鞍点问题 (4.31) 广泛地产生于科学计算的不同领域中, 如用有限元方法求解 Navier-Stokes 问题, 带有限制条件的二次优化, 用混合有限元方法求解二阶椭圆问题, 加权的 Toeplitz 最小二乘问题等 [53,60,136−138].

通常线性系统 (4.31) 是不定的、病态的, 也就是说, 线性系统 (4.31) 的系数矩阵特征值有正也有负. 近年来, 为了求解广义鞍点问题 (4.31) 而产生了许多行之有效的方法, 如 Uzawa-方法 [29, 31]、稀疏直接法 [70, 71]、块近似 Schur 余预处理技术 [44, 139, 140]、SOR-like 方法 [38] 及广义 SOR-like 方法 [39]、RPCG 方法 [141] 及广义 RPCG 方法 [142]、Cholesky 分解 [143]、修正的 SSOR 方法 [78] 等.

最近, Bai 在文献 [14] 中通过对系数矩阵进行 Hermitian 和反-Hermitian 分裂 (HSS) 而提出了一类 HSS 迭代法. 紧接着, Bai 在文献 [16] 中为了提高 HSS 迭代法的收敛速度而提出了预处理 HSS(PHSS) 迭代法, 并在文献 [17] 中分析了 PHSS 迭代法收敛的充分必要条件. 文献 [16], [144] 为了使 HSS 迭代法的迭代矩阵谱半径最小而讨论了最优参数的选取问题. 在假设 $C = 0$ 的情况下, 文献 [42],[43], [65] 研究了 HSS 预处理矩阵的谱性质. Pan, Ng 和 Bai 在文献 [132] 中基于 HSS 分裂及半正定和反-Hermitian 分裂 (PSS) 提出了两类预处理子且仅对后者进行了预处理矩阵谱性质的分析.

然而, 在矩阵 C 是非零的情况下, HSS 预处理矩阵的谱性质很少有学者研究. 本节主要研究在矩阵 C 为非零的情况下 HSS 预处理矩阵的谱性质. 依照这个思路, 本节的工作实际上是对文献 [132] 的理论工作作了一个补充. 主要考虑在 (2,2) 块不为零矩阵的情况下, 基于 HSS 分裂提出的预处理子结合 Krylov 子空间方法求解广义鞍点问题. 一般情况下, 线性系统 (4.31) 的系数矩阵也有可能是复矩阵. 为了使研究问题更具有一般性, 本节主要讨论在矩阵 A 为非 Hermitian 的且矩阵 $C = C^{\mathrm{T}}$ 是非零的情况下, HSS 预处理矩阵的谱分布及其有效性.

本节的余下部分组织如下: 4.4.2 节将 HSS 方法应用到广义鞍点问题. 4.4.3 节讨论 HSS 预处理矩阵的谱性质, 并指出在适当的条件下, 如果线性系统 (4.31) 的系数矩阵是非 Hermitian 的, 那么对充分小的 $\alpha > 0$, 预处理矩阵特征值聚集在两个点附近, 一个是 $(0,0)$ 点, 另一个是 $(2,0)$ 点. 若系数矩阵是 Hermitian 的, 也有类似的结论. 4.4.4 节利用数值实验验证理论分析结果.

4.4.2　广义鞍点问题的 HSS 方法

为了用 Hermitian 和反-Hermitian(HSS) 迭代法求解广义鞍点问题, 需要把线性系统 (4.31) 转化为

$$\left[\begin{array}{cc} A & B^* \\ -B & C \end{array}\right] \left[\begin{array}{c} u \\ v \end{array}\right] = \left[\begin{array}{c} f \\ -g \end{array}\right] \text{ 或 } \mathcal{A}x = b. \tag{4.32}$$

显然, 式 (4.32) 是通过对式 (4.31) 的最后 m 个方程变化符号而来的. 此时, 即便矩阵 A 是 Hermitian 的, 那么系数矩阵 $\mathcal{A}$ 也不是 Hermitian 的, 但可以确定的是当矩阵 $A + A^*$ 是半正定时, 系数矩阵 $\mathcal{A}$ 也是半正定的. 在这种情况下, 若利用某些 Krylov 子空间方法求解广义鞍点问题将是十分有效的 [24].

依据文献 [14] 的思想, 将矩阵 $\mathcal{A}$ 分裂为 Hermitian 矩阵和反-Hermitian 矩阵之和: $\mathcal{A} = \mathcal{H} + \mathcal{S}$, 其中

$$\mathcal{H} = \frac{1}{2}(\mathcal{A} + \mathcal{A}^*) = \left[\begin{array}{cc} H & 0 \\ 0 & C \end{array}\right] \text{ 且 } \mathcal{S} = \frac{1}{2}(\mathcal{A} - \mathcal{A}^*) = \left[\begin{array}{cc} S & B^* \\ -B & 0 \end{array}\right],$$

这里 $H = \frac{1}{2}(A + A^*)$, $S = \frac{1}{2}(A - A^*)$. 由文献 [24] 知, 如果 $H = \frac{1}{2}(A + A^*)$ 是半正定的, B 满秩, C 是对称半正定的且 $\mathcal{N}(H) \bigcap \mathcal{N}(B) = \{\mathbf{0}\}$, 那么广义鞍点问题 (4.31) 存在唯一解.

由经典的 ADI 方法 [145] 知, HSS 迭代法的形成需要把矩阵 $\mathcal{A}$ 分为如下形式:

$$\mathcal{A} = (\alpha I + \mathcal{H}) - (\alpha I - \mathcal{S}) = (\alpha I + \mathcal{S}) - (\alpha I - \mathcal{H}),$$

其中 α 是任意给定的正实数.

于是, HSS 迭代法的迭代格式为

$$
\begin{cases}
(\alpha I + \mathcal{H})x^{(k+\frac{1}{2})} = (\alpha I - \mathcal{S})x^{(k)} + b, \\
(\alpha I + \mathcal{S})x^{(k+1)} = (\alpha I - \mathcal{H})x^{(k+\frac{1}{2})} + b,
\end{cases}
\tag{4.33}
$$

$x^{(0)}$ 是初始向量.

通过消去中间变量 $x^{(k+\frac{1}{2})}$ 得

$$
x^{(k+1)} = \mathcal{T}_\alpha x^{(k)} + c,
$$

其中 $\mathcal{T}_\alpha = (\alpha I + \mathcal{S})^{-1}(\alpha I - \mathcal{H})(\alpha I + \mathcal{H})^{-1}(\alpha I - \mathcal{S})$, $c = (\alpha I + \mathcal{S})^{-1}[I + (\alpha I - \mathcal{H})(\alpha I + \mathcal{H})^{-1}]b$. 这里 $\mathcal{T}_\alpha$ 是 HSS 迭代法的迭代矩阵. 易知, 如果 $\rho(\mathcal{T}_\alpha) < 1$, 那么迭代法 (4.33) 是收敛的.

Bai 在文献 [14] 中证明了如果 A 是正定矩阵, B 满秩, 那么迭代法 (4.33) 是无条件收敛的. 此时, $\rho(\mathcal{T}_\alpha) < 1$ $(\forall \alpha > 0)$. 然而, 如果 $\mathcal{H}$ 是半正定的或是奇异的, 那么文献 [14] 的方法将会失效. 为了求解这种情况, Benzi 在文献 [24] 中证明了如果 A 是正稳定的, C 是对称半正定的且 B 满秩, 那么迭代法 (4.33) 是无条件收敛的.

事实上, 如果引入矩阵

$$
\mathcal{P}_\alpha = \frac{1}{2\alpha}(\alpha I + \mathcal{H})(\alpha I + \mathcal{S}) \text{及} \mathcal{N}_\alpha = \frac{1}{2\alpha}(\alpha I - \mathcal{H})(\alpha I - \mathcal{S}),
$$

则 $\mathcal{A} = \mathcal{P}_\alpha - \mathcal{N}_\alpha$. 通过计算得

$$
\mathcal{T}_\alpha = \mathcal{P}_\alpha^{-1}\mathcal{N}_\alpha = I - \mathcal{P}_\alpha^{-1}\mathcal{A}.
$$

显然,

$$
\mathcal{A}x = b \Longleftrightarrow (I - \mathcal{P}_\alpha^{-1}\mathcal{N}_\alpha)x = \mathcal{P}_\alpha^{-1}\mathcal{A}x = c.
$$

对矩阵分裂迭代法而言, 迭代矩阵谱半径的大小在很大程度上决定了迭代法收敛的快慢. 对于一般的线性系统来说, Li 在文献 [146] 中讨论了迭代矩阵谱半径的上界. 然而, 如果利用某些 Krylov 子空间方法 (如 GMRES 或 GMRES(m)) 求解广义鞍点问题, 那么就可以将矩阵 $\mathcal{P}_\alpha$ 作为一种预处理子来使用 [24]. 众所周知, 预处理矩阵谱的聚集性越好, 预处理 Krylov 子空间方法收敛速度就越快 [1]. 在矩阵 A 是对称正定且 $C = 0$ 的情况下, Pan, Ng 和 Bai 在文献 [132] 讨论了 PSS 预处理矩阵的谱分布. 下面主要讨论 $C \neq 0$ 的情况下 HSS 预处理矩阵的谱分布.

4.4.3　HSS 预处理矩阵的谱性质

现考虑预处理矩阵 $\mathcal{P}_\alpha^{-1}\mathcal{A}$ 的特征值问题, 即

$$
\mathcal{A}x = \lambda \mathcal{P}_\alpha x,
\tag{4.34}
$$

这里 (λ, x) 是矩阵 $\mathcal{P}_\alpha^{-1}\mathcal{A}$ 的特征对. 由矩阵 $\mathcal{P}_\alpha^{-1}\mathcal{A}$ 是非奇异的知 $\lambda \neq 0$.

设 $x = (u^*, v^*)^*$ 满足 $\|x\|_2 = 1$. 由式 (4.34) 得

$$\begin{bmatrix} A & B^* \\ -B & C \end{bmatrix} \begin{bmatrix} u \\ v \end{bmatrix} = \frac{\lambda}{2\alpha} \begin{bmatrix} \alpha I + H & 0 \\ 0 & \alpha I + C \end{bmatrix} \begin{bmatrix} \alpha I + S & B^* \\ -B & \alpha I \end{bmatrix} \begin{bmatrix} u \\ v \end{bmatrix},$$

通过简单计算得

$$\alpha(2 - \lambda)(Au + B^*v) = \lambda\alpha^2 u + \lambda HSu + \lambda HB^*v \tag{4.35}$$

和

$$\alpha(2 - \lambda)(-Bu + Cv) = -\lambda CBu + \alpha^2\lambda v. \tag{4.36}$$

假设 u 是一个非零向量. 从式 (4.36) 得

$$v = \frac{1}{\alpha\lambda}(2 - \lambda)(-Bu + Cv) + \frac{1}{\alpha^2}CBu, \tag{4.37}$$

将式 (4.37) 代入式 (4.35) 得

$$\alpha^4\lambda^2 u - \alpha^3\lambda(2 - \lambda)Au - \alpha^2(2 - \lambda)^2(B^*Cv - B^*Bu) +$$
$$\alpha\lambda(2 - \lambda)(HB^*Cv - HB^*Bu - B^*CBu) + \alpha^2\lambda^2 HSu + \lambda^2 HB^*CBu = \mathbf{0}.$$

将上式左乘 u^*, 并设

$$a_1 = u^*u, \quad a_2 = u^*Au, \quad a_3 = u^*B^*Cv - u^*B^*Bu, \quad a_4 = u^*HSu,$$

$$a_5 = u^*HB^*Cv - u^*HB^*Bu - u^*B^*CBu, \quad a_6 = u^*HB^*CBu,$$

则有

$$(\alpha^4 a_1 + \alpha^3 a_2 - \alpha^2 a_3 + \alpha^2 a_4 - \alpha a_5 + a_6)\lambda^2 - 2\alpha(\alpha^2 a_2 - 2\alpha a_3 - a_5)\lambda - 4\alpha^2 a_3 = 0. \tag{4.38}$$

为方便起见, 记 $\delta_1 = \alpha^4 a_1 + \alpha^3 a_2 - \alpha^2 a_3 + \alpha^2 a_4 - \alpha a_5 + a_6$. 接下来, 分两种情形讨论: 一个是 $\delta_1 = 0$, 另一个是 $\delta_1 \neq 0$.

情形 1: $\delta_1 = 0$.

由预处理矩阵特征值是非零的, 知 $\alpha(\alpha^2 a_2 - 2\alpha a_3 - a_5) \neq 0$. 否则, 由式 (4.38) 得预处理矩阵特征值全为 0, 这与已知条件相矛盾. 故由式 (4.38) 得

$$\lambda = \frac{-4\alpha^2 a_3}{2\alpha(\alpha^2 a_2 - 2\alpha a_3 - a_5)}. \tag{4.39}$$

因 $\delta_1 = 0$, 则

$$\alpha^3 a_2 - \alpha a_5 = \alpha^2 a_3 - \alpha^4 a_1 - \alpha^2 a_4 - a_6. \tag{4.40}$$

将式 (4.40) 代入式 (4.39) 得

$$\lambda = \frac{2\alpha^2 a_3}{\alpha^4 a_1 + \alpha^2 a_4 + \alpha^2 a_3 + a_6}.$$

进而, 有下面情形:

(1) $a_6 \neq 0$. 当 $\alpha \to 0_+$ 时, $\lambda \to 0$;

(2) $a_6 = 0$. 此时,

$$\lambda = \frac{2a_3}{\alpha^2 a_1 + a_3 + a_4}. \tag{4.41}$$

(2.1) $a_4 \neq 0$. 于是,

(a) 如果 $a_3 + a_4 = 0$ 且 $\alpha \to 0_+$, 则 $\lambda \to \infty$.

(b) 如果 $a_4 \neq -a_3$, 则

$$当 \alpha \to 0_+ 时, \lambda = \frac{2a_3}{a_3 + a_4}.$$

(2.2) $a_4 = 0$. 此时, 式 (4.41) 简化为

$$\lambda = \frac{2a_3}{\alpha^2 a_1 + a_3}.$$

由 (2.2) 得

$$\begin{cases} \lambda = 2, & 如果 a_3 \neq 0 且 \alpha \to 0_+, \\ \lambda = 0, & 如果 a_3 = 0. \end{cases}$$

情形 2: $\delta_1 \neq 0$.

因为

$$(\alpha^2 a_2 - 2\alpha a_3 - a_5)^2 + 4a_3(\alpha^4 a_1 + \alpha^3 a_2 - \alpha^2 a_3 + \alpha^2 a_4 - \alpha a_5 + a_6)$$
$$= (\alpha^2 a_2 - a_5)^2 - 4\alpha a_3(\alpha^2 a_2 - a_5) + 4\alpha^2 a_3^2 + 4\alpha^4 a_3 a_1 + 4\alpha^3 a_3 a_2 - 4\alpha^2 a_3^2$$
$$\quad + 4\alpha^2 a_3 a_4 - 4\alpha a_3 a_5 + 4a_3 a_6$$
$$= (\alpha^2 a_2 - a_5)^2 + 4a_3(\alpha^4 a_1 + \alpha^2 a_4 + a_6),$$

所以解关于 λ 的二次方程 (4.38) 得

$$\lambda_\pm = \frac{\alpha(\alpha^2 a_2 - 2\alpha a_3 - a_5) \pm \alpha\sqrt{(\alpha^2 a_2 - a_5)^2 + 4a_3(\alpha^4 a_1 + \alpha^2 a_4 + a_6)}}{\alpha^4 a_1 + \alpha^3 a_2 - \alpha^2 a_3 + \alpha^2 a_4 - \alpha a_5 + a_6},$$

即有下面情形:

(1) $a_6 \neq 0$. 此时, 当 $\alpha \to 0_+$ 时, $\lambda_\pm \to 0$.

(2) $a_6 = 0$. 在这种情况下, 有

$$\lambda_\pm = \frac{\alpha^2 a_2 - 2\alpha a_3 - a_5 \pm \sqrt{(\alpha^2 a_2 - a_5)^2 + 4a_3(\alpha^4 a_1 + \alpha^2 a_4)}}{\alpha^3 a_1 + \alpha^2 a_2 - \alpha a_3 + \alpha a_4 - a_5}.$$

(2.1) 如果 $a_5 \neq 0$, 则

$$当 \alpha \to 0_+ 时, \lambda_\pm \to \frac{-a_5 \pm \sqrt{a_5^2}}{-a_5} = 0 \ 或 2.$$

(2.2) 如果 $a_5 = 0$, 则

$$\lambda_\pm = \frac{\alpha a_2 - 2a_3 \pm \sqrt{\alpha^2 a_2^2 + 4a_3(\alpha^2 a_1 + a_4)}}{\alpha^2 a_1 + \alpha a_2 - a_3 + a_4}.$$

(2.2.1) 如果 $a_4 \neq 0$, 则有

　　(2.2.1.1) 如果 $a_4 = a_3$ 且 $\alpha \to 0_+$, 则 $\lambda_- \to \infty$ 和 $\lambda_+ \to 1$或-1.

　　(2.2.1.2) 如果 $a_4 \neq a_3$, 则

$$当 \alpha \to 0_+ 时, \lambda_\pm = \frac{-2a_3 \pm 2\sqrt{a_3 a_4}}{-a_3 + a_4}.$$

(2.2.2) 如果 $a_4 = 0$, 则

$$\lambda_\pm = \frac{\alpha a_2 - 2a_3 \pm \alpha\sqrt{a_2^2 + 4a_1 a_3}}{\alpha^2 a_1 + \alpha a_2 - a_3}.$$

(2.2.2.1) 如果 $a_3 \neq 0$ 且 $\alpha \to 0_+$, 则 $\lambda_\pm \to 2$.

(2.2.2.2) 如果 $a_3 = 0$, 则

$$\lambda_\pm = \frac{a_2 \pm \sqrt{a_2^2}}{\alpha a_1 + a_2}.$$

由 (2.2.2.2) 得

$$\begin{cases} \lambda_\pm = 2 或 0, & 如果 a_2 \neq 0 且 \alpha \to 0_+, \\ \lambda_\pm = 0, & 如果 a_2 = 0. \end{cases}$$

从上面分析知, 当矩阵 A 是非 Hermitian 时, 相对非零向量 u 来说, 其预处理矩阵特征值的聚集不仅趋向于 $(0,0)$ 点和 $(2,0)$ 点, 也有可能趋向于其他点或无穷远点, 其产生的依据是把式 (4.36) 转化为式 (4.37) 后代入式 (4.35) 消去 v 而得到的. 若依据下面提供的方法, 即便矩阵 A 是非 Hermitian 的, 那么当 $\alpha \to 0_+$ 时其预处理矩阵特征值的分布仅仅趋向于两个点: 一个是 $(0,0)$ 点, 另一个是 $(2,0)$ 点.

假设 v 是一个非零向量. 由式 (4.35) 得

$$u = \frac{2-\lambda}{\lambda\alpha}(Au + B^*v) - \frac{1}{\alpha^2}(HSu + HB^*v), \tag{4.42}$$

将式 (4.42) 代入式 (4.36) 得

$$\alpha^4\lambda^2 v - \alpha^3\lambda(2-\lambda)Cv + \alpha^2(2-\lambda)^2(BAu + BB^*v)$$

$$- \alpha\lambda(2-\lambda)(CBAu + CBB^*v + BHSu + BHB^*v)$$

$$+ \lambda^2(CBHSu + CBHB^*v) = \mathbf{0}.$$

将上式左乘 v^*, 并设

$$b_1 = v^*v, \quad b_2 = v^*Cv, \quad b_3 = v^*BAu + v^*BB^*v,$$

$$b_4 = v^*CBAu + v^*CBB^*v + v^*BHSu + v^*BHB^*v,$$

$$b_5 = v^*CBHSu + v^*CBHB^*v,$$

则上式可进一步简化为

$$(\alpha^4 b_1 + \alpha^3 b_2 + \alpha^2 b_3 + \alpha b_4 + b_5)\lambda^2 - 2\alpha(\alpha^2 b_2 + 2\alpha b_3 + b_4)\lambda + 4\alpha^2 b_3 = 0. \tag{4.43}$$

为了讨论的方便, 这里记 $\delta_2 = \alpha^4 b_1 + \alpha^3 b_2 + \alpha^2 b_3 + \alpha b_4 + b_5$.

类似于前面, 这里讨论 $\delta_2 = 0$ 和 $\delta_2 \neq 0$ 两种情况.

情形 $1'$: $\delta_2 = 0$.

因为预处理矩阵特征值是非零的, 所以由式 (4.43) 得

$$\lambda = \frac{4\alpha^2 b_3}{2\alpha(\alpha^2 b_2 + 2\alpha b_3 + b_4)}, \tag{4.44}$$

由 $\delta_2 = 0$ 知

$$\alpha^3 b_2 + \alpha b_4 = -\alpha^4 b_1 - \alpha^2 b_3 - b_5, \tag{4.45}$$

将式 (4.45) 代入式 (4.44) 得

$$\lambda = \frac{2\alpha^2 b_3}{-\alpha^4 b_1 + \alpha^2 b_3 - b_5}, \tag{4.46}$$

于是, 有下面情形:

(1) $b_5 \neq 0$. 当 $\alpha \to 0_+$ 时, $\lambda \to 0$.

(2) $b_5 = 0$, 则

$$\lambda = \frac{2b_3}{-\alpha^2 b_1 + b_3}. \tag{4.47}$$

由情形 (2) 可得

$$\begin{cases} \lambda = 2, & \text{如果} b_3 \neq 0 \text{且} \alpha \to 0_+, \\ \lambda = 0, & \text{如果} b_3 = 0. \end{cases}$$

情形 $2'$: $\delta_2 \neq 0$.

因为

$$(\alpha^2 b_2 + 2\alpha b_3 + b_4)^2 - 4b_3(\alpha^4 b_1 + \alpha^3 b_2 + \alpha^2 b_3 + \alpha b_4 + b_5)$$
$$= (\alpha^2 b_2 + b_4)^2 - 4b_3(\alpha^4 b_1 + b_5),$$

所以关于 λ 的二次方程 (4.43) 的根为

$$\lambda_\pm = \frac{\alpha^3 b_2 + 2\alpha^2 b_3 + \alpha b_4 \pm \alpha\sqrt{(\alpha^2 b_2 + b_4)^2 - 4b_3(\alpha^4 b_1 + b_5)}}{\alpha^4 b_1 + \alpha^3 b_2 + \alpha^2 b_3 + \alpha b_4 + b_5}, \tag{4.48}$$

从而有

(1) $b_5 \neq 0$. 此时, 当 $\alpha \to 0_+$ 时, $\lambda_\pm \to 0$.

(2) $b_5 = 0$. 在这种情形下, 式 (4.48) 简化为

$$\lambda_\pm = \frac{\alpha^2 b_2 + 2\alpha b_3 + b_4 \pm \sqrt{(\alpha^2 b_2 + b_4)^2 - 4\alpha^4 b_3 b_1}}{\alpha^3 b_1 + \alpha^2 b_2 + \alpha b_3 + b_4}. \tag{4.49}$$

(2.1) 如果 $b_4 \neq 0$, 则

$$\text{当} \alpha \to 0_+ \text{时}, \lambda_\pm \to \frac{b_4 \pm \sqrt{b_4^2}}{b_4} = 2 \text{或} 0.$$

(2.2) 如果 $b_4 = 0$, 则式 (4.49) 简化为

$$\lambda_\pm = \frac{\alpha b_2 + 2b_3 \pm \alpha\sqrt{b_2^2 - 4b_3 b_1}}{\alpha^2 b_1 + \alpha b_2 + b_3}. \tag{4.50}$$

(2.2.1) 如果 $b_3 \neq 0$ 且 $\alpha \to 0_+$, 则 $\lambda_\pm \to 2$.

(2.2.2) 如果 $b_3 = 0$, 则式 (4.50) 化简为

$$\lambda_\pm = \frac{b_2 \pm \sqrt{b_2^2}}{\alpha b_1 + b_2}.$$

由 (2.2.2) 得

$$\begin{cases} \lambda_\pm = 2 \text{或} 0, & \text{如果} b_2 \neq 0 \text{且} \alpha \to 0_+, \\ \lambda_\pm = 0, & \text{如果} b_2 = 0. \end{cases}$$

依照上面的讨论, 现有如下定理成立.

定理 4.4.1   设矩阵 A 是 Hermitian 的, B 满秩, 则对于充分小的 $\alpha > 0$, 矩阵 $\mathcal{P}_\alpha^{-1}\mathcal{A}$ 特征值的分布有下面两种情形:

(1) 无论 $\delta_1 = 0$ 或 $\delta_2 = 0$, 那么当 $\alpha \to 0_+$ 时, 矩阵 $\mathcal{P}_\alpha^{-1}\mathcal{A}$ 特征值的聚集于 $(0,0)$ 点或 $(2,0)$ 点.

(2) 无论 $\delta_1 \neq 0$ 或 $\delta_2 \neq 0$, 那么当 $\alpha \to 0_+$ 时, 矩阵 $\mathcal{P}_\alpha^{-1}\mathcal{A}$ 特征值的聚集于两个点, 一个是 $(0,0)$ 点, 另一个是 $(2,0)$ 点.

定理 4.4.2   设矩阵 A 是非 Hermitian 的, B 满秩, 则对于充分小的 $\alpha > 0$ 且 v 是非零向量, 矩阵 $\mathcal{P}_\alpha^{-1}\mathcal{A}$ 特征值的分布有下面两种情形:

(1) 如果 $\delta_2 = 0$ 且 $\alpha \to 0_+$, 则矩阵 $\mathcal{P}_\alpha^{-1}\mathcal{A}$ 特征值的聚集于 $(0,0)$ 点或 $(2,0)$ 点.

(2) 如果 $\delta_2 \neq 0$ 且 $\alpha \to 0_+$, 则矩阵 $\mathcal{P}_\alpha^{-1}\mathcal{A}$ 特征值的聚集于两个点, 一个是 $(0,0)$ 点, 另一个是 $(2,0)$ 点.

注 4.4.1   由定理 4.4.2 知, 即便矩阵 A 是非 Hermitian 的, 那么在一定的条件下, 预处理矩阵 $\mathcal{P}_\alpha^{-1}\mathcal{A}$ 特征值也聚集于两个点, 一个是 $(0,0)$ 点, 另一个是 $(2,0)$ 点.

4.4.4   数值实验

本节利用两个数值例子来说明预处理矩阵 $\mathcal{P}_\alpha^{-1}\mathcal{A}$ 的谱分布并验证 4.4.3 节获得的理论结果. 所有数值实验均利用 MATLAB 实现的. 实验所需的矩阵是通过 IFISS 软件包获得的.

例 4.4.1   考察具有适合边界条件的不可压缩的稳态 Stokes 问题:

$$\begin{cases} -\Delta u + \mathrm{grad}\, p = f, \\[2mm] -\mathrm{div}\, u = \mathbf{0}, \end{cases} \tag{4.51}$$

这里向量值函数 u 表示在 $[-1,1] \times [-1,1]$ 上的速度, 数量值函数 p 表示压力. 所测试问题是在正方形区域上渗透的二维限制驱动的腔体问题. 在方元的 32×32 的一致网格上, 利用 IFISS 软件 [135] 离散式 (4.51) 就可以得到广义鞍点问题 (4.31). 所采用的混合有限元是稳定化的双线性速度–常数压力: $(Q_1 - P_0)$ 对有限元. 稳定化因子取 $\frac{1}{4}$. 由于该工具包所产生的矩阵 B 是非满秩的, 所以这里通过舍去矩阵 B 的前两行及矩阵 C 的前两行和前两列就可以得到新的非奇异矩阵 $\mathcal{A}$. 这样, $n = 2178$, $m = 1022$. 对 Stokes 问题, 系数矩阵的 (1,1) 块 A 是对称正定矩阵. 图 4.2~图 4.4 给出了参数 α 取不同值的矩阵 $\mathcal{P}_\alpha^{-1}\mathcal{A}$ 特征值的谱分布. 从图 4.2~图 4.4 知, 当 $\alpha \to 0_+$ 时, 预处理矩阵特征值聚集于两个点, 一个是 $(0,0)$ 点, 另一个是 $(2,0)$ 点.

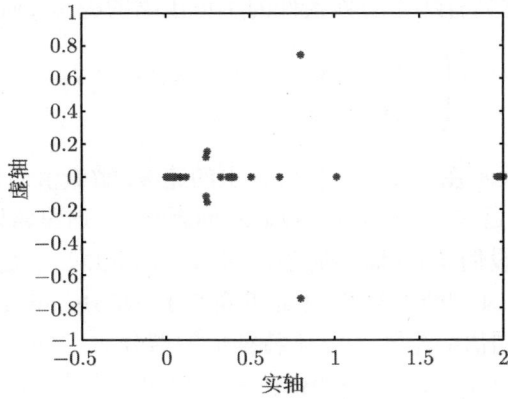

图 4.2 $\alpha = 1.0e - 3$

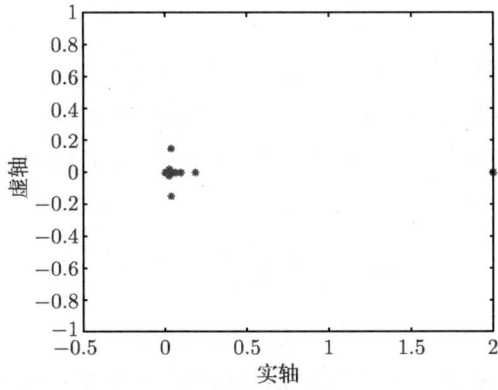

图 4.3 $\alpha = 1.0e - 4$

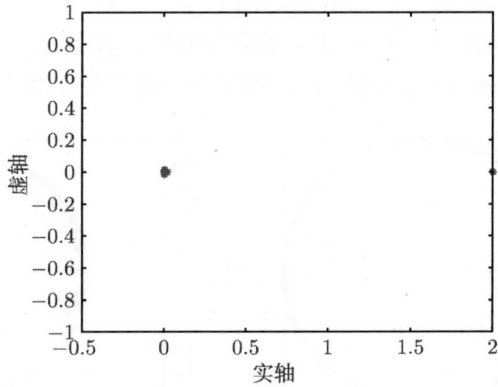

图 4.4 $\alpha = 1.0e - 5$

例 4.4.2　考虑具有适合边界条件的不可压缩的稳态 Oseen 问题:

$$\begin{cases} -\nu\triangle u + \omega\cdot\mathrm{grad}u + \mathrm{grad}p = f, \\ -\mathrm{div}u = 0, \end{cases}$$

这里向量值函数 u 表示在 $[-1,1]\times[-1,1]$ 上的速度, 数量值函数 p 表示压力, $\nu > 0$ 表示黏度系数, w 满足 $\nabla\cdot w = 0$. 对 Oseen 问题来说, 这里常取黏度系数 $\nu = 1$ 和 $\nu = 0.01$ 两种情况. 设例 4.4.2 满足的条件与例 4.4.1 相同. 于是, 便可得到 $n = 2178$ 且 $m = 1022$ 的矩阵 A. 此时, 矩阵 A 是非奇异的, 非 Hermitian 的, 正实的. 图 4.5 呈现了参数 α 取不同值的矩阵 $\mathcal{P}_\alpha^{-1}A$ 特征值的谱分布, 其中左边对应 $\nu = 1$, 右边对应 $\nu = 0.01$. 由图 4.5(左) 可以看出, 在 $\nu = 1$ 的情况下, 当 $\alpha \to 0_+$ 时, 预处理矩阵的特征值可能聚集于 $(0,0)$ 点和 $(2,0)$ 点, 也可能趋向于其他点. 在 $\nu = 0.01$ 的情况下, 当 $\alpha \to 0_+$ 时, 即便 A 是非 Hermitian 的, 则预处理矩阵的特征值也同样地聚集于 $(0,0)$ 点和 $(2,0)$ 点, 如图 4.5(右) 所示.

为了验证 HSS 预处理子结合 GMRES 子空间方法求解 Stokes 问题和 Oseen 问题的有效性, 表 4.5~ 表 4.7 给出了 GMRES 及预处理 GMRES 的迭代次数. 在实验中, 通过调节线性系统的常数项使得广义鞍点问题 (4.31) 的精确解为 $(1,1,\cdots,1)^{\mathrm{T}}$. 初始向量取为零向量, 停止准则取为

$$\|b - Ax^{(k)}\|_2 \leqslant 10^{-6}\|b\|_2.$$

在表 4.5~表 4.7 中, "RELRES" 表示相对残差. "ITER" 表示 GMRES 子空间方法的外迭代次数. 测试的主要目的是利用数值实验来验证预处理矩阵特征值的分布对 GMRES 子空间方法收敛速度的影响.

由表 4.5 及表 4.6 知, 当应用预处理子 $\mathcal{P}_\alpha$ 求解 Stokes 问题和 Oseen 问题 ($\nu = 0.01$) 时, 的确能够改善 GMRES 子空间方法的收敛速度. 由表 4.7 知, 对求解黏度系数为 1 的 Oseen 问题来说, 预处理子 $\mathcal{P}_\alpha$ 效果是比较差的.

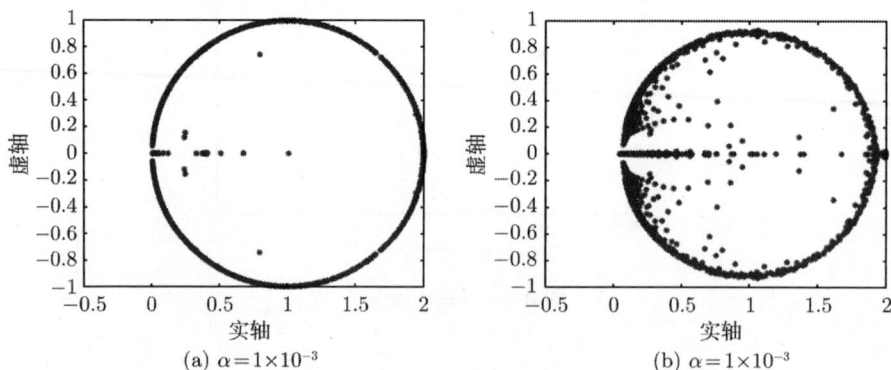

(a) $\alpha = 1\times 10^{-3}$　　　　　　　　(b) $\alpha = 1\times 10^{-3}$

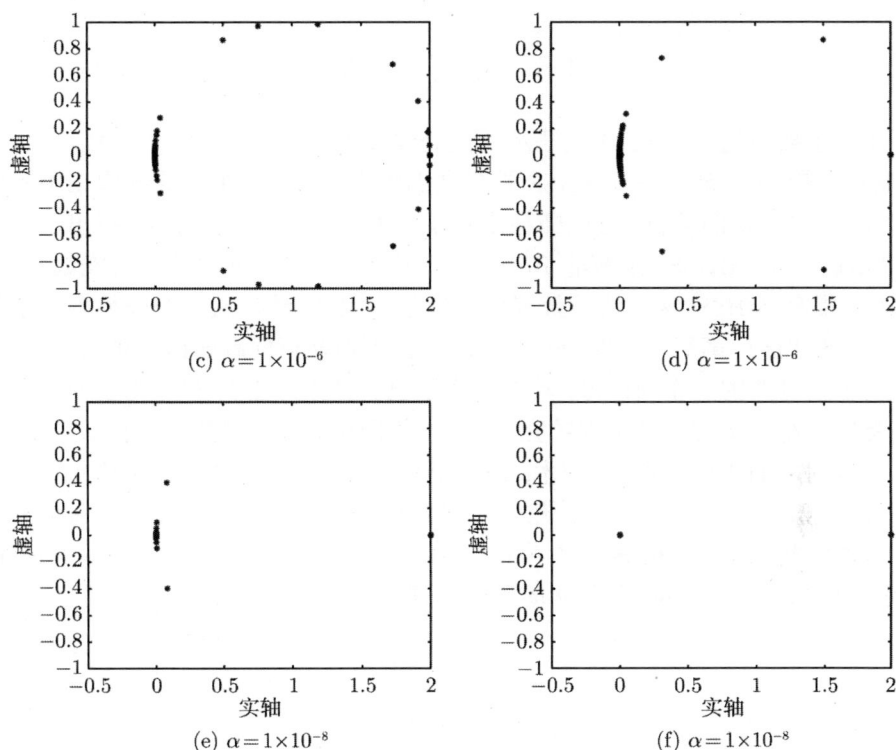

(c) $\alpha=1\times10^{-6}$ (d) $\alpha=1\times10^{-6}$

(e) $\alpha=1\times10^{-8}$ (f) $\alpha=1\times10^{-8}$

图 4.5 Oseen 问题: $\mathcal{P}_\alpha^{-1}\mathcal{A}$ 特征值的谱分布, 左边为 $\nu=1$, 右边为 $\nu=0.01$

表 4.5　HSS 预处理子结合 GMRES 子空间方法求解 Stokes 问题

GMRES($\mathcal{P}_\alpha$)	α	1.0×10^{-3}	1.0×10^{-4}	1.0×10^{-5}	GMRES
	ITER	71	54	37	315
	RELRES	8.296×10^{-7}	9.701×10^{-7}	7.964×10^{-7}	9.219×10^{-7}

表 4.6　HSS 预处理子结合 GMRES 子空间方法求解 Oseen 问题且 $\nu=0.01$

GMRES($\mathcal{P}_\alpha$)	α	1.0×10^{-3}	1.0×10^{-6}	1.0×10^{-8}	GMRES
	ITER	121	372	179	722
	RELRES	9.582×10^{-7}	9.549×10^{-7}	9.924×10^{-7}	9.801×10^{-7}

表 4.7　HSS 预处理子结合 GMRES 子空间方法求解 Oseen 问题且 $\nu=1$

GMRES($\mathcal{P}_\alpha$)	α	0.1	0.01	0.001	GMRES
	ITER	75	190	767	325
	RELRES	9.269×10^{-7}	9.532×10^{-7}	9.961×10^{-7}	9.472×10^{-7}

4.5　本 章 小 结

本章主要讨论了 HSS 迭代法及其预处理技术. 主要包括四个方面. 第一个方面, 通过比较 HSS 迭代法和 LHSS 迭代法而给出了一个新的优先择取 LHSS 迭代法或 HSS 迭代法的依据, 其判断标准优于已有结果. 第二个方面, 提出了一个修正 HSS 迭代法 (MHSS) 求解非 Hermitian 正定线性系统并讨论了其收敛条件. 同时, 为了提高 MHSS 迭代法的效率而给出了 MHSS 迭代法一个非精确衍生版本 (IMHSS 迭代法). 第三个方面, 讨论了 HSS 预处理鞍点问题的谱分布, 并给出了预处理特征值分布的一个新区域, 其结果优于已有结果. 同时, 也获得了使其预处理矩阵特征值都为实的一个更弱的充分条件. 第四个方面, 主要研究了非零 (2,2) 块广义鞍点问题的 HSS 预处理技术, 讨论了预处理矩阵的谱分布, 并证实了在适当的条件下, 如果鞍点问题线性系统的系数矩阵是非 Hermitian 的, 那么对充分小的 $\alpha > 0$, 预处理矩阵特征值聚集在 (0,0) 点和 (2,0) 点附近. 若系数矩阵是 Hermitian 的, 那么也有类似的结论. 数值实验验证了理论分析的相关结果.

第5章 鞍点问题迭代算法及预处理技术

在流体力学、计算电磁学、线性弹力学、带有限制条件的二次优化、最小二乘问题等应用领域中, 经常需要求解鞍点问题. 例如, 在求解等式约束二次优化问题 (5.1)

$$\begin{cases} \min_x \mathcal{J}(x) = \dfrac{1}{2} x^{\mathrm{T}} A x - f^{\mathrm{T}} x, \\ \text{满足} Bx = g, \end{cases} \tag{5.1}$$

流体力学的 Stokes 问题 (5.2)

$$\begin{cases} -\Delta u + \mathrm{grad} p = f, \\ -\mathrm{div} u = \mathbf{0}, \end{cases} \tag{5.2}$$

加权 Toeplitz 最小二乘问题 (5.3)

$$\min_x \| Ax - b \|_2^2, \quad \text{其中} A = \begin{pmatrix} DK \\ \mu I \end{pmatrix} \text{及} b = \begin{pmatrix} Df \\ \mathbf{0} \end{pmatrix} \tag{5.3}$$

等问题时, 最终可归结为求解大型稀疏的鞍点问题. 因此, 快速有效的求解鞍点问题已成为许多专家及学者研究的焦点.

现今, 已存在许多行之有效的数值方法来求解鞍点问题, 其中包括直接法 [70, 71]、零空间方法 [72−74]、投影法 [75, 76] 和 Uzawa-型算法 [29,31−33] 等. 如前所述, 对大型稀疏线性系统的求解通常采用迭代方法. 在众多迭代法当中, Krylov 子空间迭代法是比较受欢迎的, 原因在于其在计算过程中不仅不会破坏系数矩阵的稀疏性而且只需重复计算矩阵与向量的乘积. 特别是当系数矩阵是一个隐式函数时, 这类方法十分有效.

然而, 对鞍点问题来说, 由于其系数矩阵具有强不定性及非对角占优性, 因此, 直接使用 Krylov 子空间方法 (如 MINRES, GMRES, BiCGStab 等) 对鞍点问题进行求解时, 其收敛速度很慢甚至不收敛. 面对这种情况, 通常采用的策略是对鞍点问题本身先进行预处理, 使其转化为具有较优良性质的等价线性系统, 然后再利用相应的迭代法对预处理后的线性系统进行求解. 自然地, 这里一个最基本的问题是如何对其进行有效的预处理. 那么围绕这一问题, 近几十年, 国内外许多学者对此做了大量的工作, 提出了各种各样的预处理方法, 详见综述性文章 [53].

本章将给出一种基于矩阵分裂而形成的迭代法用于求解鞍点问题, 并给出其收敛条件; 提出一个修正 SSOR 迭代法用于求解鞍点问题, 讨论其收敛区间并分析最优参数的选取问题; 将预处理技术用于鞍点问题, 详细地讨论两类含参数的块三角预处理子作用鞍点问题时预处理矩阵的谱性质.

5.1　求解鞍点问题的一个迭代法

5.1.1　引言

考虑大型稀疏的经典鞍点问题

$$\left[\begin{array}{cc} A & B^{\mathrm{T}} \\ B & 0 \end{array}\right] \left[\begin{array}{c} x \\ y \end{array}\right] = \left[\begin{array}{c} b \\ q \end{array}\right], \tag{5.4}$$

其中矩阵 $A \in \mathbb{R}^{n \times n}$ 是对称正定的, 矩阵 $B \in \mathbb{R}^{m \times n}$ 是行满秩的 $(m \leqslant n)$. 这里不失一般性, 总假设线性系统 (5.4) 的系数矩阵是非奇异的, 以致其有唯一解. 具有线性系统 (5.4) 形式的线性系统经常出现在最优控制 [147, 148]、结构分析 [149]、电网络模型 [149] 和计算机绘图 [150] 等应用领域中.

在实际问题中, 采用迭代法求解鞍点问题的主要原因通常涉及两个方面: ①鞍点问题的系数矩阵通常是大型稀疏的; ②迭代法的结构简单, 易于程序实现且行之有效. 由 Sylvester 惯性定律知, 鞍点问题 (5.4) 的系数矩阵是不定的, 同时具有 n 个正特征值和 m 个负特征值. 在这种情况下, 鞍点问题 (5.4) 常常是病态的. 若采用经典的迭代法求解鞍点问题, 其效率并不高, 甚至有些迭代法直接是不收敛的 (如 SOR, AOR 等). 因而, 寻找有效的迭代法求解鞍点问题是当今研究的一个热点.

本节主要基于文献 [151]~[153] 的工作, 依据矩阵分裂, 给出了一个新的迭代法来求解鞍点问题 (5.4), 并讨论了其收敛条件. 最后, 通过一个简单的数值算例来验证本节所提方法的有效性.

5.1.2　迭代法

本节我们将给出求解鞍点问题一个新的迭代法, 并讨论其收敛条件. 同时, 也简单地推广了经典的 Uzawa-迭代法.

为方便起见, 现将线性系统 (5.4) 转化为

$$\mathcal{A}z \equiv \left[\begin{array}{cc} A & B^{\mathrm{T}} \\ -B & 0 \end{array}\right] \left[\begin{array}{c} x \\ y \end{array}\right] = \left[\begin{array}{c} b \\ -q \end{array}\right] \equiv c. \tag{5.5}$$

容易验证, 经过上面的转化后, 线性系统 (5.5) 的系数矩阵是正定的, 即对任意的特征值 $\lambda \in \sigma(\mathcal{A})$, 有 $\Re(\lambda) > 0$, 其中 $\Re(\cdot)$ 表示矩阵 $\mathcal{A}$ 的特征值实部, $\sigma(\mathcal{A})$ 表示矩阵 $\mathcal{A}$ 的谱.

基于矩阵分裂而形成的迭代法对线性系统 (5.5) 的求解是十分有效的. 这就是说矩阵分裂的形式在很大程度上决定着相对应迭代方法的收敛速度 [35]. 基于这一思想, 这里将线性系统 (5.5) 的系数矩阵分裂为

$$\left[\begin{array}{cc} A & B^{\mathrm{T}} \\ -B & 0 \end{array}\right] = \left[\begin{array}{cc} Q_1 + A & 0 \\ 0 & Q_2 \end{array}\right] - \left[\begin{array}{cc} Q_1 & -B^{\mathrm{T}} \\ B & Q_2 \end{array}\right],$$

其中 Q_1 是对称半正定的, Q_2 是对称正定的. 基于上式分裂, 迭代法可构建为

$$\left[\begin{array}{cc} Q_1 + A & 0 \\ 0 & Q_2 \end{array}\right] \left[\begin{array}{c} x^{(k+1)} \\ y^{(k+1)} \end{array}\right] = \left[\begin{array}{cc} Q_1 & -B^{\mathrm{T}} \\ B & Q_2 \end{array}\right] \left[\begin{array}{c} x^{(k)} \\ y^{(k)} \end{array}\right] + \left[\begin{array}{c} b \\ -q \end{array}\right]. \tag{5.6}$$

显然, 迭代矩阵为

$$T = \left[\begin{array}{cc} Q_1 + A & 0 \\ 0 & Q_2 \end{array}\right]^{-1} \left[\begin{array}{cc} Q_1 & -B^{\mathrm{T}} \\ B & Q_2 \end{array}\right].$$

为了讨论迭代法 (5.6) 的收敛性, 这里引入文献 [154] 中的一个结论.

引理 5.1.1[154] 对实一元二次方程 $x^2 + px + q = 0 (p, q \in \mathbb{R})$ 来说, 其两根的模小于 1 的充要条件是

$$\begin{cases} 1 - p + q > 0, \\ 1 + p + q > 0, \\ 1 - q > 0. \end{cases}$$

基于引理 5.1.1, 下面给出迭代法 (5.6) 收敛的一个充分必要条件.

定理 5.1.1 设 A 是对称正定矩阵, B 是行满秩的. 假定矩阵 Q_1 是对称半正定的, 矩阵 Q_2 是对称正定的, 则迭代法 (5.6) 收敛的充要条件是 $A - B^{\mathrm{T}} Q_2^{-1} B$ 是正定的.

证明 设 λ 是矩阵 T 的特征值, 其相对应的特征向量为 $(u^{\mathrm{T}}, v^{\mathrm{T}})^{\mathrm{T}}$, 于是有

$$\left[\begin{array}{cc} Q_1 & -B^{\mathrm{T}} \\ B & Q_2 \end{array}\right] \left[\begin{array}{c} u \\ v \end{array}\right] = \lambda \left[\begin{array}{cc} Q_1 + A & 0 \\ 0 & Q_2 \end{array}\right] \left[\begin{array}{c} u \\ v \end{array}\right], \tag{5.7}$$

式 (5.7) 可等价地写为

$$Q_1 u - B^{\mathrm{T}} v = \lambda (Q_1 + A) u, \tag{5.8}$$

$$Bu + Q_2 v = \lambda Q_2 v. \tag{5.9}$$

要使迭代法 (5.6) 收敛, 则只需 $|\lambda| < 1$.

首先, 证明 $u \neq \mathbf{0}$. 事实上, 假定 $u = \mathbf{0}$. 由式 (5.9) 并考虑 $(u^{\mathrm{T}}, v^{\mathrm{T}})^{\mathrm{T}}$ 是特征向量且 $v \neq \mathbf{0}$ 及矩阵 Q_2 是对称正定的, 知 $\lambda = 1$. 然后, 将 $\lambda = 1$ 代入式 (5.8) 和式 (5.9) 得

$$\begin{cases} Au + B^{\mathrm{T}}v = \mathbf{0}, \\ Bu = \mathbf{0}, \end{cases} \tag{5.10}$$

通过简单计算, 知向量 $v = \mathbf{0}$. 这与 $v \neq \mathbf{0}$ 相矛盾.

其次, 证明 $\lambda \neq 1$. 如果 $\lambda = 1$, 则式 (5.8) 和式 (5.9) 就简化为式 (5.10). 进一步, 有

$$\mathbf{0} = Bu = -BA^{-1}B^{\mathrm{T}}v,$$

由已知条件 $\mathrm{rank}(B) = m$ 知 $v = \mathbf{0}$. 再根据式 (5.10) 的第一个方程得 $u = A^{-1}B^{\mathrm{T}}v = \mathbf{0}$. 显然, 这与 $\lambda \neq 1$ 相矛盾.

最后, 假设 $Bu \neq \mathbf{0}$. 由式 (5.9) 得

$$v = \frac{1}{\lambda - 1}Q_2^{-1}Bu,$$

将 v 代入式 (5.8) 得

$$\lambda^2(Q_1 + A)u - \lambda(2Q_1 + A)u + Q_1u + B^{\mathrm{T}}Q_2^{-1}Bu = \mathbf{0},$$

再将上面等式与 u 作内积得

$$(u, (Q_1 + A)u)\lambda^2 - (u, (2Q_1 + A)u)\lambda + (u, Q_1u) + (u, B^{\mathrm{T}}Q_2^{-1}Bu) = 0.$$

由引理 5.1.1 知, 迭代法 (5.6) 收敛的充要条件是

$$\begin{cases} (u, (Q_1 + A)u) + (u, (2Q_1 + A)u) + (u, Q_1u) + (u, B^{\mathrm{T}}Q_2^{-1}Bu) > 0, \\ (u, (Q_1 + A)u) - (u, (2Q_1 + A)u) + (u, Q_1u) + (u, B^{\mathrm{T}}Q_2^{-1}Bu) > 0, \\ (u, (Q_1 + A)u) - [(u, Q_1u) + (u, B^{\mathrm{T}}Q_2^{-1}Bu)] > 0, \end{cases}$$

通过简单计算得

$$\begin{cases} 4(u, Q_1u) + 2(u, Au) + (u, B^{\mathrm{T}}Q_2^{-1}Bu) > 0, \\ (u, B^{\mathrm{T}}Q_2^{-1}Bu) > 0, \\ (u, Au) - (u, B^{\mathrm{T}}Q_2^{-1}Bu) > 0, \end{cases}$$

故证.　　　　　　　　　　　　　　　　　　　　　　　　　　　　　　　　　□

依据迭代格式 (5.6), 可以获得如下算法.

算法 5.1.1

$$\begin{cases} x^{(k+1)} = x^{(k)} + (Q_1 + A)^{-1}(b - Ax^{(k)} - B^{\mathrm{T}}y^{(k)}), \\ y^{(k+1)} = y^{(k)} + Q_2^{-1}(Bx^{(k)} - q). \end{cases}$$

类似于 Gauss-Seidel 迭代法形成的思想, 自然地, 这里可以用算法 5.1.1 第一个式子中的 $x^{(k+1)}$ 去代替算法 5.1.1 第二个式子中的 $x^{(k)}$. 这样不仅可以减少存储量, 而且可以认为新近似解有望比老近似解更接近精确值. 于是, 就有下面一个修正的算法.

算法 5.1.2

$$\begin{cases} x^{(k+1)} = x^{(k)} + (Q_1 + A)^{-1}(b - Ax^{(k)} - B^{\mathrm{T}}y^{(k)}), \\ y^{(k+1)} = y^{(k)} + Q_2^{-1}(Bx^{(k+1)} - q). \end{cases}$$

注 5.1.1 由定理 5.1.1 知, 迭代法 (5.6) 的收敛条件与矩阵 Q_1 的选取没有直接的关系, 只需要保证矩阵 Q_1 是对称半正定即可. 这样一来, 对矩阵 Q_1 的选择就有很大的灵活性. 进一步, 如果 $Q_1 = 0$ 和 $Q_2 = \delta^{-1}(\delta > 0)$, 算法 5.1.2 就退化成经典的 Uzawa-迭代法. 显然, 算法 5.1.2 是经典 Uzawa-迭代法的一个简单推广.

5.1.3 数值算例

本节给出一些数值实验来说明算法 5.1.1 及算法 5.1.2 的有效性.
设

$$A = (a_{ij})_{n \times n} = \begin{cases} i+1, & i = j, \\ 1, & |i-j| = 1, \\ 0, & \text{其他}. \end{cases}$$

$$B = (b_{ij})_{m \times n} = \begin{cases} 1, & i = j, \\ 0, & \text{其他}. \end{cases}$$

依据算法 5.1.1 及算法 5.1.2 并结合定理 5.1.1 的条件, 表 5.1 给出了矩阵 Q_1 和 Q_2 的两种不同选择.

表 5.1 矩阵 Q_1 和 Q_2 的选取

情形	Q_1	Q_2
I	diag(A)	$B^{\mathrm{T}}B$
II	diag(A)	$B^{\mathrm{T}}\mathrm{diag}(A)B$

在实验中, 通过调节线性系统右端向量 $(b^{\mathrm{T}}, q^{\mathrm{T}})^{\mathrm{T}}$ 使得鞍点问题 (5.4) 的精确解为 $(x_*^{\mathrm{T}}, y_*^{\mathrm{T}})^{\mathrm{T}} = (1, 1, \cdots, 1)^{\mathrm{T}}$. 初始向量取为零向量, 停止准则取为

$$\frac{\|\mathcal{A}u^{(k)} - c\|_2}{\|c\|_2} < 10^{-6}.$$

表 5.2 及表 5.3 给出了算法 5.1.1 及算法 5.1.2 分别在情形 I 及情形 II 的情况下的迭代次数.

表 5.2 算法 5.1.1 的迭代次数及矩阵大小

n	60	80	128	512	1152
m	50	60	90	256	576
$m+n$	110	140	218	768	1728
情形 I	49	42	25	10	10
情形 II	47	18	11	10	10

表 5.3 算法 5.1.2 的迭代次数及矩阵大小

n	60	80	128	512	1152
m	50	60	90	256	576
$m+n$	110	140	218	768	1728
情形 I	35	26	11	10	10
情形 II	37	12	11	10	10

从表 5.2 及表 5.3 之中, 我们发现一个有趣的现象: 对算法 5.1.1 及算法 5.1.2 来说, 矩阵规模越小其迭代次数越大, 而矩阵规模越大其迭代次数越小. 即说明了对算法 5.1.1 及算法 5.1.2 而言, 如果矩阵 Q_1 和矩阵 Q_2 选取的适当, 二者可以有效的求解大型稀疏的鞍点问题.

5.2 求解鞍点问题的一个修正 SSOR 迭代法

5.2.1 引言

对大型稀疏鞍点问题 (5.4) 的求解常采用迭代法. 在迭代法的历史长河中, Young 于 20 世纪 70 年代提出的 SOR 方法 [35] 曾经以其优雅简洁的格式而风靡一时, 是一类经典的迭代法. 遗憾的是, 经典的 SOR 迭代法并不适合于求解鞍点问题 (5.4), 这主要是因为其 (2,2) 块是奇异矩阵. 为了克服经典 SOR 迭代法求解鞍点问题的缺陷, 近年来, 一些学者开始讨论用广义化的 SOR 迭代法来求解鞍点问题 (5.4). 例如, Li, Li 和 Evans 在 1998 年提出了能继承经典 SOR 迭代法格式简单、存储量小等优点的一类广义 SOR 迭代法 [36, 37]. Golub, Wu 和 Yuan 在 2001

年又提出了 SOR-like 迭代法 [38], 其本质与广义 SOR 方法相同, 可以看成是广义 SOR 迭代法的另一种表现形式. 为了改善 SOR-like 迭代法的收敛速度, Bai 等在 2005 年提出了广义 SOR-like 迭代法 [39] 并获得了该方法的最优参数, 同时也推广了文献 [38] 的结果.

最近, Darvishi 和 Hessari 在文献 [40] 中将系数矩阵的如下分裂

$$
\begin{bmatrix} A & B^{\mathrm{T}} \\ -B & 0 \end{bmatrix} = \begin{bmatrix} A & 0 \\ 0 & Q \end{bmatrix} - \begin{bmatrix} 0 & 0 \\ B & 0 \end{bmatrix} - \begin{bmatrix} 0 & -B^{\mathrm{T}} \\ 0 & Q \end{bmatrix}
$$

应用到 SSOR 迭代法当中来求解鞍点问题 (5.4), 其中矩阵 Q 是对称非奇异的, 并获得了如下结果.

定理 5.2.1[40]　设 μ 是矩阵 $Q^{-1}BA^{-1}B^{\mathrm{T}}$ 的任意一个特征值及

$$
J_w = (2-w)\begin{bmatrix} \dfrac{(1-w)^2}{2-w}I - w^2 A^{-1}B^{\mathrm{T}}Q^{-1}B & -wA^{-1}B^{\mathrm{T}} + \dfrac{w^3}{1-w}A^{-1}B^{\mathrm{T}}Q^{-1}BA^{-1}B^{\mathrm{T}} \\ wQ^{-1}B & \dfrac{1}{2-w}I - \dfrac{w^2}{1-w}Q^{-1}BA^{-1}B^{\mathrm{T}} \end{bmatrix},
$$

如果 λ 满足

$$
(1-w)(1-\lambda)(\lambda - (w-1)^2) = w^2(w-2)^2\lambda\mu, \tag{5.11}
$$

则 λ 是矩阵 J_w 的特征值. 反过来, 如果 λ 是矩阵 J_w 的特征值且 $\lambda \neq (w-1)^2$, $\lambda \neq 1$ 及 μ 满足式 (5.11), 则 μ 是矩阵 $Q^{-1}BA^{-1}B^{\mathrm{T}}$ 的一个非零特征值.

观察定理 5.2.1 知, 由于在关于 λ 的二次方程 (5.11) 中参数 w 的最高阶是 4 阶, 所以想要求出其迭代参数的最优值并非是一件很容易的事. 为了弥补这个不足, 本节的主要思想是通过对鞍点问题 (5.4) 的系数矩阵不同于文献 [40] 中的分裂而提出了一个修正 SSOR 迭代法 (MSSOR).

5.2.2　修正的 SSOR 迭代法

为了构建 MSSOR 迭代法, 这里将鞍点问题 (5.4) 转化为下面形式

$$
\begin{bmatrix} A & B^{\mathrm{T}} \\ -B & 0 \end{bmatrix}\begin{bmatrix} x \\ y \end{bmatrix} = \begin{bmatrix} b \\ -q \end{bmatrix},
$$

进而, 将其系数矩阵分裂如下:

$$
\begin{bmatrix} A & B^{\mathrm{T}} \\ -B & 0 \end{bmatrix} = \underbrace{\begin{bmatrix} A & 0 \\ 0 & Q \end{bmatrix}}_{D} - \underbrace{\begin{bmatrix} 0 & 0 \\ B & \frac{1}{2}Q \end{bmatrix}}_{L} - \underbrace{\begin{bmatrix} 0 & -B^{\mathrm{T}} \\ 0 & \frac{1}{2}Q \end{bmatrix}}_{U},
$$

其中矩阵 Q 是对称非奇异的.

设

$$z^{(k)} = \begin{bmatrix} x^{(k)} \\ y^{(k)} \end{bmatrix}, \quad c = \begin{bmatrix} b \\ -q \end{bmatrix},$$

对向前 SOR 迭代法来说, 则有

$$(D - wL)z^{(k+\frac{1}{2})} = [(1 - w)D + wU]z^{(k)} + wc.$$

即

$$z^{(k+\frac{1}{2})} = \widetilde{L}_w z^{(k)} + w(D - wL)^{-1}c, \tag{5.12}$$

其中

$$\widetilde{L}_w = (D - wL)^{-1}[(1 - w)D + wU] = \begin{bmatrix} (1-w)I & -wA^{-1}B^{\mathrm{T}} \\ \dfrac{w(1-w)}{1-\dfrac{w}{2}}Q^{-1}B & I - \dfrac{w^2}{1-\dfrac{w}{2}}Q^{-1}BA^{-1}B^{\mathrm{T}} \end{bmatrix},$$

因为

$$D - wL = \begin{bmatrix} A & 0 \\ -wB & \left(1 - \dfrac{w}{2}\right)Q \end{bmatrix},$$

矩阵 A 是对称正定的以及矩阵 Q 是非奇异的, 所以

$$\det(D - wL) = \left(1 - \dfrac{w}{2}\right)^m \det(A)\det(Q) \neq 0$$

的充要条件是 $w \neq 2$.

对向后 SOR 迭代法来说, 则有

$$z^{(k+1)} = \tilde{U}_w z^{(k+\frac{1}{2})} + w(D - wU)^{-1}c, \tag{5.13}$$

其中

$$\tilde{U}_w = (D - wU)^{-1}[(1 - w)D + wL]$$

$$= \begin{bmatrix} (1-w)I - \dfrac{w^2}{1-\dfrac{w}{2}}A^{-1}B^{\mathrm{T}}Q^{-1}B & -wA^{-1}B^{\mathrm{T}} \\ \dfrac{w}{1-\dfrac{w}{2}}Q^{-1}B & I \end{bmatrix}.$$

结合式 (5.12) 和式 (5.13), 可以获得一个修正 SSOR 迭代法:

$$z^{(k+1)} = \Omega_w z^{(k)} + C,$$

其中

$$
\Omega_w = \tilde{U}_w \widetilde{L}_w
$$
$$
= \begin{bmatrix} (1-w)^2 I - \dfrac{2w^2(1-w)}{1-\dfrac{w}{2}} A^{-1} B^{\mathrm{T}} Q^{-1} B & -w(2-w) A^{-1} B^{\mathrm{T}} + \dfrac{2w^3}{1-\dfrac{w}{2}} A^{-1} B^{\mathrm{T}} W \\ \dfrac{2w(1-w)}{1-\dfrac{w}{2}} Q^{-1} B & I - \dfrac{2w^2}{1-\dfrac{w}{2}} W \end{bmatrix},
$$

这里 $W = Q^{-1} B A^{-1} B^{\mathrm{T}}$ 以及

$$
C = w(2-w) \begin{bmatrix} A^{-1} b - \dfrac{w^2}{\left(1-\dfrac{w}{2}\right)^2} A^{-1} B^{\mathrm{T}} Q^{-1} B A^{-1} b + \dfrac{w}{\left(1-\dfrac{w}{2}\right)^2} A^{-1} B^{\mathrm{T}} Q^{-1} q \\ \dfrac{w}{\left(1-\dfrac{w}{2}\right)^2} Q^{-1} B A^{-1} b - \dfrac{1}{\left(1-\dfrac{w}{2}\right)^2} Q^{-1} q \end{bmatrix}.
$$

修正 SSOR 迭代法 给定初始向量 $x^{(0)} \in \mathbb{R}^n$, $y^{(0)} \in \mathbb{R}^m$ 及松弛因子 $w > 0$. 对 $k = 0, 1, 2, \cdots$ 按下面格式计算, 直到迭代序列 $\{(x^{(k)}, y^{(k)})^{\mathrm{T}}\}$ 收敛,

$$
\begin{cases} y^{(k+1)} = y^{(k)} + \dfrac{4w Q^{-1} B}{2-w} \left[(1-w) x^{(k)} - w A^{-1} B^{\mathrm{T}} y^{(k)} + w A^{-1} b \right] - \dfrac{4w}{2-w} Q^{-1} q, \\ x^{(k+1)} = (1-w)^2 x^{(k)} - w A^{-1} B^{\mathrm{T}} [y^{(k+1)} + (1-w) y^{(k)}] + w(2-w) A^{-1} b. \end{cases}
$$

注 5.2.1 在实际的计算中, 通常取矩阵 Q 为 Schur 余矩阵 $B A^{-1} B^{\mathrm{T}}$ 的一个近似.

在用 MSSOR 迭代法求解鞍点问题时, 需要研究该方法的收敛性. 为此, 有下面定理.

定理 5.2.2 假设 μ 是矩阵 $Q^{-1} B A^{-1} B^{\mathrm{T}}$ 的任意一个特征值. 如果 λ 满足

$$
(1-\lambda)(\lambda - (w-1)^2) = 4w^2 \lambda \mu, \tag{5.14}
$$

则 λ 是矩阵 Ω_w 的一个特征值. 反过来, 如果 λ 是矩阵 Ω_w 的一个特征值且 $\lambda \neq (w-1)^2$, $\lambda \neq 1$ 及 μ 满足式 (5.14), 则 μ 是矩阵 $Q^{-1} B A^{-1} B^{\mathrm{T}}$ 的一个非零特征值.

证明 设 λ 和 x 分别是矩阵 Ω_w 的特征值及其对应的特征向量, 于是有

$$
\Omega_w x = \lambda x.
$$

通过计算得

$$
\begin{bmatrix}
(1-w)^2 I & -w(1-w)A^{-1}B^{\mathrm{T}} \\
w(1-w)Q^{-1}B & \left(1-\dfrac{w}{2}\right)^2 I - w^2 Q^{-1}BA^{-1}B^{\mathrm{T}}
\end{bmatrix}
\begin{bmatrix} x_1 \\ x_2 \end{bmatrix}
$$

$$
=\lambda
\begin{bmatrix}
I & wA^{-1}B^{\mathrm{T}} \\
-wQ^{-1}B & \left(1-\dfrac{w}{2}\right)^2 I - w^2 Q^{-1}BA^{-1}B^{\mathrm{T}}
\end{bmatrix}
\begin{bmatrix} x_1 \\ x_2 \end{bmatrix}.
$$

进而,

$$
\begin{cases}
((w-1)^2 - \lambda)x_1 = w(1+\lambda-w)A^{-1}B^{\mathrm{T}}x_2, \\
(1-\lambda)\left(1-\dfrac{w}{2}\right)^2 x_2 - (1-\lambda)w^2 Q^{-1}BA^{-1}B^{\mathrm{T}}x_2 = w(w-1-\lambda)Q^{-1}Bx_1.
\end{cases}
$$

由式中的第一个方程得

$$
x_1 = \frac{w(1+\lambda-w)}{(w-1)^2 - \lambda} A^{-1}B^{\mathrm{T}}x_2.
$$

将其代入式中的第二个方程消去 x_1 得

$$
(1-\lambda)\left(1-\frac{w}{2}\right)^2 x_2 - (1-\lambda)w^2 Q^{-1}BA^{-1}B^{\mathrm{T}}x_2 = w(w-1-\lambda)\frac{w(1+\lambda-w)}{(w-1)^2-\lambda}
$$
$$
\times Q^{-1}BA^{-1}B^{\mathrm{T}}x_2.
$$

通过简单计算, 有

$$
(1-\lambda)(\lambda-(w-1)^2)x_2 = 4\lambda w^2 Q^{-1}BA^{-1}B^{\mathrm{T}}x_2.
$$

假设 μ 是矩阵 $Q^{-1}BA^{-1}B^{\mathrm{T}}$ 的特征值, 即有

$$
(1-\lambda)(\lambda-(w-1)^2) = 4w^2\lambda\mu.
$$

反之, 逆推也成立.　　　　　　　　　　　　　　　　　　　　　　　　　　□

　　注 5.2.2　方程 (5.14) 中参数 w 的最高阶数明显比方程 (5.11) 中的最高阶数低, 且前者是后者的 $\dfrac{1}{2}$. 无疑, 这对于求解最优参数来说是一个很好的 "信号".

　　为了便于讨论, 下面引理是需要的.

　　引理 5.2.1[35]　对于实一元二次方程 $x^2 - bx + d = 0 (b, d \in \mathbb{R})$, 两根模小于 1 的充要条件是 $|d| < 1$ 且 $|b| < 1 + d$.

　　定理 5.2.3　设矩阵 A 和 Q 是对称正定的, B 行满秩且矩阵 $Q^{-1}BA^{-1}B^{\mathrm{T}}$ 的特征值 μ 是正实的, 则

(1) 若 $0 < \mu \leqslant \dfrac{1}{4}$ 且 $0 < w < 2$, 则 MSSOR 迭代法收敛;

(2) 若 $\mu = \dfrac{1}{2}$ 且 $0 < w < 1$, 则 MSSOR 迭代法收敛;

(3) 若 $\dfrac{1}{4} < \mu$ 及 $\mu \neq \dfrac{1}{2}$ 且满足

$$0 < w < \frac{1 - \sqrt{4\rho - 1}}{1 - 2\rho} = \frac{2}{1 + \sqrt{4\rho - 1}} < 2,$$

则 MSSOR 迭代法收敛, 其中 ρ 表示矩阵 $Q^{-1}BA^{-1}B^{\mathrm{T}}$ 的谱半径.

证明 由式 (5.14) 得

$$\lambda^2 - [1 + (w - 1)^2 - 4w^2\mu]\lambda + (w - 1)^2 = 0. \tag{5.15}$$

要使 MSSOR 迭代法收敛, 由引理 5.2.1 知, 需下面不等式成立:

$$\begin{cases} |(w - 1)^2| < 1, \\ |1 + (w - 1)^2 - 4w^2\mu| < 1 + (w - 1)^2. \end{cases}$$

解上面的第一个不等式得 $0 < w < 2$. 由上面的第二个不等式得

$$-1 - (w - 1)^2 < 1 + (w - 1)^2 - 4w^2\mu < 1 + (w - 1)^2.$$

即

$$-4w^2\mu < 0, \tag{5.16}$$

及

$$2 + 2(w - 1)^2 - 4w^2\mu > 0. \tag{5.17}$$

若 $w \neq 0$ 且 $\mu > 0$, 则式 (5.16) 成立.

由式 (5.17) 得

$$w^2(1 - 2\mu) - 2w + 2 > 0. \tag{5.18}$$

(1) 若 $0 < \mu < \dfrac{1}{4}$, 则由式 (5.18) 得

$$\Delta = (-2)^2 - 4 \times 2 \times (1 - 2\mu) = 4(-1 + 4\mu) < 0.$$

不难发现, 若 $0 < w < 2$, 则 MSSOR 迭代法收敛. 如果 $\mu = \dfrac{1}{4}$, 则

$$\frac{1}{2}w^2 - 2w + 2 > 0.$$

易得 $w \neq 2$. 即若 $\mu = \dfrac{1}{4}$ 且 $0 < w < 2$, 则 MSSOR 迭代法收敛.

(2) 若 $\mu = \dfrac{1}{2}$, 则

$$-2w + 2 > 0.$$

易得 $w < 1$. 即若 $\mu = \dfrac{1}{2}$ 且 $0 < w < 1$, 则 MSSOR 迭代法收敛.

(3) 若 $\dfrac{1}{4} \leqslant \mu < \dfrac{1}{2}$, 则直接解关于 w 的不等式 (5.18) 得

$$w < \frac{1 - \sqrt{4\mu - 1}}{1 - 2\mu}.$$

设

$$f(\mu) = \frac{1 - \sqrt{4\mu - 1}}{1 - 2\mu}.$$

易证明 $f(\mu)$ 在区域 $\left[\dfrac{1}{4}, \dfrac{1}{2}\right)$ 内是关于 μ 的单调递减函数. 对于 μ 知 $\mu \leqslant \rho$, 故 (3) 是成立的.

若 $\mu > \dfrac{1}{2}$, 则

$$w^2(2\mu - 1) + 2w - 2 < 0. \tag{5.19}$$

则直接求解关于 w 的不等式 (5.19) 得

$$w < \frac{-1 + \sqrt{4\mu - 1}}{2\mu - 1}.$$

类似地, 在此种情况下, (3) 也是成立的.　　　　　　　　　　　　　　　□

5.2.3　参数 w 的选取

本节主要讨论参数 w 的选取. 记 $\rho = \rho(Q^{-1}BA^{-1}B^{\mathrm{T}})$ 及 $0 < \mu_0 = \min_{\mu \neq 0} \mu$, 其中 μ 是矩阵 $Q^{-1}BA^{-1}B^{\mathrm{T}}$ 的一个非零特征值.

定理 5.2.4　若 $\mu_0 > \dfrac{1}{4}$, 则

$$\rho(\Omega_w) = \begin{cases} |1 - w|, & \text{若 } 0 < w \leqslant \dfrac{2}{1 + 2\sqrt{\rho}}; \\[3mm] \dfrac{1}{2}\left[|1 + (w-1)^2 - 4w^2\rho| + w\sqrt{(1 - 4\rho)((w-2)^2 - 4w^2\rho)}\right], \\[3mm] \qquad\qquad \text{若 } \dfrac{2}{1 + 2\sqrt{\rho}} \leqslant w \leqslant \dfrac{2}{1 + \sqrt{4\rho - 1}}. \end{cases}$$

且 MSSOR 迭代法的最优参数为 $w_o = \dfrac{2}{1 + 2\sqrt{\rho}}$, 最优谱半径为 $\rho(\Omega_{w_o}) = \dfrac{2\sqrt{\rho} - 1}{2\sqrt{\rho} + 1}$.

证明 由式 (5.15) 得

$$\lambda = \frac{1}{2}\left[1 + (w-1)^2 - 4w^2\mu \pm w\sqrt{(1-4\mu)((w-2)^2 - 4w^2\mu)}\right].$$

若 $(1-4\mu)((w-2)^2 - 4w^2\mu) \leqslant 0$，则 λ 是复的. 此时,

$$((2\sqrt{\mu}-1)w + 2)((1+2\sqrt{\mu})w - 2) \leqslant 0.$$

不难发现, 若 $\dfrac{-2}{2\sqrt{\mu}-1} \leqslant w \leqslant \dfrac{2}{1+2\sqrt{\mu}}$, 则 λ 是复的; 若 $w \leqslant \dfrac{-2}{2\sqrt{\mu}-1}$ 或 $w \geqslant \dfrac{2}{1+2\sqrt{\mu}}$, 则 λ 是实的. 综上有

$$|\lambda| = \begin{cases} |1-w|, & 若 0 < w \leqslant \dfrac{2}{1+2\sqrt{\mu}}; \\[2mm] \dfrac{1}{2}\left[|1 + (w-1)^2 - 4w^2\mu| + w\sqrt{(1-4\mu)((w-2)^2 - 4w^2\mu)}\right], \\[2mm] \qquad\qquad\qquad\qquad 若 \dfrac{2}{1+2\sqrt{\mu}} \leqslant w \leqslant \dfrac{2}{1+\sqrt{4\mu-1}}. \end{cases}$$

由于 $\dfrac{2}{1+2\sqrt{\mu}}$ 是关于 μ 的单调递减函数, 易得

$$\rho(\Omega_w) = \begin{cases} |1-w|, & 若 0 < w \leqslant \dfrac{2}{1+2\sqrt{\rho}}; \\[2mm] \dfrac{1}{2}\left[|1 + (w-1)^2 - 4w^2\rho| + w\sqrt{(1-4\rho)((w-2)^2 - 4w^2\rho)}\right], \\[2mm] \qquad\qquad\qquad\qquad 若 \dfrac{2}{1+2\sqrt{\rho}} \leqslant w \leqslant \dfrac{2}{1+\sqrt{4\rho-1}}. \end{cases}$$

为了确定最优参数, 将式 (5.14) 转化为 $g_w(\lambda) = f_w(\lambda)$, 其中

$$g_w(\lambda) = \left[\frac{\lambda - 1 + w}{w}\right]^2 且 f_w(\lambda) = (1-4\mu)\lambda.$$

显然, 对任意的 w 来说有 $g_w(1) = 1$ 和 $f_w(0) = 0$. 因此方程 $g_w(\lambda)$ 恒过 $(1,1)$ 点, 方程 $f_w(\lambda)$ 恒过 $(0,0)$ 点. 类似于文献 [9] 中第 110~111 页的分析, 易知, 当直线 $f_w(\lambda)$ 与抛物线 $g_w(\lambda)$ 相交时, 最优参数 w_o 的选择是直接 $f_{w_o}(\lambda)$ 与抛物线 $g_{w_o}(\lambda)$ 相切所确定的 w 值. 又由于

$$g_w'(\lambda) = 2(\lambda - 1 + w)/w^2 和 f_w'(\lambda) = 1 - 4\mu,$$

则有

$$w_o = \frac{2}{1+2\sqrt{\rho}} > 0.$$

于是
$$\rho(\Omega_{w_o}) = |1 - w_o| = \frac{2\sqrt{\rho} - 1}{2\sqrt{\rho} + 1}. \qquad \qquad \Box$$

在文献 [38] 中, Golub 等为了给出 SOR-like 迭代法的最优参数而给出了下面定理.

定理 5.2.5[38]　　若 $\mu_0 > \dfrac{1}{4}$, 则

$$\rho(\mathcal{M}_w) = \begin{cases} \sqrt{1-w}, & \text{若} 0 < w \leqslant \dfrac{2\sqrt{\rho}-1}{\rho}; \\ \dfrac{1}{2}\left[|2 - w - w^2\rho| + w\sqrt{(w\rho+1)^2 - 4\rho}\right], \\ & \text{若} \dfrac{2\sqrt{\rho}-1}{\rho} \leqslant w \leqslant \dfrac{4}{1+\sqrt{4\rho+1}}. \end{cases}$$

$$\mathcal{M}_w = \begin{bmatrix} A & 0 \\ -wB & Q \end{bmatrix}^{-1} \begin{bmatrix} (1-w)A & -wB^{\mathrm{T}} \\ 0 & Q \end{bmatrix}.$$

SOR-like 迭代法的最优参数 w_b 为

$$w_b = \frac{2\sqrt{\rho} - 1}{\rho} \leqslant 1,$$

最优谱半径 $\rho(\mathcal{M}_{w_b})$ 为

$$\rho(\mathcal{M}_{w_b}) = \frac{|\sqrt{\rho} - 1|}{\sqrt{\rho}}.$$

对于 SOR-like 迭代法及 MSSOR 迭代法的选择, 下面定理给出了一个简单判据.

定理 5.2.6　　在定理 5.2.4 及定理 5.2.5 的条件下, 有

(1) $\rho(\Omega_{w_o}) > \rho(\mathcal{M}_{w_b})$, 若 $\rho > \dfrac{3+\sqrt{5}}{8}$;

(2) $\rho(\Omega_{w_o}) < \rho(\mathcal{M}_{w_b})$, 若 $\dfrac{1}{4} < \rho < \dfrac{3+\sqrt{5}}{8}$;

(3) $\rho(\Omega_{w_o}) = \rho(\mathcal{M}_{w_b})$, 若 $\rho = \dfrac{3+\sqrt{5}}{8}$.

证明　　若 $\rho \geqslant 1$, 则

$$\begin{aligned} \rho(\Omega_{w_o}) - \rho(\mathcal{M}_{w_b}) &= \frac{2\sqrt{\rho}-1}{2\sqrt{\rho}+1} - \frac{\sqrt{\rho}-1}{\sqrt{\rho}} \\ &= \frac{(2\sqrt{\rho}-1)\sqrt{\rho} - (2\sqrt{\rho}+1)(\sqrt{\rho}-1)}{(2\sqrt{\rho}+1)\sqrt{\rho}} \\ &= \frac{1}{(2\sqrt{\rho}+1)\sqrt{\rho}} > 0, \end{aligned}$$

若 $\dfrac{1}{4} < \rho < 1$, 则

$$
\begin{aligned}
\rho(\Omega_{w_o}) - \rho(\mathcal{M}_{w_b}) &= \frac{2\sqrt{\rho} - 1}{2\sqrt{\rho} + 1} - \frac{1 - \sqrt{\rho}}{\sqrt{\rho}} \\
&= \frac{(2\sqrt{\rho} - 1)\sqrt{\rho} - (2\sqrt{\rho} + 1)(1 - \sqrt{\rho})}{(2\sqrt{\rho} + 1)\sqrt{\rho}} \\
&= \frac{4\rho - 2\sqrt{\rho} - 1}{(2\sqrt{\rho} + 1)\sqrt{\rho}},
\end{aligned}
$$

进一步,

$$
\begin{cases}
4\rho - 2\sqrt{\rho} - 1 = 0, & 若 \rho = \dfrac{3 + \sqrt{5}}{8}; \\[2mm]
4\rho - 2\sqrt{\rho} - 1 > 0, & 若 \dfrac{3 + \sqrt{5}}{8} < \rho < 1; \\[2mm]
4\rho - 2\sqrt{\rho} - 1 < 0, & 若 \dfrac{1}{4} < \rho < \dfrac{3 + \sqrt{5}}{8},
\end{cases}
$$

换句话来说,

$$
\begin{cases}
\rho(\Omega_{w_o}) - \rho(\mathcal{M}_{w_b}) = 0, & 若 \rho = \dfrac{3 + \sqrt{5}}{8}; \\[2mm]
\rho(\Omega_{w_o}) - \rho(\mathcal{M}_{w_b}) > 0, & 若 \dfrac{3 + \sqrt{5}}{8} < \rho < 1; \\[2mm]
\rho(\Omega_{w_o}) - \rho(\mathcal{M}_{w_b}) < 0, & 若 \dfrac{1}{4} < \rho < \dfrac{3 + \sqrt{5}}{8}.
\end{cases}
$$

故结论成立. □

5.2.4 数值实验

本节将通过两个数值算例来说明用 MSSOR 迭代法求解鞍点问题的有效性, 并与文献 [38] 中的 SOR-like 迭代法作了相应的比较. 所有的数值实验均是通过 MATLAB 实现的.

在实验中, 为方便起见, 调整线性系统的右端向量 $(b^{\mathrm{T}}, q^{\mathrm{T}})^{\mathrm{T}}$ 使得鞍点问题的精确解为 $(x^{(*)^{\mathrm{T}}}, y^{(*)^{\mathrm{T}}})^{\mathrm{T}} = (1, 1, \cdots, 1)^{\mathrm{T}}$. 初始向量取为

$$
(x^{(0)^{\mathrm{T}}}, y^{(0)^{\mathrm{T}}})^{\mathrm{T}} = \mathbf{0}.
$$

当迭代误差满足 $\mathrm{ERR} < 10^{-9}$ 时, 迭代停止, 这里

$$
\mathrm{ERR} = \frac{\sqrt{\|x^{(k)} - x^*\|_2^2 + \|y^{(k)} - y^*\|_2^2}}{\sqrt{\|x^{(0)} - x^*\|_2^2 + \|y^{(0)} - y^*\|_2^2}},
$$

其中 $(x^{(k)^{\mathrm{T}}}, y^{(k)^{\mathrm{T}}})^{\mathrm{T}}$ 表示第 k 步近似解.

对下面将要测试的例 5.2.1 和例 5.2.2 来说, 矩阵 Q 的选取主要考虑两种情况, 详见表 5.4.

表 5.4　　矩阵 Q 的选取

情形	矩阵 Q	说明
I	$B^{\mathrm{T}} \tilde{A}^{-1} B$	$\tilde{A} = \mathrm{tridiag}(A)$
II	$B^{\mathrm{T}} \tilde{A}^{-1} B$	$\tilde{A} = \mathrm{diag}(A)$

例 5.2.1[38]　　考虑系数矩阵如下的鞍点问题

$$A = \begin{bmatrix} I \otimes T + T \otimes I & 0 \\ 0 & I \otimes T + T \otimes I \end{bmatrix} \in \mathbb{R}^{2p^2 \times 2p^2},$$

$$B = \begin{bmatrix} I \otimes F \\ F \otimes I \end{bmatrix} \in \mathbb{R}^{2p^2 \times p^2}$$

和

$$T = \frac{1}{h^2} \cdot \mathrm{tridiag}(-1, 2, -1) \in \mathbb{R}^{p \times p}, \quad F = \frac{1}{h} \cdot \mathrm{tridiag}(-1, 1, 0) \in \mathbb{R}^{p \times p},$$

其中 $\otimes$ 表示 Kronecker 积, $h = \dfrac{1}{p+1}$ 是网格大小. 显然, $n = 2p^2$, $m = p^2$ 以及总变量的个数为 $n + m = 3p^2$.

表 5.5 给出了 n 和 m 取不同值时矩阵 $Q^{-1}BA^{-1}B^{\mathrm{T}}$ 的最小正特征值 μ_o. 为了有效地反映出 MSSOR 迭代法及 SOR-like 迭代法求解例 5.2.1 鞍点问题的有效性, 表 5.6 列出了最优 w_b 和 w_o, 最优谱半径 $\rho(\mathcal{M}_{w_b})$ 和 $\rho(\Omega_{w_o})$, 以及 SOR-like 迭代法和 MSSOR 迭代法的迭代次数 (IT).

表 5.5　　例 5.2.1 中矩阵 $Q^{-1}BA^{-1}B^{\mathrm{T}}$ 的最小正特征值 μ_o

n		128	512	1152
m		64	256	576
$n + m$		192	768	1728
情形 I	μ_o	0.5319	0.5088	0.5040
情形 II	μ_o	0.5162	0.5044	0.5020

表 5.6　　例 5.2.1 中 SOR-like 及 MSSOR 迭代法的最优因子, 谱半径及迭代次数

m			128	512	1152
n			64	256	576
$m + n$			192	768	1728
情形 I	SOR	w_b	0.5958	0.3657	0.2620
		$\rho(\mathcal{M}_{w_b})$	0.6358	0.7964	0.8591
		IT	62	130	200
	MSSOR	w_o	0.3081	0.1848	0.1316
		$\rho(\Omega_{w_o})$	0.6919	0.8152	0.8684
		IT	78	147	218

续表

			128	512	1152
m			128	512	1152
n			64	256	576
$m+n$			192	768	1728
情形 II	SOR	w_b	0.4664	0.2720	0.1915
		$\rho(\mathcal{M}_{w_b})$	0.7305	0.8533	0.8992
		IT	92	191	293
	MSSOR	w_o	0.2375	0.1367	0.0960
		$\rho(\Omega_{w_o})$	0.7625	0.8633	0.9040
		IT	108	208	311

例 5.2.2[39]　考虑系数矩阵如下的鞍点问题

$$A = \left[\begin{array}{cc} I\otimes T+T\otimes I & 0 \\ 0 & I\otimes T+T\otimes I \end{array} \right] \in \mathbb{R}^{2p^2\times 2p^2},$$

$$B = \left[\begin{array}{c} I\otimes F \\ F\otimes I \end{array} \right] \in \mathbb{R}^{2p^2\times p^2}$$

和

$$T = \frac{1}{h^2}\cdot \mathrm{tridiag}(-1,2,-1)\in \mathbb{R}^{p\times p}, \quad F = \frac{1}{h}\cdot K \in \mathbb{R}^{p\times p},$$

其中

$$K = (k_{ij})\in \mathbb{R}^{p\times p}, \quad k_{ij} = \frac{1}{2\sqrt{2\pi}}\mathrm{e}^{-\frac{|i-j|^2}{8}}\ (i,j=1,2,\cdots,p),$$

$\otimes$ 表示 Kronecker 积, $h = \dfrac{1}{p+1}$ 是网格大小. 与例 5.2.1 一样, 例 5.2.2 的 $n = 2p^2$, $m = p^2$ 以及总变量的个数是 $n+m = 3p^2$.

这里矩阵 K 是病态的 Toeplitz 矩阵且具有迅速衰退的奇异值. 类似于例 5.2.1, 在例 5.2.2 中表 5.7 给出了 m 和 n 取不同值时矩阵 $Q^{-1}BA^{-1}B^{\mathrm{T}}$ 的最小正特征值 μ_o. 为了有效地反映出 MSSOR 迭代法及 SOR-like 迭代法求解例 5.2.2 鞍点问题的有效性, 表 5.8 列出了最优 w_b 和 w_o, 最优谱半径 $\rho(\mathcal{M}_{w_b})$ 和 $\rho(\Omega_{w_o})$, 以及 SOR-like 迭代法和 MSSOR 迭代法的迭代次数 (IT).

表 5.7　例 5.2.2 中矩阵 $Q^{-1}BA^{-1}B^{\mathrm{T}}$ 的最小正特征值 μ_o

m		128	512	1152
n		64	256	576
$m+n$		192	768	1728
情形 I	μ_o	0.5305	0.5086	0.5040
情形 II	μ_o	0.5160	0.5044	0.5020

表 5.8　例 5.2.2 中 SOR-like 及 MSSOR 迭代法的最优因子, 谱半径及迭代次数

m			192	768	1728
n			64	256	576
$m+n$			128	512	1152
情形 I	SOR	w_b	0.5692	0.3382	0.2376
		$\rho(\mathcal{M}_{w_b})$	0.6563	0.8135	0.8731
		IT	63	128	196
	MSSOR	w_o	0.2933	0.1706	0.1193
		$\rho(\Omega_{w_o})$	0.7067	0.8294	0.8807
		IT	79	146	215
情形 II	SOR	w_b	0.4399	0.2489	0.1722
		$\rho(\mathcal{M}_{w_b})$	0.7484	0.8666	0.9098
		IT	94	191	291
	MSSOR	w_o	0.2235	0.1250	0.0863
		$\rho(\Omega_{w_o})$	0.7765	0.8750	0.9137
		IT	111	209	310

通过观察例 5.2.1 和例 5.2.2, 不难发现, 随着 m 的增加, 最优参数 w_b 和 w_o 都是减少的, 而相对应的最优谱半径 $\rho(\mathcal{M}_{w_b})$ 和 $\rho(\Omega_{w_o})$ 确实是增加的 (这就说明了用 SOR-like 迭代法和 MSSOR 迭代法求解大规模鞍点问题并不是很理想, 其主要原因是随着谱半径的增加, 其迭代次数是逐渐增加的). 在相同的条件下, 当最优参数被考虑时, SOR-like 迭代法的谱半径略小于 MSSOR 迭代法的谱半径. 这就可以反映出 SOR-like 迭代法的迭代次数略小于 MSSOR 迭代法的迭代次数. 从而说明了 SOR-like 迭代法的效率略优于 MSSOR 迭代法的效率. 因此, 对 MSSOR 迭代法来说需要作进一步的改进. 目前, 改进 MSSOR 迭代法的一种可行有效的途径是通过引入另一个参数 β 来提高其有效性, 其引入方式可以类似于文献 [39]. 对于双参数的 MSSOR 迭代法有待作进一步的研究.

5.3　鞍点问题的 (2,2) 块含参数预处理技术

5.3.1　引言

考虑广义鞍点问题

$$Mu = b, \quad M = \begin{bmatrix} A & B^{\mathrm{T}} \\ B & -C \end{bmatrix}, \tag{5.20}$$

其中矩阵 $A \in \mathbb{R}^{n \times n}$ 是对称正定的, 矩阵 $C \in \mathbb{R}^{m \times m}$ 是对称半正定的, 矩阵 $B \in \mathbb{R}^{m \times n}(m \leqslant n)$ 是行满秩的. 不失一般性, 总假设线性系统 (5.20) 的系数矩阵是非奇异的, 以使其有唯一解. 众所周知, 形如 (5.20) 的线性系统常出现在科学计算的不同应用领域中, 如 Biot 密方程 [155]、电磁散射 [156]、Stokes 方程 [157]、Maxwell 方程 [158]、线性弹力学 [137]、椭圆形传输问题 [159]、最小二乘问题 [136] 等.

通常, 线性系统 (5.20) 的系数矩阵具有三个特点: ①对称性; ②特征值有正有负, 具有强不定性; ③对角元缺乏占优, 不具有对角占优性. 依据后两点, 对鞍点问题 (5.20) 直接使用 Krylov 子空间方法 (如 MINRES, GMRES, BiCGStab 等) 来求解, 其迭代速度并不是很理想, 有时甚至不收敛. 为了弥补这个不足并提高 Krylov 子空间迭代法的收敛速度, 通常需将鞍点问题本身进行预处理, 使其转化为具有较优良性质的等价线性系统, 即

$$PMu = Pb \text{ 或 } MP^{-1}\hat{u} = b, \ \hat{u} = Pu, \tag{5.21}$$

其中预处理子 P 为非奇异矩阵, 然后再利用相应的算法进行求解. 现阶段, 如何选择预处理子来改进相应算法对鞍点问题的求解速度既是一个难点又是一个热点.

毋庸置疑, 构建一个好的预处理子通常被认为是艺术与科学的完美结合. 目前, 对于预处理子 P 的选择, 国内外很多学者做了大量工作, 提出了许多预处理方法, 其中比较流行的当属块预处理子 [60, 61, 69] 和 HSS 预处理子 [24, 42, 43, 132]. 目前, 鞍点问题预处理子构造的主要途径是从实际问题出发, 利用系数矩阵的性质或特点来构建. 因为该类型预处理子的构建已充分包含了原问题的较多信息元素, 所以该类预处理子的发展十分迅速, 理论成果也相当丰厚. 此类型预处理子的特点是特定的预处理子大都只能适用于特定的问题, 不具备普适性. 当今, 正是因为鞍点问题预处理子具备这样的一个特点, 鞍点问题预处理技术的研究依然是许多学者研究的热点.

近年来, 为了提高 Krylov 子空间方法 (如 GMRES, GMRES(m)) 的收敛速度, Simoncini 在文献 [59] 中提出了下面块三角预处理子

$$\mathcal{P} = \begin{bmatrix} G & B^{\mathrm{T}} \\ 0 & -\hat{C} \end{bmatrix}, \tag{5.22}$$

其中矩阵 G 和 $\hat{C}$ 是对称正定的. 通过观察预处理子 $\mathcal{P}$ 的结构可知, 矩阵 $\mathcal{P}$ 是一个不定块三角预处理子. 对于不定块三角预处理子 $\mathcal{P}$, Johson, Thomee[160] 和 Fischer, Ramage, Silvester[45] 获得了一个相同的结论: 如果 $G = A$, 则预处理矩阵 $M\mathcal{P}^{-1}$ 的特征值都是正实的, 而且 $M\mathcal{P}^{-1}$ 特征值有两个: 一个为 1, 另一个是由矩阵 $(BA^{-1}B^{\mathrm{T}} + C, \hat{C})$ 所确定的广义特征值. 随后, Murphy, Golub 和 Wathen 在文献 [44] 中阐明了如果 $G = A$ 及 $\hat{C} = BA^{-1}B^{\mathrm{T}} + C$, 则有

$$M\mathcal{P}^{-1} = \begin{bmatrix} I & 0 \\ BA^{-1} & I \end{bmatrix}; \tag{5.23}$$

若 $\hat{C} = -(BA^{-1}B^{\mathrm{T}} + C)$, 则有

$$M\mathcal{P}^{-1} = \begin{bmatrix} I & 0 \\ BA^{-1} & -I \end{bmatrix}. \tag{5.24}$$

在忽略误差的情况下, GMRES 求解线性系统 (5.20) 可在两步内达到准确解 [44, 89].

在文献 [57] 中, Cao 考虑了下面块三角预处理子

$$\mathcal{G} = \left[\begin{array}{cc} G & B^{\mathrm{T}} \\ 0 & \hat{C} \end{array} \right], \tag{5.25}$$

其中 $\mathcal{G}$ 是正 (实) 稳定的, 即它的所有特征值 (的实部) 都是正实的. Cao 指出当预处理子 $\mathcal{G}$ 作用于线性系统 (5.20) 时, $M\mathcal{G}^{-1}$ 是不定的, 但其所有的特征值都是实的, 并给出了特征值的分布区域. 数值实验表明了块三角预处理子 $\mathcal{P}$ 和 $\mathcal{G}$ 的效率要优于块对角预处理子

$$\mathcal{P}_0 = \left[\begin{array}{cc} G & 0 \\ 0 & -\hat{C} \end{array} \right] \text{ 和 } \mathcal{G}_0 = \left[\begin{array}{cc} G & 0 \\ 0 & \hat{C} \end{array} \right].$$

若将预处理子 $\mathcal{P}$ 和 $\mathcal{G}$ 加权平均, 则可得到一个 (2,2) 块含参数的块三角预处理子, 即

$$P = w\mathcal{P} + (1-w)\mathcal{G} = \left[\begin{array}{cc} G & B^{\mathrm{T}} \\ 0 & (1-2w)\hat{C} \end{array} \right], \quad w \neq \frac{1}{2}. \tag{5.26}$$

通过对预处理子 P 的分析, 本节将提供预处理矩阵实特征值和复特征值的新的分布区域, 并将文献 [57], [59] 的相关结果加以推广. 数值实验也显示了如果参数 $(1-2w)$ 选取适当, 则预处理子 P 将优于预处理子 $\mathcal{P}$ 和 $\mathcal{G}$. 与此同时, 也对预处理子 $\mathcal{P}_0$ 及 $\mathcal{G}_0$ 作了相应的比较.

注 5.3.1 如果 $w = 1$, 则预处理子 P 就退化成预处理子 $\mathcal{P}$; 如果 $w = 0$, 预处理子 P 就退化成预处理子 $\mathcal{G}$. 进一步, 如果 $w < \frac{1}{2}$, 则矩阵 P 是一个正稳定的块三角预处理子; 如果 $w > \frac{1}{2}$, 则矩阵 P 是一个不定块三角预处理子.

为了方便起见, 记 $A = [A_{11}, A_{12}; A_{21}, A_{22}]$ 表示一个 2×2 块矩阵. 对于任意向量 x, x^{T} 表示它的转置, x^* 表示它的共轭转置, $\|x\| = \sqrt{x^*x}$ 表示它的 Euclidean 范数. 对于任意给定的两个矩阵 Λ_1 和 Λ_2, $\mathrm{diag}(\Lambda_1, \Lambda_2)$ 表示一个块对角矩阵, 其中 Λ_1 是第一块, Λ_2 是第二块.

5.3.2 谱分析

考虑特征值问题

$$MP^{-1}z = \lambda z.$$

即有

$$M\nu = \lambda P\nu, \quad \nu = P^{-1}z.$$

利用 $u = \mathcal{G}_0^{\frac{1}{2}} \nu$ 作用上式得

$$\mathcal{G}_0^{-\frac{1}{2}} M \mathcal{G}_0^{-\frac{1}{2}} u = \lambda \mathcal{G}_0^{-\frac{1}{2}} P \mathcal{G}_0^{-\frac{1}{2}} u$$

或

$$\begin{bmatrix} G^{-\frac{1}{2}} A G^{-\frac{1}{2}} & G^{-\frac{1}{2}} B^{\mathrm{T}} \hat{C}^{-\frac{1}{2}} \\ \hat{C}^{-\frac{1}{2}} B G^{-\frac{1}{2}} & -\hat{C}^{-\frac{1}{2}} C \hat{C}^{-\frac{1}{2}} \end{bmatrix} u = \lambda \begin{bmatrix} I & G^{-\frac{1}{2}} B^{\mathrm{T}} \hat{C}^{-\frac{1}{2}} \\ 0 & (1-2w)I \end{bmatrix} u. \tag{5.27}$$

设 $\tilde{A} = G^{-\frac{1}{2}} A G^{-\frac{1}{2}}$, $\tilde{B} = \hat{C}^{-\frac{1}{2}} B G^{-\frac{1}{2}}$ 和 $\tilde{C} = \hat{C}^{-\frac{1}{2}} C \hat{C}^{-\frac{1}{2}}$, 则式 (5.27) 转化为

$$\begin{bmatrix} \tilde{A} & \tilde{B}^{\mathrm{T}} \\ \tilde{B} & -\tilde{C} \end{bmatrix} u = \lambda \begin{bmatrix} I & \tilde{B}^{\mathrm{T}} \\ 0 & (1-2w)I \end{bmatrix} u. \tag{5.28}$$

定理 5.3.1 设 $\gamma_{\min}$ 是矩阵 $\tilde{A}$ 的最小特征值, λ 与 u 是满足式 (5.28) 的特征值和特征向量, 且特征向量 $u = [x^{\mathrm{T}}; y^{\mathrm{T}}]^{\mathrm{T}}$ 满足 $\|u\| = 1$, 则有如下情形:

(1) $w < \dfrac{1}{2}$.

矩阵 MP^{-1} 的所有特征值都是实的;

(2) $w > \dfrac{1}{2}$.

如果 $1 - \gamma_{\min} \geqslant 0$ 和 $\Im(\lambda) \neq 0$, 则 $\dfrac{1}{2w} \leqslant \|y\|^2 \leqslant 1$ 并且

$$|\lambda - 1|^2 = \frac{\|x\|^2 - x^* \tilde{A} x}{\|y\|^2} \leqslant 1 - \gamma_{\min};$$

如果 $1 - \gamma_{\min} < 0$, 则矩阵 MP^{-1} 的所有特征值都是实的.

证明 设 λ 与 u 是满足式 (5.28) 的特征值及特征向量, 且特征向量 $u = [x^{\mathrm{T}}; y^{\mathrm{T}}]^{\mathrm{T}}$ 满足 $\|u\| = 1$. 于是, 式 (5.28) 可写为

$$\begin{cases} \tilde{A} x + \tilde{B}^{\mathrm{T}} y = \lambda x + \lambda \tilde{B}^{\mathrm{T}} y, \\ \tilde{B} x - \tilde{C} y = (1-2w)\lambda y. \end{cases} \tag{5.29}$$

观察式 (5.29) 知, 如果 $x = \mathbf{0}$, 则 $(1-\lambda)\tilde{B}^{\mathrm{T}} y = \mathbf{0}$. 由 $\tilde{B}^{\mathrm{T}}$ 是列满秩的及 $y \neq \mathbf{0}$ 得 $\lambda = 1$; 如果 $y = \mathbf{0}$, 则

$$\tilde{A} x = \lambda x \text{ 且 } \tilde{B} x = \mathbf{0}.$$

进而, 由矩阵 $\tilde{A}$ 是对称的知 λ 是实的.

接下来, 主要考查 $x \neq \mathbf{0}$, $y \neq \mathbf{0}$ 和 $\lambda \neq 1$ 的情况.

用 x^* 左乘式 (5.29) 的第一个方程得

$$x^* \tilde{A} x - \lambda \|x\|^2 = (\lambda - 1) x^* \tilde{B}^{\mathrm{T}} y.$$

进而,

$$x^* \tilde{B}^{\mathrm{T}} y = (\lambda - 1)^{-1}(x^* \tilde{A} x - \lambda \|x\|^2). \tag{5.30}$$

用 y 右乘式 (5.29) 的第二个方程的共轭转置得

$$x^* \tilde{B}^{\mathrm{T}} y - y^* \tilde{C} y = (1 - 2w) \bar{\lambda} \|y\|^2. \tag{5.31}$$

将式 (5.30) 代入式 (5.31) 得

$$(\lambda - 1)^{-1}(x^* \tilde{A} x - \lambda \|x\|^2) - y^* \tilde{C} y = (1 - 2w) \bar{\lambda} \|y\|^2,$$

即

$$x^* \tilde{A} x - \lambda \|x\|^2 - (\lambda - 1) y^* \tilde{C} y - (1 - 2w)(\lambda - 1) \bar{\lambda} \|y\|^2 = 0,$$

设

$$\alpha = x^* \tilde{A} x > 0, \quad \beta = y^* \tilde{C} y \geqslant 0,$$

将 $\|x\|^2 = 1 - \|y\|^2$ 代入上式得

$$\alpha - \lambda(1 - \|y\|^2) - (\lambda - 1)\beta - (1 - 2w)(\lambda - 1)\bar{\lambda} \|y\|^2 = 0,$$

于是

$$\alpha + \beta - \lambda(1 + \beta) + (\lambda + (1 - 2w)\bar{\lambda})\|y\|^2 - (1 - 2w)|\lambda|^2 \|y\|^2 = 0, \tag{5.32}$$

设 $\lambda = a + b\mathrm{i}$. 由式 (5.32) 的虚部可知

$$-b(1 + \beta) + b(1 - (1 - 2w))\|y\|^2 = 0$$

或

$$b(2w\|y\|^2 - 1 - \beta) = 0. \tag{5.33}$$

(1) $w < \dfrac{1}{2}$.

由于 $x \neq 0$ 及 $\|y\|^2 < 1$, 则由式 (5.33) 得

$$2w\|y\|^2 - 1 - \beta \neq 0,$$

于是

$$b = 0.$$

因此, 在这种情况下, 所有特征值都是实的. 从而说明情形 (1) 是成立的.

(2) $w > \dfrac{1}{2}$.

由方程 (5.33) 可得 $b=0$ 或 $2w\|y\|^2=1+\beta$. 假设 $b\neq 0$, 则必有 $2w\|y\|^2=1+\beta$. 进而,

$$\frac{1}{2w}\leqslant\|y\|^2\leqslant 1\text{且}0\leqslant\|x\|^2\leqslant\frac{2w-1}{2w}.$$

将 $\beta=2w\|y\|^2-1$ 代入式 (5.32) 得

$$\alpha+2w\|y\|^2-1-\lambda(1+2w\|y\|^2-1)+(\lambda+(1-2w)\overline{\lambda})\|y\|^2-(1-2w)|\lambda|^2\|y\|^2=0,$$

因此,

$$\alpha+2w\|y\|^2-1+(2w-1)(|\lambda|^2-\lambda-\overline{\lambda})\|y\|^2=0,$$

由 $|\lambda|^2-\lambda-\overline{\lambda}=|\lambda-1|^2-1$ 得

$$\alpha+2w\|y\|^2-1+(2w-1)[|\lambda-1|^2-1]\|y\|^2=0,$$

从而

$$\begin{aligned}|\lambda-1|^2&=\frac{1}{(2w-1)}\cdot\frac{1-\|y\|^2-\alpha}{\|y\|^2}=\frac{1}{(2w-1)}\cdot\frac{\|x\|^2-\alpha}{\|y\|^2}\\&=\frac{1}{(2w-1)}\cdot\frac{\|x\|^2}{\|y\|^2}\left(1-\frac{\alpha}{\|x\|^2}\right)\\&\leqslant\frac{1}{(2w-1)}\cdot\frac{2w-1}{2w}\cdot 2w\cdot\left(1-\frac{\alpha}{\|x\|^2}\right)\\&=1-\frac{\alpha}{\|x\|^2}\leqslant 1-\gamma_{\min},\end{aligned}$$

如果 $1-\gamma_{\min}<0$, 则对任意的 $x\neq\mathbf{0}$ 有

$$1-\frac{\alpha}{\|x\|^2}<0.$$

因此, 不存在有非零的虚部 λ_s 满足上面不等式成立. 这就说明了情形 (2) 是成立的. □

注 5.3.2 当参数 w 取适当的值时, 定理 5.3.1 就退化成文献 [57], [59] 中的主要结果. 具体地说, 若 $w=0$, 定理 5.3.1 的情况 (1) 就是 Cao 在文献 [57] 中获得的主要结果; 若 $w=1$, 定理 5.3.1 的情况 (2) 就是 Simoncini 在文献 [59] 中获得的主要结果. 显然, 定理 5.3.1 更具有普遍性.

注 5.3.3 在证明定理 5.3.1 的情况 (2) 时, 不难发现: 如果存在向量 y 满足

$$2w\|y\|^2=1+\beta=1+y^*\tilde{C}y,$$

那么特征值一定是虚的; 如果 $\tilde{C}>I$ 及 $\frac{1}{2}<w\leqslant 1$, 那么特征值一定是实的. 事实上, 由于

$$2w\|y\|^2=1+y^*\tilde{C}y>2,$$

即得

$$\|y\|^2 > \frac{1}{w} \geqslant 1,$$

这一结果显然与 $\|y\| \leqslant 1$ 相矛盾.

接下来, 将要讨论预处理矩阵 MP^{-1} 特征值的界.

由前面的分析知, 预处理矩阵 MP^{-1} 特征值的界与矩阵 $\tilde{M}\tilde{P}^{-1}$ 特征值的界相同, 其中

$$\tilde{M} = \begin{bmatrix} \tilde{A} & \tilde{B}^{\mathrm{T}} \\ \tilde{B} & -\tilde{C} \end{bmatrix}, \quad \tilde{P} = \begin{bmatrix} I & \tilde{B}^{\mathrm{T}} \\ 0 & (1-2w)I \end{bmatrix},$$

进而,

$$\tilde{M}\tilde{P}^{-1} = \begin{bmatrix} \tilde{A} & \dfrac{1}{(1-2w)}(I-\tilde{A})\tilde{B}^{\mathrm{T}} \\ \tilde{B} & -\dfrac{1}{(1-2w)}(\tilde{B}\tilde{B}^{\mathrm{T}}+\tilde{C}) \end{bmatrix},$$

此时, 若矩阵 $\tilde{A}-I$ 是奇异的, 则矩阵 $\tilde{A}$ 有特征值 1. 基于此, 这里存在一个正交矩阵 X_0 满足

$$\tilde{A}X_0 = X_0 \text{且} X_0^{\mathrm{T}}X_0 = I.$$

于是, $\tilde{A}$ 可表示为 $\tilde{A} = [X_0, X]\mathrm{diag}(I; \Lambda)[X_0, X]^{\mathrm{T}}$, 其中 $[X_0, X]$ 为正交矩阵, Λ 为对角元不为 1 的对角矩阵. 这样一来,

$$\begin{bmatrix} [X_0, X] & \\ & I \end{bmatrix}^{\mathrm{T}} \tilde{M}\tilde{P}^{-1} \begin{bmatrix} [X_0, X] & \\ & I \end{bmatrix} = \begin{bmatrix} I & 0 & 0 \\ 0 & \Lambda & \dfrac{1}{(1-2w)}(I-\Lambda)X^{\mathrm{T}}\tilde{B}^{\mathrm{T}} \\ \tilde{B}X_0 & \tilde{B}X & -\dfrac{1}{(1-2w)}(\tilde{B}\tilde{B}^{\mathrm{T}}+\tilde{C}) \end{bmatrix}.$$

由上式易知, 矩阵 $\tilde{M}\tilde{P}^{-1}$ 的特征值 $\lambda = 1$ 是多重的. 同时, 不难发现, 相对上式的右下角的 2×2 块矩阵来说, 后边的讨论可假设矩阵 $\tilde{A}-I$ 是非奇异的, 以致矩阵 $\tilde{M}\tilde{P}^{-1}$ 特征值的界可以从下面的两个方面考虑:

(1) 如果 $w < \dfrac{1}{2}$, 则

$$\tilde{M}\tilde{P}^{-1} = \begin{bmatrix} \tilde{A}(I-\tilde{A}) & (I-\tilde{A})\tilde{B}^{\mathrm{T}} \\ \tilde{B}(I-\tilde{A}) & -(\tilde{B}\tilde{B}^{\mathrm{T}}+\tilde{C}) \end{bmatrix} \begin{bmatrix} I-\tilde{A} & 0 \\ 0 & (1-2w)I \end{bmatrix}^{-1} \equiv \hat{M}\hat{P}^{-1},$$

其中矩阵 $\hat{M}$ 和 $\hat{P}$ 是对称非奇异的.

(2) 如果 $w > \dfrac{1}{2}$, 则

$$\tilde{M}\tilde{P}^{-1} = \begin{bmatrix} \tilde{A}(\tilde{A}-I) & (\tilde{A}-I)\tilde{B}^{\mathrm{T}} \\ \tilde{B}(\tilde{A}-I) & \tilde{B}\tilde{B}^{\mathrm{T}}+\tilde{C} \end{bmatrix} \begin{bmatrix} \tilde{A}-I & 0 \\ 0 & (2w-1)I \end{bmatrix}^{-1} \equiv \overline{M}\,\overline{P}^{-1},$$

其中矩阵 $\overline{M}$ 和 $\overline{P}$ 是对称非奇异的.

鉴于上面的简要分析, 讨论 $\tilde{M}\tilde{P}^{-1}$ 特征值的分布就可以从讨论 $\hat{M}\hat{P}^{-1}$ 和 $\overline{M}\,\overline{P}^{-1}$ 特征值的分布入手.

1. $\overline{M}\,\overline{P}^{-1}$ 的谱分析

矩阵 $\overline{M}\,\overline{P}^{-1}$ 的特征值等价于广义特征值问题

$$\overline{M}u = \lambda \overline{P}u,$$

设

$$X^{\mathrm{T}}\tilde{A}X = \Lambda \equiv \left[\begin{array}{cc} \Lambda_1 & 0 \\ 0 & \Lambda_2 \end{array}\right],$$

其中 $\Lambda_1 - I < 0$, $\Lambda_2 - I > 0$. 那么相应地将矩阵 X 分裂为 $X = [X_1, X_2]$. 通过简单计算得

$$
\begin{aligned}
Z^{\mathrm{T}}\overline{M}Z &= \left[\begin{array}{cc} X^{\mathrm{T}} & 0 \\ 0 & I \end{array}\right] \left[\begin{array}{cc} \tilde{A}(\tilde{A}-I) & (\tilde{A}-I)\tilde{B}^{\mathrm{T}} \\ \tilde{B}(\tilde{A}-I) & \tilde{B}\tilde{B}^{\mathrm{T}}+\tilde{C} \end{array}\right] \left[\begin{array}{cc} X & 0 \\ 0 & I \end{array}\right] \\
&= \left[\begin{array}{cc} \Lambda(\Lambda-I) & (\Lambda-I)X^{\mathrm{T}}\tilde{B}^{\mathrm{T}} \\ \tilde{B}X(\Lambda-I) & \tilde{B}\tilde{B}^{\mathrm{T}}+\tilde{C} \end{array}\right] \\
&= \left[\begin{array}{ccc} \Lambda_1(\Lambda_1-I) & 0 & (\Lambda_1-I)X_1^{\mathrm{T}}\tilde{B}^{\mathrm{T}} \\ 0 & \Lambda_2(\Lambda_2-I) & (\Lambda_2-I)X_2^{\mathrm{T}}\tilde{B}^{\mathrm{T}} \\ \tilde{B}X_1(\Lambda_1-I) & \tilde{B}X_2(\Lambda_2-I) & \tilde{B}\tilde{B}^{\mathrm{T}}+\tilde{C} \end{array}\right]
\end{aligned}
$$

和

$$
\begin{aligned}
Z^{\mathrm{T}}\overline{P}Z &= \left[\begin{array}{cc} X^{\mathrm{T}} & 0 \\ 0 & I \end{array}\right] \left[\begin{array}{cc} \tilde{A}-I & 0 \\ 0 & (2w-1)I \end{array}\right] \left[\begin{array}{cc} X & 0 \\ 0 & I \end{array}\right] \\
&= \left[\begin{array}{ccc} \Lambda_1-I & 0 & 0 \\ 0 & \Lambda_2-I & 0 \\ 0 & 0 & (2w-1)I \end{array}\right].
\end{aligned}
$$

若记矩阵 $\mathcal{D} = \mathrm{diag}((I-\Lambda_1)^{\frac{1}{2}}, (\Lambda_2-I)^{\frac{1}{2}}, (2w-1)^{\frac{1}{2}}I)$, 则广义特征值问题 $\mathcal{D}^{-1}Z^{\mathrm{T}}\overline{M}Z\mathcal{D}^{-1}\overline{u} = \lambda \mathcal{D}^{-1}Z^{\mathrm{T}}\overline{P}Z\mathcal{D}^{-1}\overline{u}$ 可转化为

$$
\left[\begin{array}{ccc} -\Lambda_1 & 0 & -(2w-1)^{-\frac{1}{2}}\tilde{Q}_1^{\mathrm{T}} \\ 0 & \Lambda_2 & (2w-1)^{-\frac{1}{2}}Q_2^{\mathrm{T}} \\ -(2w-1)^{-\frac{1}{2}}\tilde{Q}_1 & (2w-1)^{-\frac{1}{2}}Q_2 & \dfrac{1}{2w-1}(\tilde{B}\tilde{B}^{\mathrm{T}}+\tilde{C}) \end{array}\right] \overline{u} = \lambda \left[\begin{array}{ccc} -I & 0 & 0 \\ 0 & I & 0 \\ 0 & 0 & I \end{array}\right] \overline{u},
$$

其中

$$\tilde{Q}_1 = \tilde{B}X_1(I - \Lambda_1)^{\frac{1}{2}}, \quad Q_2 = \tilde{B}X_2(\Lambda_2 - I)^{\frac{1}{2}},$$

令

$$Q_1 = \begin{bmatrix} 0 \\ -\tilde{Q}_1 \end{bmatrix}, \quad \mathcal{H} = \begin{bmatrix} \Lambda_2 & (2w-1)^{-\frac{1}{2}}Q_2^{\mathrm{T}} \\ (2w-1)^{-\frac{1}{2}}Q_2 & \dfrac{1}{2w-1}(\tilde{B}\tilde{B}^{\mathrm{T}} + \tilde{C}) \end{bmatrix},$$

有

$$\begin{bmatrix} -\Lambda_1 & (2w-1)^{-\frac{1}{2}}Q_1^{\mathrm{T}} \\ (2w-1)^{-\frac{1}{2}}Q_1 & \mathcal{H} \end{bmatrix} \overline{u} = \lambda \begin{bmatrix} -I & 0 \\ 0 & I \end{bmatrix} \overline{u},$$

其等价于

$$\overline{H}\overline{u} \equiv \begin{bmatrix} \Lambda_1 & -(2w-1)^{-\frac{1}{2}}Q_1^{\mathrm{T}} \\ (2w-1)^{-\frac{1}{2}}Q_1 & \mathcal{H} \end{bmatrix} \overline{u} = \lambda \overline{u}. \tag{5.34}$$

引理 5.3.1　设矩阵 $\mathcal{H}$ 的阶数为 k, $\eta_{\max}$ 表示矩阵 Λ_2 的最大特征值. $\mu_{\min}$ 和 $\mu_{\max}$ 分别表示矩阵 $\tilde{B}\tilde{B}^{\mathrm{T}} + \tilde{C}$ 的最小和最大特征值. 对于任意的 $u \in \mathbb{R}^k$ 及 $u \neq \mathbf{0}$, 有

$$\kappa_1 \leqslant \frac{u^{\mathrm{T}}\mathcal{H}u}{u^{\mathrm{T}}u} \leqslant \kappa_2,$$

其中

$$\kappa_1 \equiv \frac{\min\left\{1, \dfrac{\mu_{\min}\eta_{\max}^{-1}}{2w-1}\right\}}{\max\left\{2, 1 + \dfrac{2}{2w-1}\mu_{\max}\right\}}, \quad \kappa_2 \equiv 2\max\left\{\eta_{\max}, \dfrac{1}{2w-1}\mu_{\max}\right\}.$$

证明　设 $u = (x^{\mathrm{T}}, y^{\mathrm{T}})^{\mathrm{T}}$, 则

$$u^{\mathrm{T}}\mathcal{H}u = x^{\mathrm{T}}\Lambda_2 x + 2(2w-1)^{-\frac{1}{2}}x^{\mathrm{T}}Q_2^{\mathrm{T}}y + \frac{1}{2w-1}y^{\mathrm{T}}(\tilde{B}\tilde{B}^{\mathrm{T}} + \tilde{C})y$$

$$\leqslant x^{\mathrm{T}}\Lambda_2 x + 2(2w-1)^{-\frac{1}{2}}|x^{\mathrm{T}}Q_2^{\mathrm{T}}y| + \frac{1}{2w-1}y^{\mathrm{T}}(\tilde{B}\tilde{B}^{\mathrm{T}} + \tilde{C})y,$$

由于

$$(2w-1)^{-\frac{1}{2}}|x^{\mathrm{T}}Q_2^{\mathrm{T}}y| = |(2w-1)^{-\frac{1}{2}}x^{\mathrm{T}}Q_2^{\mathrm{T}}y|$$

$$= |(2w-1)^{-\frac{1}{2}}[(\Lambda_2 - I)^{\frac{1}{2}}x]^{\mathrm{T}}(X_2^{\mathrm{T}}\tilde{B}^{\mathrm{T}}y)|$$

$$\leqslant (x^{\mathrm{T}}(\Lambda_2 - I)x)^{\frac{1}{2}}\|(2w-1)^{-\frac{1}{2}}X_2^{\mathrm{T}}\tilde{B}^{\mathrm{T}}y\|$$

$$\leqslant \frac{1}{2}(x^{\mathrm{T}}\Lambda_2 x - \|x\|^2) + \frac{1}{2}(2w-1)^{-1}y^{\mathrm{T}}(\tilde{B}\tilde{B}^{\mathrm{T}} + \tilde{C})y$$

$$\leqslant \frac{1}{2}x^{\mathrm{T}}\Lambda_2 x + \frac{1}{2}(2w-1)^{-1}y^{\mathrm{T}}(\tilde{B}\tilde{B}^{\mathrm{T}} + \tilde{C})y,$$

所以

$$
\begin{aligned}
u^{\mathrm{T}}\mathcal{H}u &\leqslant 2x^{\mathrm{T}}\Lambda_2 x + \frac{2}{2w-1}y^{\mathrm{T}}(\tilde{B}\tilde{B}^{\mathrm{T}} + \tilde{C})y \\
&\leqslant 2\eta_{\max}\|x\|^2 + \frac{2}{2w-1}\mu_{\max}\|y\|^2 \\
&= 2\eta_{\max}\|u\|^2 + \left(\frac{2}{2w-1}\mu_{\max} - 2\eta_{\max}\right)\|y\|^2,
\end{aligned}
$$

如果 $\dfrac{2}{2w-1}\mu_{\max} - 2\eta_{\max} \leqslant 0$, 则 $u^{\mathrm{T}}\mathcal{H}u \leqslant 2\eta_{\max}\|u\|^2$,

如果 $\dfrac{2}{2w-1}\mu_{\max} - 2\eta_{\max} \geqslant 0$, 则

$$
\begin{aligned}
u^{\mathrm{T}}\mathcal{H}u &\leqslant \frac{2}{2w-1}\mu_{\max}\|u\|^2 + \left(2\eta_{\max} - \frac{2}{2w-1}\mu_{\max}\right)\|x\|^2 \\
&\leqslant \frac{2}{2w-1}\mu_{\max}\|u\|^2,
\end{aligned}
$$

这样就确定了上界. 为了确定下界, 将矩阵 $\mathcal{H}$ 分解成 $\mathcal{H} = LDL^{\mathrm{T}}$, 其中

$$
L = \begin{bmatrix} I & 0 \\ (2w-1)^{-\frac{1}{2}}Q_2\Lambda_2^{-1} & I \end{bmatrix}, \quad D = \begin{bmatrix} \Lambda_2 & 0 \\ 0 & \dfrac{1}{2w-1}(-Q_2\Lambda_2^{-1}Q_2^{\mathrm{T}} + \tilde{B}\tilde{B}^{\mathrm{T}} + \tilde{C}) \end{bmatrix}.
$$

设矩阵 $X_\perp$ 使得矩阵 $[X_2, X_\perp]$ 为一正交矩阵, 则

$$
\begin{aligned}
-Q_2\Lambda_2^{-1}Q_2^{\mathrm{T}} + \tilde{B}\tilde{B}^{\mathrm{T}} &= -\tilde{B}X_2(\Lambda_2 - I)^{\frac{1}{2}}\Lambda_2^{-1}(\Lambda_2 - I)^{\frac{1}{2}}X_2^{\mathrm{T}}\tilde{B}^{\mathrm{T}} + \tilde{B}\tilde{B}^{\mathrm{T}} \\
&= -\tilde{B}X_2 X_2^{\mathrm{T}}\tilde{B}^{\mathrm{T}} + \tilde{B}X_2\Lambda_2^{-1}X_2^{\mathrm{T}}\tilde{B}^{\mathrm{T}} \\
&\quad + \tilde{B}[X_2, X_\perp][X_2, X_\perp]^{\mathrm{T}}\tilde{B}^{\mathrm{T}} \\
&= \tilde{B}[X_2, X_\perp]\mathrm{diag}(\Lambda_2^{-1}, I)[X_2, X_\perp]^{\mathrm{T}}\tilde{B}^{\mathrm{T}} > 0.
\end{aligned}
$$

易知, 矩阵 $\mathcal{H}$ 是对称正定的. 又由于 $\Lambda_2 > I$, 则

$$
\begin{aligned}
u^{\mathrm{T}}Du &= x^{\mathrm{T}}\Lambda_2 x + \frac{1}{2w-1}\left[y^{\mathrm{T}}\tilde{B}[X_2, X_\perp]\mathrm{diag}(\Lambda_2^{-1}, I)[X_2, X_\perp]^{\mathrm{T}}\tilde{B}^{\mathrm{T}}y + y^{\mathrm{T}}\tilde{C}y\right] \\
&\geqslant x^{\mathrm{T}}\Lambda_2 x + \frac{1}{2w-1}(\eta_{\max}^{-1}y^{\mathrm{T}}\tilde{B}\tilde{B}^{\mathrm{T}}y + y^{\mathrm{T}}\tilde{C}y) \\
&\geqslant x^{\mathrm{T}}\Lambda_2 x + \frac{\eta_{\max}^{-1}}{2w-1}y^{\mathrm{T}}(\tilde{B}\tilde{B}^{\mathrm{T}} + \tilde{C})y \\
&\geqslant \|x\|^2 + \frac{\eta_{\max}^{-1}}{2w-1}\mu_{\min}\|y\|^2 \\
&= \|u\|^2 + \left(\frac{\mu_{\min}\eta_{\max}^{-1}}{2w-1} - 1\right)\|y\|^2.
\end{aligned}
$$

如果 $\dfrac{\mu_{\min}\eta_{\max}^{-1}}{2w-1} - 1 \geqslant 0$, 则 $u^{\mathrm{T}}Du \geqslant \|u\|^2$. 如果 $\dfrac{\mu_{\min}\eta_{\max}^{-1}}{2w-1} - 1 \leqslant 0$, 则

$$u^{\mathrm{T}}Du \geqslant \frac{\mu_{\min}\eta_{\max}^{-1}}{2w-1}\|u\|^2 + \left(1 - \frac{\mu_{\min}\eta_{\max}^{-1}}{2w-1}\right)\|x\|^2 \geqslant \frac{\eta_{\max}^{-1}}{2w-1}\mu_{\min}\|u\|^2,$$

即得

$$u^{\mathrm{T}}Du \geqslant \min\left\{1, \frac{\mu_{\min}\eta_{\max}^{-1}}{2w-1}\right\}\|u\|^2. \tag{5.35}$$

再者, 因为矩阵 $\mathcal{H} = LDL^{\mathrm{T}}$, 所以 $\mathcal{H}w = \theta w$ 可转化为 $Du = \theta L^{-1}L^{-\mathrm{T}}u$, 其中 $u = L^{\mathrm{T}}w$. 由于矩阵 $\mathcal{H}$ 的特征值 θ 是正的, 所以将 $Du = \theta L^{-1}L^{-\mathrm{T}}u$ 左乘 $u^{\mathrm{T}} = (x^{\mathrm{T}}, y^{\mathrm{T}})$ 得

$$\begin{aligned}
u^{\mathrm{T}}Du &= \theta\left(x^{\mathrm{T}}x - 2(2w-1)^{-\frac{1}{2}}x^{\mathrm{T}}\Lambda_2^{-1}Q_2^{\mathrm{T}}y + y^{\mathrm{T}}\left(I + \frac{1}{2w-1}Q_2\Lambda_2^{-2}Q_2^{\mathrm{T}}\right)y\right) \\
&\leqslant \theta\left(x^{\mathrm{T}}x + 2(2w-1)^{-\frac{1}{2}}|x^{\mathrm{T}}\Lambda_2^{-1}Q_2^{\mathrm{T}}y| + y^{\mathrm{T}}\left(I + \frac{1}{2w-1}Q_2\Lambda_2^{-2}Q_2^{\mathrm{T}}\right)y\right).
\end{aligned}$$

由于

$$\|x\|^2 + \|y\|^2 = \|u\|^2,$$

$$(2w-1)^{-\frac{1}{2}}|x^{\mathrm{T}}\Lambda_2^{-1}Q_2^{\mathrm{T}}y| \leqslant \frac{1}{2}x^{\mathrm{T}}x + \frac{1}{2}\cdot\frac{1}{2w-1}y^{\mathrm{T}}Q_2\Lambda_2^{-2}Q_2^{\mathrm{T}}y$$

和

$$\begin{aligned}
\|Q_2\Lambda_2^{-2}Q_2^{\mathrm{T}}\| &= \|\tilde{B}X_2(\Lambda_2 - I)^{\frac{1}{2}}\Lambda_2^{-2}(\Lambda_2 - I)^{\frac{1}{2}}X_2^{\mathrm{T}}\tilde{B}^{\mathrm{T}}\| \\
&= \|\tilde{B}X_2(\Lambda_2 - I)\Lambda_2^{-2}X_2^{\mathrm{T}}\tilde{B}^{\mathrm{T}}\| \\
&\leqslant \|(\Lambda_2 - I)\Lambda_2^{-2}\|\|\tilde{B}\tilde{B}^{\mathrm{T}}\| \\
&\leqslant \|\tilde{B}\tilde{B}^{\mathrm{T}}\| \leqslant \|\tilde{B}\tilde{B}^{\mathrm{T}} + \tilde{C}\| \leqslant \mu_{\max},
\end{aligned}$$

则

$$\begin{aligned}
u^{\mathrm{T}}Du &\leqslant \theta\left(2x^{\mathrm{T}}x + y^{\mathrm{T}}\left(I + \frac{2}{2w-1}Q_2\Lambda_2^{-2}Q_2^{\mathrm{T}}\right)y\right) \\
&= \theta\left(2x^{\mathrm{T}}x + y^{\mathrm{T}}y + \frac{2}{2w-1}y^{\mathrm{T}}Q_2\Lambda_2^{-2}Q_2^{\mathrm{T}}y\right) \\
&\leqslant \theta\left(2x^{\mathrm{T}}x + y^{\mathrm{T}}y + \frac{2}{2w-1}y^{\mathrm{T}}\|Q_2\Lambda_2^{-2}Q_2^{\mathrm{T}}\|y\right) \\
&\leqslant \theta\left(2\|x\|^2 + \|y\|^2 + \frac{2}{2w-1}\mu_{\max}\|y\|^2\right) \\
&= \theta\left(2\|u\|^2 + \left(\frac{2}{2w-1}\mu_{\max} - 1\right)\|y\|^2\right).
\end{aligned}$$

如果 $\dfrac{2}{2w-1}\mu_{\max} - 1 \leqslant 0$, 则 $u^{\mathrm{T}} D u \leqslant 2\theta\|u\|^2$. 如果 $\dfrac{2}{2w-1}\mu_{\max} - 1 \geqslant 0$, 则

$$u^{\mathrm{T}} D u \leqslant \theta\left(\|u\|^2 + \|x\|^2 + \frac{2}{2w-1}\mu_{\max}\|y\|^2\right)$$

$$= \theta\left(\left(1 + \frac{2}{2w-1}\mu_{\max}\right)\|u\|^2 + \left(1 - \frac{2}{2w-1}\mu_{\max}\right)\|x\|^2\right)$$

$$\leqslant \theta\left(1 + \frac{2}{2w-1}\mu_{\max}\right)\|u\|^2,$$

即

$$u^{\mathrm{T}} D u \leqslant \theta_{\max}\left\{2, 1 + \frac{2}{2w-1}\mu_{\max}\right\}\|u\|^2. \tag{5.36}$$

结合式 (5.35) 和式 (5.36) 得

$$\min\left\{1, \frac{\mu_{\min}\eta_{\max}^{-1}}{2w-1}\right\}\|u\|^2 \leqslant \theta_{\max}\left\{2, 1 + \frac{2}{2w-1}\mu_{\max}\right\}\|u\|^2,$$

即得

$$\frac{\min\left\{1, \dfrac{\mu_{\min}\eta_{\max}^{-1}}{2w-1}\right\}}{\max\left\{2, 1 + \dfrac{2}{2w-1}\mu_{\max}\right\}} \leqslant \theta. \qquad\qquad \square$$

定理 5.3.2　设 $\eta_{\min}$ 表示矩阵 Λ_1 的最小特征值, $\eta_{\max}$ 表示矩阵 Λ_2 的最大特征值. $\mu_{\min}$ 和 $\mu_{\max}$ 分别表示矩阵 $\tilde{B}\tilde{B}^{\mathrm{T}} + \tilde{C}$ 的最小和最大特征值, 则有如下情形:

(1) 如果 $\Lambda_1 < I$ 及 $\Lambda_2 > I$, 则矩阵 MP^{-1} 的特征值 λ 满足

$$\min\{\eta_{\min}, \kappa_1\} \leqslant \Re(\lambda) \leqslant \kappa_2;$$

(2) 如果 $\Lambda = \Lambda_1 < I$, 则矩阵 MP^{-1} 的特征值 λ 满足

$$\min\left\{\eta_{\min}, \frac{1}{2w-1}\mu_{\min}\right\} \leqslant \Re(\lambda) \leqslant \max\left\{1, \frac{1}{2w-1}\mu_{\max}\right\};$$

(3) 如果 $\Lambda = \Lambda_2 > I$, 则矩阵 MP^{-1} 的特征值 λ 满足

$$\kappa_1 \leqslant \Re(\lambda) = \lambda \leqslant \kappa_2.$$

证明　设 $\overline{u} = (x^{\mathrm{T}}, y^{\mathrm{T}})^{\mathrm{T}}$ 满足 $\|\overline{u}\| = 1$. 由式 (5.34) 得

$$\begin{cases} \Lambda_1 x - (2w-1)^{-\frac{1}{2}} Q_1^{\mathrm{T}} y = \lambda x, \\ (2w-1)^{-\frac{1}{2}} Q_1 x + \mathcal{H} y = \lambda y. \end{cases} \tag{5.37}$$

在式 (5.37) 中, 用 x^* 左乘第一个方程, 用 y 右乘第二个方程的共轭转置得

$$
\begin{cases}
x^* \Lambda_1 x - (2w-1)^{-\frac{1}{2}} x^* Q_1^{\mathrm{T}} y = \lambda \|x\|^2, \\
(2w-1)^{-\frac{1}{2}} x^* Q_1^{\mathrm{T}} y + y^* \mathcal{H} y = \overline{\lambda} \|y\|^2,
\end{cases}
$$

消去 $(2w-1)^{-\frac{1}{2}} x^* Q_1^{\mathrm{T}} y$ 得

$$
x^* \Lambda_1 x + y^* \mathcal{H} y = \lambda \|x\|^2 + \overline{\lambda} \|y\|^2,
$$

再由 $\|x\|^2 = 1 - \|y\|^2$ 知

$$
x^* \Lambda_1 x + y^* \mathcal{H} y - \lambda + (\lambda - \overline{\lambda}) \|y\|^2 = 0, \tag{5.38}
$$

由定理 5.3.1 知 $\lambda \in \mathbb{C}$. 即可设 $\lambda = a + bi$. 于是, 由式 (5.38) 的虚部得

$$
-b + 2b \|y\|^2 = 0.
$$

解之 $b = 0$ 或 $\|y\|^2 = \dfrac{1}{2}$. 又因为 $\|\Lambda_1\| < 1$, 所以由式 (5.38) 的实部得

$$
a = x^* \Lambda_1 x + y^* \mathcal{H} y. \tag{5.39}
$$

(1) 结合式 (5.39), 引理 5.3.1 及 $\kappa_2 > 1$ 得

$$
\eta_{\min} \|x\|^2 + \kappa_1 \|y\|^2 \leqslant a \leqslant \|x\|^2 + \kappa_2 \|y\|^2,
$$

由于

$$
\|x\|^2 + \kappa_2 \|y\|^2 = \kappa_2 + (1 - \kappa_2) \|x\|^2 \leqslant \kappa_2
$$

和

$$
\eta_{\min} \|x\|^2 + \kappa_1 \|y\|^2 \geqslant \min\{\eta_{\min}, \kappa_1\},
$$

可知 (1) 是成立的.

(2) 如果 $\Lambda = \Lambda_1 < I$, 此时, Λ_2 不存在. 即有

$$
\mathcal{H} = \frac{1}{2w-1} (\tilde{B}\tilde{B}^{\mathrm{T}} + \tilde{C}),
$$

其最小和最大的特征值分别为 $\dfrac{1}{2w-1}\mu_{\min}$ 和 $\dfrac{1}{2w-1}\mu_{\max}$. 由式 (5.39) 知

$$
\eta_{\min} \|x\|^2 + \frac{1}{2w-1} \mu_{\min} \|y\|^2 \leqslant a \leqslant \|x\|^2 + \frac{1}{2w-1} \mu_{\max} \|y\|^2,
$$

于是,

$$
\min\left\{ \eta_{\min}, \frac{1}{2w-1} \mu_{\min} \right\} \leqslant a \leqslant \max\left\{ 1, \frac{1}{2w-1} \mu_{\max} \right\}.
$$

(3) 如果 $\Lambda = \Lambda_2 > I$, 此时, Λ_1 不存在. 特征值问题 (5.34) 就简化为 $\mathcal{H}\tilde{u} = \lambda\tilde{u}$. 再由引理 5.3.1 得

$$\kappa_1 \leqslant \lambda \leqslant \kappa_2.$$

易知 $\lambda = \Re(\lambda)$, 故 (3) 是成立的. □

现对定理 5.3.2 给出一些注记.

(1) 显然, 定理 5.3.2 的三个特征值区域都含有 1. 当矩阵 $\tilde{A} - I$ 是奇异时, 预处理矩阵 MP^{-1} 含有特征值 1. 在此情况下, 定理 5.3.2 的结论也是成立的. 同时, 矩阵 $\tilde{A}$ 的特征值 1 与矩阵 MP^{-1} 的特征值 1 相一致.

(2) MP^{-1} 特征值的分布仅仅依赖于 $\tilde{A}$ 和 $\tilde{B}\tilde{B}^{\mathrm{T}} + \tilde{C}$ 的最小和最大特征值, 与 $\tilde{A}$ 和 $\tilde{B}\tilde{B}^{\mathrm{T}} + \tilde{C}$ 的其他特征值无关. 如果 G 和 $\hat{C}$ 选取适当使得 $\tilde{A}$ 和 $\tilde{B}\tilde{B}^{\mathrm{T}} + \tilde{C}$ 的最大和最小特征值都在 1 附近, 则 MP^{-1} 的特征值将聚集于 1. 在此情况下, 用 Krylov 子空间方法求解鞍点问题将是十分有利的. 一般地, 对源于实际中的线性系统, 一个好的谱分布通常能导致预处理 Krylov 子空间方法具有较快的收敛速度, 如 CG, MINRES 和 GMRES 子空间方法 [89].

(3) 由定理 5.3.2 知, 虽然矩阵 P 是不定的, 但预处理矩阵 MP^{-1} 却是正定的.

定理 5.3.3[59]　设 $\mu_{\min}$ 和 $\mu_{\max}$ 分别是矩阵 $\tilde{B}\tilde{B}^{\mathrm{T}} + \tilde{C}$ 的最小和最大特征值, 矩阵 $\tilde{A}$ 的最小和最大特征值分别是 $\eta_{\min}$ 和 $\eta_{\max}$, 则矩阵 MP^{-1} 的特征值 θ 满足

$$\Re(\theta) \in [\chi_1, \chi_2],$$

其中

$$\chi_1 = \min\left\{\eta_{\min}, \frac{\min\{1, \mu_{\min}\}}{2\eta_{\max}(1 + \mu_{\max})}\right\}, \quad \chi_2 = \max\{1, 2\eta_{\max}, 2\mu_{\max}\}.$$

事实上, 由于 $\eta_{\max} > 1$, 则 $\max\{1, 2\eta_{\max}, 2\mu_{\max}\}$ 就简化为 $2\max\{\eta_{\max}, \mu_{\max}\}$.

对比定理 5.3.2 和定理 5.3.3 知, 后者仅仅给出了当 $\Lambda_1 < I$ 和 $\Lambda_2 > I$ 时预处理矩阵 MP^{-1} 的特征值分布. 显然, 定理 5.3.2 的特征值分布比定理 5.3.3 的特征值分布更加具体化. 由于预处理子 P 含有一个参数, 这样可以通过选取不同的参数值使得预处理矩阵特征值的分布更聚集成为可能. 例如, 在实验中, 若 $1 - 2w = -0.25$, 则定理 5.3.2 的特征值分布比定理 5.3.3 的特征值分布更加聚集.

2. $\hat{M}\hat{P}^{-1}$ 的谱分析

显然, 矩阵 $\hat{M}\hat{P}^{-1}$ 的特征值等价于广义特征值问题

$$\hat{M}u = \lambda\hat{P}u.$$

由 5.3.2 第 1 节知

$$X^{\mathrm{T}}\tilde{A}X = \Lambda \equiv \begin{bmatrix} \Lambda_1 & 0 \\ 0 & \Lambda_2 \end{bmatrix},$$

其中 $\Lambda_1 - I < 0$, $\Lambda_2 - I > 0$. 类似地, 将矩阵 X 分裂为 $X = [X_1, X_2]$. 于是,

$$
\begin{aligned}
Z^{\mathrm{T}}\hat{M}Z &= \begin{bmatrix} X^{\mathrm{T}} & 0 \\ 0 & I \end{bmatrix} \begin{bmatrix} \tilde{A}(I - \tilde{A}) & (1 - \tilde{A})\tilde{B}^{\mathrm{T}} \\ \tilde{B}(I - \tilde{A}) & -(\tilde{B}\tilde{B}^{\mathrm{T}} + \tilde{C}) \end{bmatrix} \begin{bmatrix} X & 0 \\ 0 & I \end{bmatrix} \\
&= \begin{bmatrix} \Lambda(I - \Lambda) & (1 - \Lambda)X^{\mathrm{T}}\tilde{B}^{\mathrm{T}} \\ \tilde{B}X(I - \Lambda) & -(\tilde{B}\tilde{B}^{\mathrm{T}} + \tilde{C}) \end{bmatrix} \\
&= \begin{bmatrix} \Lambda_1(I - \Lambda_1) & 0 & (1 - \Lambda_1)X_1^{\mathrm{T}}\tilde{B}^{\mathrm{T}} \\ 0 & \Lambda_2(I - \Lambda_2) & (1 - \Lambda_2)X_2^{\mathrm{T}}\tilde{B}^{\mathrm{T}} \\ \tilde{B}X_1(I - \Lambda_1) & \tilde{B}X_2(I - \Lambda_2) & -(\tilde{B}\tilde{B}^{\mathrm{T}} + \tilde{C}) \end{bmatrix}
\end{aligned}
$$

和

$$
\begin{aligned}
Z^{\mathrm{T}}\hat{P}Z &= \begin{bmatrix} X^{\mathrm{T}} & 0 \\ 0 & I \end{bmatrix} \begin{bmatrix} I - \tilde{A} & 0 \\ 0 & (1 - 2w)I \end{bmatrix} \begin{bmatrix} X & 0 \\ 0 & I \end{bmatrix} \\
&= \begin{bmatrix} I - \Lambda_1 & 0 & 0 \\ 0 & I - \Lambda_2 & 0 \\ 0 & 0 & (1 - 2w)I \end{bmatrix}.
\end{aligned}
$$

设矩阵 D 为 $D = \mathrm{diag}((I - \Lambda_1)^{\frac{1}{2}}, (\Lambda_2 - I)^{\frac{1}{2}}, (1 - 2w)^{\frac{1}{2}}I)$. 于是, 广义特征值问题 $D^{-1}Z^{\mathrm{T}}\hat{M}ZD^{-1}\hat{u} = \lambda D^{-1}Z^{\mathrm{T}}\hat{P}ZD^{-1}\hat{u}$ 可转化为

$$
\begin{bmatrix} \Lambda_1 & 0 & (1 - 2w)^{-\frac{1}{2}}Q_1^{\mathrm{T}} \\ 0 & -\Lambda_2 & -(1 - 2w)^{-\frac{1}{2}}\tilde{Q}_2^{\mathrm{T}} \\ (1 - 2w)^{-\frac{1}{2}}Q_1 & -(1 - 2w)^{-\frac{1}{2}}\tilde{Q}_2 & -\dfrac{1}{1 - 2w}(\tilde{B}\tilde{B}^{\mathrm{T}} + \tilde{C}) \end{bmatrix}\hat{u} = \lambda \begin{bmatrix} I & 0 & 0 \\ 0 & -I & 0 \\ 0 & 0 & I \end{bmatrix}\hat{u},
$$

其中 $Q_1 = \tilde{B}X_1(I - \Lambda_1)^{\frac{1}{2}}$, $\tilde{Q}_2 = \tilde{B}X_2(\Lambda_2 - I)^{\frac{1}{2}}$.

进一步,

$$
\begin{bmatrix} -\Lambda_2 & 0 & -(1 - 2w)^{-\frac{1}{2}}\tilde{Q}_2^{\mathrm{T}} \\ 0 & \Lambda_1 & (1 - 2w)^{-\frac{1}{2}}Q_1^{\mathrm{T}} \\ -(1 - 2w)^{-\frac{1}{2}}\tilde{Q}_2 & (1 - 2w)^{-\frac{1}{2}}Q_1 & -\dfrac{1}{1 - 2w}(\tilde{B}\tilde{B}^{\mathrm{T}} + \tilde{C}) \end{bmatrix}\tilde{u} = \lambda \begin{bmatrix} -I & 0 & 0 \\ 0 & I & 0 \\ 0 & 0 & I \end{bmatrix}\tilde{u},
$$

令

$$Q_2 = \begin{bmatrix} 0 \\ -\tilde{Q}_2 \end{bmatrix}, \quad H = \begin{bmatrix} \Lambda_1 & (1 - 2w)^{-\frac{1}{2}}Q_1^{\mathrm{T}} \\ (1 - 2w)^{-\frac{1}{2}}Q_1 & -\dfrac{1}{1 - 2w}(\tilde{B}\tilde{B}^{\mathrm{T}} + \tilde{C}) \end{bmatrix},$$

有

$$\begin{bmatrix} -\Lambda_2 & (1-2w)^{-\frac{1}{2}}Q_2^{\mathrm{T}} \\ (1-2w)^{-\frac{1}{2}}Q_2 & H \end{bmatrix} \tilde{u} = \lambda \begin{bmatrix} -I & 0 \\ 0 & I \end{bmatrix} \tilde{u},$$

其等价于

$$\tilde{H}\tilde{u} \equiv \begin{bmatrix} \Lambda_2 & -(1-2w)^{-\frac{1}{2}}Q_2^{\mathrm{T}} \\ (1-2w)^{-\frac{1}{2}}Q_2 & H \end{bmatrix} \tilde{u} = \lambda \tilde{u}. \tag{5.40}$$

引理 5.3.2 设矩阵 H 的阶数为 k, $\eta_{\min}$ 是矩阵 Λ_1 的最小特征值, $\mu_{\max}$ 是矩阵 $\tilde{B}\tilde{B}^{\mathrm{T}} + \tilde{C}$ 的最大特征值. 对任意的向量 $u \in \mathbb{R}^k$ 及 $u \neq 0$, 有

$$\delta_1 \leqslant \frac{u^{\mathrm{T}}Hu}{u^{\mathrm{T}}u} \leqslant 1,$$

其中 $\delta_1 \equiv \min\left\{2\eta_{\min} - 1, \dfrac{-2}{1-2w}\mu_{\max}\right\}$.

证明 设 $u = (x^{\mathrm{T}}, y^{\mathrm{T}})^{\mathrm{T}}$, 则

$$u^{\mathrm{T}}Hu = x^{\mathrm{T}}\Lambda_1 x + 2(1-2w)^{-\frac{1}{2}}x^{\mathrm{T}}Q_1^{\mathrm{T}}y - \frac{1}{1-2w}y^{\mathrm{T}}(\tilde{B}\tilde{B}^{\mathrm{T}} + \tilde{C})y$$

$$\leqslant x^{\mathrm{T}}\Lambda_1 x + 2(1-2w)^{-\frac{1}{2}}|x^{\mathrm{T}}Q_1^{\mathrm{T}}y| - \frac{1}{1-2w}y^{\mathrm{T}}(\tilde{B}\tilde{B}^{\mathrm{T}} + \tilde{C})y,$$

由于

$$(1-2w)^{-\frac{1}{2}}|x^{\mathrm{T}}Q_1^{\mathrm{T}}y| = |(1-2w)^{-\frac{1}{2}}x^{\mathrm{T}}Q_1^{\mathrm{T}}y|$$

$$= |(1-2w)^{-\frac{1}{2}}[(I-\Lambda_1)^{\frac{1}{2}}x]^{\mathrm{T}}(X_1^{\mathrm{T}}\tilde{B}^{\mathrm{T}}y)|$$

$$\leqslant (x^{\mathrm{T}}(I-\Lambda_1)x)^{\frac{1}{2}}\|(1-2w)^{-\frac{1}{2}}X_1^{\mathrm{T}}\tilde{B}^{\mathrm{T}}y\|$$

$$\leqslant \frac{1}{2}(\|x\|^2 - x^{\mathrm{T}}\Lambda_1 x) + \frac{1}{2}(1-2w)^{-1}y^{\mathrm{T}}(\tilde{B}\tilde{B}^{\mathrm{T}} + \tilde{C})y,$$

则有 $u^{\mathrm{T}}Hu \leqslant \|x\|^2 \leqslant u^{\mathrm{T}}u$. 这就确定了上界.

为了确定下界, 由 $\|x\|^2 = \|u\|^2 - \|y\|^2$ 得

$$u^{\mathrm{T}}Hu = x^{\mathrm{T}}\Lambda_1 x + 2(1-2w)^{-\frac{1}{2}}x^{\mathrm{T}}Q_1^{\mathrm{T}}y - \frac{1}{1-2w}y^{\mathrm{T}}(\tilde{B}\tilde{B}^{\mathrm{T}} + \tilde{C})y$$

$$\geqslant x^{\mathrm{T}}\Lambda_1 x - 2(1-2w)^{-\frac{1}{2}}|x^{\mathrm{T}}Q_1^{\mathrm{T}}y| - \frac{1}{1-2w}y^{\mathrm{T}}(\tilde{B}\tilde{B}^{\mathrm{T}} + \tilde{C})y$$

$$\geqslant x^{\mathrm{T}}\Lambda_1 x - 2\left[\frac{1}{2}(\|x\|^2 - x^{\mathrm{T}}\Lambda_1 x) + \frac{1}{2}(1-2w)^{-1}y^{\mathrm{T}}(\tilde{B}\tilde{B}^{\mathrm{T}} \right.$$

$$\left. + \tilde{C})y\right] - \frac{1}{1-2w}y^{\mathrm{T}}(\tilde{B}\tilde{B}^{\mathrm{T}} + \tilde{C})y$$

$$= 2x^{\mathrm{T}} \Lambda_1 x - \|x\|^2 - \frac{2}{1-2w} y^{\mathrm{T}} (\tilde{B}\tilde{B}^{\mathrm{T}} + \tilde{C}) y$$

$$\geqslant (2\eta_{\min} - 1)\|x\|^2 - \frac{2}{1-2w} \mu_{\max} \|y\|^2$$

$$= (2\eta_{\min} - 1)\|u\|^2 + \left(1 - 2\eta_{\min} - \frac{2}{1-2w} \mu_{\max} \right) \|y\|^2,$$

如果 $1 - 2\eta_{\min} - \dfrac{2}{1-2w} \mu_{\max} \geqslant 0$, 则

$$u^{\mathrm{T}} H u \geqslant (2\eta_{\min} - 1)\|u\|^2,$$

如果 $1 - 2\eta_{\min} - \dfrac{2}{1-2w} \mu_{\max} \leqslant 0$, 则

$$u^{\mathrm{T}} H u \geqslant -\frac{2}{1-2w} \mu_{\max} \|u\|^2 + \left(2\eta_{\min} + \frac{2}{1-2w} \mu_{\max} - 1 \right) \|y\|^2$$

$$\geqslant -\frac{2}{1-2w} \mu_{\max} \|u\|^2.$$

这就给出了下界. □

定理 5.3.4　设 $\eta_{\min}$ 表示矩阵 Λ_1 的最小特征值, $\eta_{\max}$ 表示矩阵 Λ_2 的最大特征值, $\mu_{\min}$ 和 $\mu_{\max}$ 分别表示 $\tilde{B}\tilde{B}^{\mathrm{T}} + \tilde{C}$ 的最小和最大特征值, 则有如下情形:

(1) 如果 $\Lambda_1 < I$ 及 $\Lambda_2 > I$, 则矩阵 MP^{-1} 的特征值 λ 满足 $\delta_1 \leqslant \lambda \leqslant \eta_{\max}$;

(2) 如果 $\Lambda = \Lambda_1 < I$, 则矩阵 MP^{-1} 的特征值 λ 满足 $\delta_1 \leqslant \lambda \leqslant 1$;

(3) 如果 $\Lambda = \Lambda_2 > I$, 则矩阵 MP^{-1} 的特征值 λ 满足

$$\frac{-1}{1-2w} \mu_{\max} \leqslant \lambda \leqslant \eta_{\max}.$$

证明　由定理 5.3.1 知 $\lambda, \tilde{u} \in \mathbb{R}$. 设 $\tilde{u} = (x^{\mathrm{T}}, y^{\mathrm{T}})^{\mathrm{T}}$ 且 $\|\tilde{u}\| = 1$. 用 x^{T} 和 y^{T} 分别左乘式 (5.40) 的第一、第二方程得

$$\begin{cases} x^{\mathrm{T}} \Lambda_2 x - (1-2w)^{-\frac{1}{2}} x^{\mathrm{T}} Q_2^{\mathrm{T}} y = \lambda \|x\|^2, \\ (1-2w)^{-\frac{1}{2}} y^{\mathrm{T}} Q_2 x + y^{\mathrm{T}} H y = \lambda \|y\|^2, \end{cases}$$

消去 $(1-2w)^{-\frac{1}{2}} x^{\mathrm{T}} Q_2^{\mathrm{T}} y$ 得

$$\lambda = x^{\mathrm{T}} \Lambda_2 x + y^{\mathrm{T}} H y. \tag{5.41}$$

(1) 由引理 5.3.2 及 $\Lambda_2 > I$ 知

$$\|x\|^2 + \delta_1 \|y\|^2 \leqslant \lambda \leqslant \eta_{\max} \|x\|^2 + \|y\|^2,$$

由

$$\|x\|^2 + \delta_1 \|y\|^2 \geqslant \delta_1 \|x\|^2 + \delta_1 \|y\|^2 = \delta_1 (\|x\|^2 + \|y\|^2) = \delta_1$$

和

$$\eta_{\max}\|x\|^2 + \|y\|^2 \leqslant \eta_{\max}\|x\|^2 + \eta_{\max}\|y\|^2 = \eta_{\max},$$

易知 (1) 是成立的.

(2) 如果 $\Lambda = \Lambda_1 < I$, 此时, Λ_2 不存在. 式 (5.40) 就简化为 $H\tilde{u} = \lambda\tilde{u}$. 再根据引理 5.3.2, 知 (2) 是成立的.

(3) 如果 $\Lambda = \Lambda_2 > I$, 此时, Λ_1 不存在. 即有

$$H = -\frac{1}{1-2w}(\tilde{B}\tilde{B}^{\mathrm{T}} + \tilde{C}),$$

再由式 (5.41) 得

$$\|x\|^2 - \frac{1}{1-2w}\mu_{\max}\|y\|^2 \leqslant \lambda \leqslant \eta_{\max}\|x\|^2 - \frac{1}{1-2w}\mu_{\min}\|y\|^2,$$

故 (3) 是成立的.   □

类似地, 现对定理 5.3.4 给出一些注记.

(1) 与定理 5.3.2 的结论一样, 定理 5.3.4 的三个特征值区域都含有 1. 当矩阵 $\tilde{A} - I$ 是奇异时, 预处理矩阵 MP^{-1} 含有特征值 1. 在此情况下, 定理 5.3.4 的结论也是成立的. 不难发现, 矩阵 $\tilde{A}$ 的特征值 1 与矩阵 MP^{-1} 的特征值 1 相一致.

(2) 非对称预处理矩阵 MP^{-1} 特征值的分布也仅仅依赖于矩阵 $\tilde{A}$ 和 $\tilde{B}\tilde{B}^{\mathrm{T}} + \tilde{C}$ 的最小和最大特征值, 与矩阵 $\tilde{A}$ 和 $\tilde{B}\tilde{B}^{\mathrm{T}} + \tilde{C}$ 的其他特征值无关. 如果适当选取矩阵 G 和 $\hat{C}$, 则矩阵 MP^{-1} 的特征值将聚集于 1.

(3) 由预处理矩阵特征值的分布知, 虽然矩阵 P 是正定的, 但预处理矩阵 MP^{-1} 可能是不定的.

定理 5.3.5[57]   设 $\eta_{\min}$ 表示矩阵 Λ_1 的最小特征值, $\eta_{\max}$ 表示矩阵 Λ_2 的最大特征值, $\mu_{\min}$ 和 $\mu_{\max}$ 分别表示矩阵 $\tilde{B}\tilde{B}^{\mathrm{T}} + \tilde{C}$ 的最小和最大特征值, 则预处理矩阵 MP^{-1} 的特征值 θ 满足

$$\min\{-2\mu_{\max}, 2\eta_{\min} - 1\} \leqslant \theta \leqslant \max\{\eta_{\max}, 1\}.$$

事实上, 由于 $\eta_{\max} > 1$, 则 $\max\{\eta_{\max}, 1\}$ 就简化为 $\eta_{\max}$.

类似地, 比较定理 5.3.4 和定理 5.3.5 知, 后者也仅仅给出了当 $\Lambda_1 < I$ 和 $\Lambda_2 > I$ 时预处理矩阵 MP^{-1} 的特征值分布. 自然地, 定理 5.3.4 的特征值分布比定理 4.3.5 的特征值分布更加具体化. 由于预处理子 P 含有一个参数, 这样可以通过选取不同的参数值使得预处理矩阵特征值的分布更聚集成为可能. 例如, 在实验中, 若 $1 - 2w = 0.25$, 则定理 5.3.4 的特征值分布比定理 5.3.5 的特征值分布更加聚集.

5.3.3　数值实验

本节将用数值实验来验证已获得的预处理矩阵 MP^{-1} 谱分布的理论结果. 同时, 给出一些迭代结果用以说明预处理子 P 结合 GMRES 及 GMRES(m) 子空间方法的收敛行为. 所有实验均利用 MATLAB 实现的.

考虑经典的具有适合边界条件 $\partial\Omega$ 的二维不可压缩的稳态 Stokes 问题:

$$\begin{cases} -\Delta u + \mathrm{grad}\,p = f, \\ -\mathrm{div}\,u = \mathbf{0}, \end{cases} \tag{5.42}$$

这里向量值函数 u 表示在 Ω 上的速度, 数量值函数 p 表示压力. 所测试问题是在正方形区域 $(0 \leqslant x \leqslant 1: 0 \leqslant y \leqslant 1)$ 上渗透的二维限制驱动的腔体问题. 在正方形 16×16 的一致网格上, 利用 IFISS 软件[135] 离散方程 (5.42). 所采用的混合有限元是稳定化的双线性速度–常数压力: $(Q_1 - P_0)$ 对有限元. 稳定化因子取为 $\dfrac{1}{4}$. 由于该工具包产生的矩阵 B 是非满秩的, 所以这里通过舍去矩阵 B 的前两行及矩阵 C 的前两行和前两列就可以得到新的非奇异矩阵 M. 此时, $n = 578$ 和 $m = 254$. 对 Stokes 问题, 系数矩阵的 $(1,1)$ 块 A 是对称正定矩阵.

实验中, 矩阵 A 的不完全 Cholesky 分解为

$$A = LL^{\mathrm{T}} + r,$$

其中误差阈值取为 0.01[57, 89]. 为方便, 这里主要考虑矩阵 $G = LL^{\mathrm{T}}$ 及矩阵 $\hat{C} = C + B(LL^{\mathrm{T}})^{-1}B^{\mathrm{T}}$ 的预处理子 P. 图 5.1 和图 5.2 给出了在参数 w 取不同值时预处理矩阵特征值的分布, 其中图 5.1 对应 $w > \dfrac{1}{2}$ 的预处理矩阵 MP^{-1} 特征值的分布, 图 5.2 对应 $w < \dfrac{1}{2}$ 的预处理矩阵 MP^{-1} 特征值的分布.

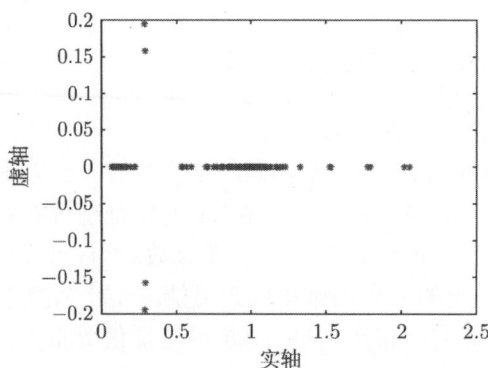
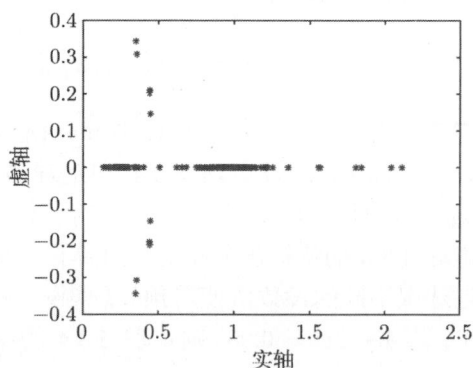

(a) $1-2w=-8$　　　　　　　　　　　　　(b) $1-2w=-4$

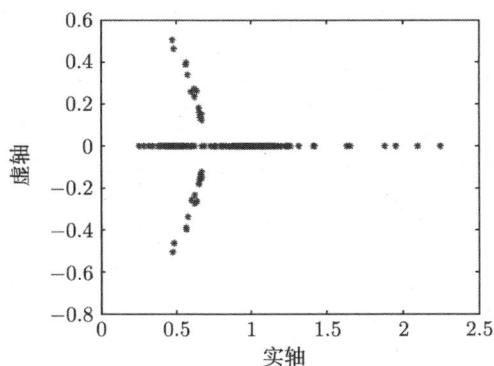

(c) $1-2w=-2$

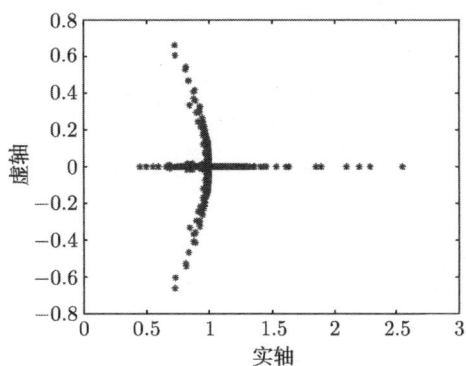

(d) $1-2w=-1$

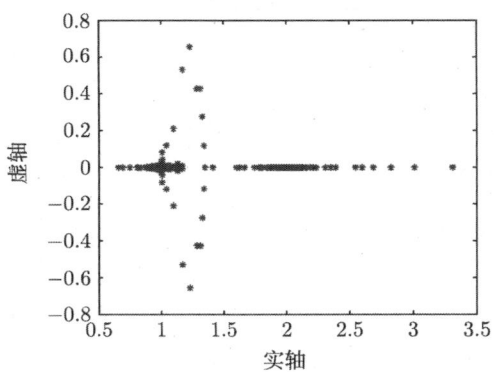

(e) $1-2w=-0.5$

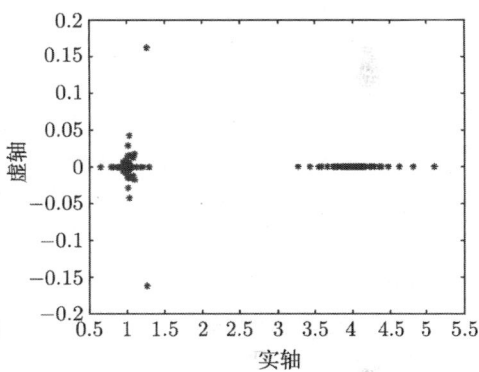

(f) $1-2w=-0.25$

图 5.1 $1-2w<0$ 的预处理矩阵 MP^{-1} 特征值分布

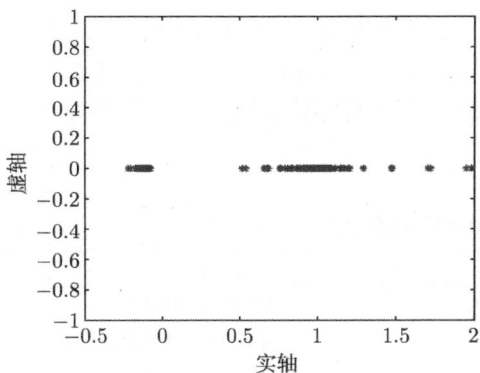

(a) $1-2w=8$

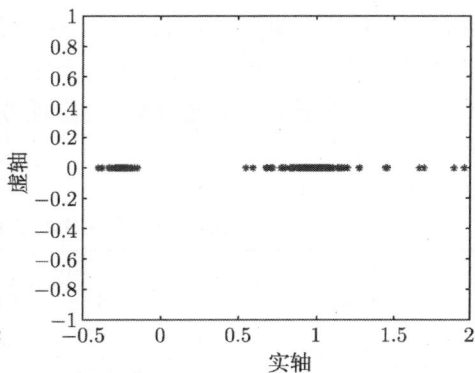

(b) $1-2w=4$

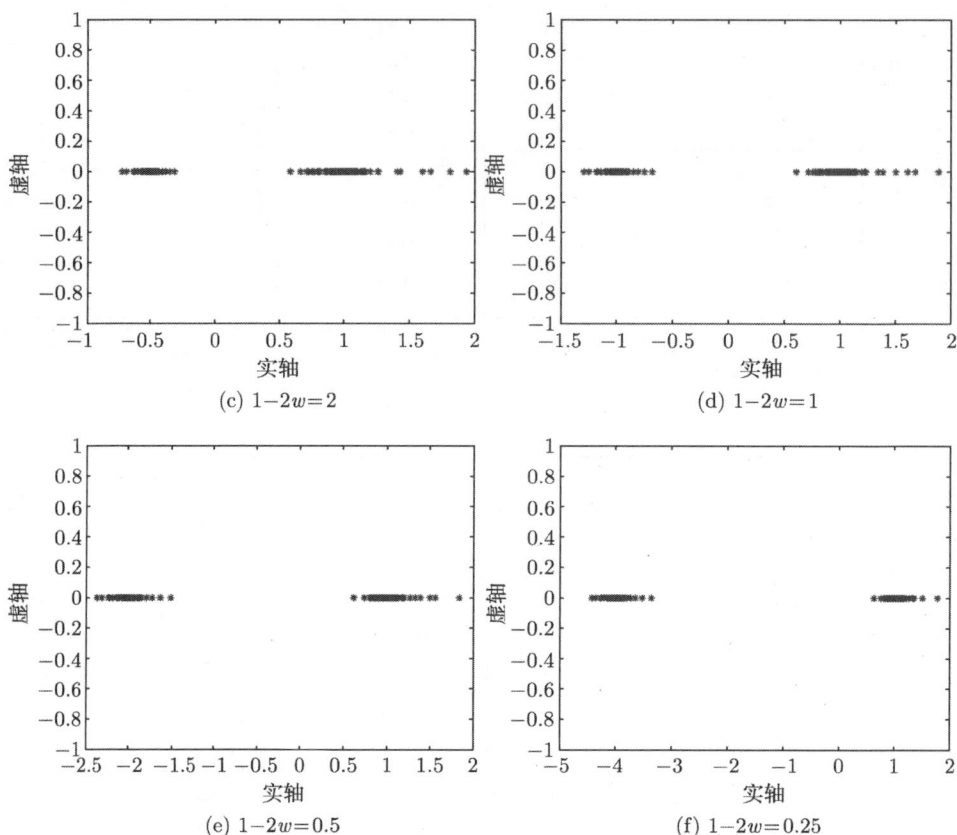

(c) $1-2w=2$　　　　　　　　　　　　(d) $1-2w=1$

(e) $1-2w=0.5$　　　　　　　　　　　(f) $1-2w=0.25$

图 5.2　$1-2w>0$ 的预处理矩阵 MP^{-1} 特征值分布

显然, 预处理矩阵 MP^{-1} 特征值的个数为 832. 记 $\theta_1 = [\delta_2, \kappa_2]$, 其中 $\delta_2 = \min\{\eta_{\min}, \kappa_1\}$ 及 $\theta_2 = [\delta_1, \eta_{\max}]$. 通过计算得表 5.9 及表 5.10. 由表 5.9 及表 5.10 知, 数值实验的结果与定理 5.3.2 及定理 5.3.4 的结论相一致. 从而也就说明了当参数 w 取不同值时, 定理 5.3.2 及定理 5.3.4 提供的预处理矩阵特征值的分布是有效的.

表 5.9　$1-2w<0$ 的特征值的分布区域

$1-2w$	$\Re(\lambda)$	θ_1
-0.25	$[0.6458, 5.1064]$	$[0.1111, 8.0000]$
-0.5	$[0.6564, 3.3108]$	$[0.2000, 4.0000]$
-1	$[0.4474, 2.5531]$	$[0.1667, 4.0000]$
-2	$[0.2542, 2.2459]$	$[0.1250, 4.0000]$
-4	$[0.1349, 2.1151]$	$[0.0625, 4.0000]$
-8	$[0.0694, 2.0555]$	$[0.0313, 4.0000]$

表 5.10 $1 - 2w > 0$ 的特征值分布区域

$1 - 2w$	λ	θ_2
0.25	$[-4.4225, 1.7754]$	$[-8.0000, 2.0000]$
0.5	$[-2.3656, 1.8345]$	$[-4.0000, 2.0000]$
1	$[-1.2949, 1.8920]$	$[-2.0000, 2.0000]$
2	$[-0.7198, 1.9364]$	$[-1.0000, 2.0000]$
4	$[-0.4011, 1.9651]$	$[-0.5000, 2.0000]$
8	$[-0.2208, 1.9817]$	$[-0.2500, 2.0000]$

最后, 为了说明预处理子 P 结合 GMRES(m) 子空间方法的有效性, 我们列举了一些迭代结果. 在实验中, 初始向量取为零向量, 停止准则取为

$$\|b - \mathbf{M}x^{(k)}\|_2 \leqslant 10^{-6}\|b\|_2,$$

记 $s(t)$ 表示 s 步外迭代, t 步内迭代. 表 5.11 及表 5.12 给出了在 16×16 和 32×32 网格下, GMRES(20) 结合预处理子 P, $\mathcal{P}_0$, $\mathcal{G}_0$ 及无预处理子的迭代次数. 图 5.3 与表 5.11 及表 5.12 相对应. 测试的主要目的是为了验证预处理矩阵特征值的分布对 GMRES(20) 子空间方法收敛速度的影响.

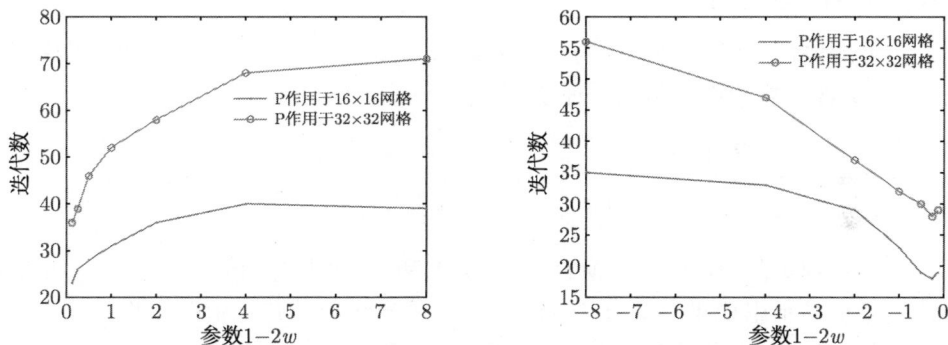

图 5.3 $1 - 2w$ 取不同值的迭代次数

表 5.11 $1 - 2w > 0$ 的 GMRES(20) 的迭代次数

Grid	$1 - 2w$	8	4	2	1	$\frac{1}{2}$	$\frac{1}{4}$	$\frac{1}{8}$	$\mathcal{G}_0$	GMRES
16×16	P	2(19)	2(20)	2(16)	2(11)	2(8)	2(6)	2(3)	2(19)	108(1)
32×32	P	4(11)	4(8)	3(18)	3(12)	3(6)	2(19)	2(16)	3(14)	51(1)

表 5.12 $1 - 2w < 0$ 的 GMRES(20) 的迭代次数

Grid	$1 - 2w$	-8	-4	-2	-1	$-\frac{1}{2}$	$-\frac{1}{4}$	$-\frac{1}{8}$	$\mathcal{P}_0$	GMRES
16×16	P	2(15)	2(13)	2(9)	2(3)	1(19)	1(18)	1(19)	2(14)	108(1)
32×32	P	3(16)	3(7)	2(17)	2(12)	2(10)	2(8)	2(9)	3(11)	51(1)

由表 5.11 及表 5.12 知, 预处理子 P 的确能够加速 GMRES(20) 子空间方法的收敛速度. 这就说明了预处理子 P 是有效可行的. 从表 5.11 及表 5.12 可以看出: $|1 - 2w|$ 的值越小, 预处理子 P 结合 GMRES(20) 子空间方法的迭代次数越小. 在 $|1 - 2w| < 1$ 的情况下, 预处理子 P 优于预处理子 $\mathcal{P}$ 和 $\mathcal{G}$. 这就证实了如果参数 w 在一定范围内选取, 那么预处理子 P 的效率将优于预处理子 $\mathcal{P}$ 和 $\mathcal{G}$. 大量的数值实验表明在 $1 - 2w > 0$ 的情况下, 若 $1 - 2w = \dfrac{1}{8}$, 则 GMRES(20) 子空间方法的收敛速度是最理想的; 在 $1 - 2w < 0$ 的情况下, 若 $1 - 2w = -\dfrac{1}{4}$, 则 GMRES(20) 子空间方法的收敛速度是最理想的.

从表 5.11 及表 5.12 知, 正稳定块三角预处理子略逊于不定块三角预处理子. 对角块预处理子 $\mathcal{G}_0$ 和 $\mathcal{P}_0$ 不如块三角预处理子 $\mathcal{G}$ 和 $\mathcal{P}$ 的效果好. 对块预处理子 $\mathcal{P}_0$ 和 $\mathcal{G}_0$ 来说, 预处理子 $\mathcal{G}_0$ 的性能优于预处理子 $\mathcal{P}_0$ 的.

5.4　鞍点问题的 (1,2) 块含参数预处理技术

5.4.1　引言

为了加快鞍点问题 (5.20) 的数值求解速度, Jiang 等在 2010 年 [161] 考虑了如下 (1,2) 块含参数的块三角预处理子

$$P_- = \left[\begin{array}{cc} \hat{A} & wB^{\mathrm{T}} \\ 0 & -\hat{C} \end{array} \right] \ \text{及} \ P_+ = \left[\begin{array}{cc} \hat{A} & wB^{\mathrm{T}} \\ 0 & \hat{C} \end{array} \right] \ (w \geqslant 0),$$

并指出预处理矩阵 $M\mathcal{P}^{-1}$ 和 MP^{-1}, $M\mathcal{G}^{-1}$ 和 MP_+^{-1} 有相似的特征值分布性质. 数值实验也显示出如果参数 w 选择适当, 预处理矩阵的特征值分布将是比较聚集的, 其预处理子的效果也比文献 [57], [59] 中的预处理子要好. 若 $\hat{A} = A + tB^{\mathrm{T}}B$, $-\hat{C} = \dfrac{1}{t}I$ 及 $w = -2$, 预处理子 P^{T} 已在文献 [162] 中考虑, 此时的预处理子 P^{T} 是作用于 $C = 0$ 时的鞍点问题 (5.20). 在这种情况下, 预处理矩阵有 n 个特征值 1, 其余特征值为 $t\sigma_i^2 / 1 + t\sigma_i^2 \ (1 \leqslant i \leqslant m)$, 其中 σ_i 表示矩阵 $BA^{-\frac{1}{2}}$ 的奇异值.

本节主要讨论 (1,2) 块含参数的预处理子 P_- 作用于广义鞍点问题 (5.20) 时预处理矩阵 MP_-^{-1} 的谱分布, 其结果要优于文献 [161] 中的结果.

5.4.2　MP_-^{-1} 谱分析

为了便于获取 MP_-^{-1} 特征值的界, 这里可以从其等价形式入手.

事实上, $MP_-^{-1}z = \mu z$ 可以写成

$$M\nu = \mu P_-\nu, \quad \nu = P_-^{-1}z,$$

利用 $u = \mathcal{G}_0^{\frac{1}{2}} \nu$ 作用上式得

$$\mathcal{G}_0^{-\frac{1}{2}} M \mathcal{G}_0^{-\frac{1}{2}} u = \mu \mathcal{G}_0^{-\frac{1}{2}} P_{-} \mathcal{G}_0^{-\frac{1}{2}} u$$

或

$$\begin{bmatrix} \hat{A}^{-\frac{1}{2}} A \hat{A}^{-\frac{1}{2}} & \hat{A}^{-\frac{1}{2}} B^{\mathrm{T}} \hat{C}^{-\frac{1}{2}} \\ \hat{C}^{-\frac{1}{2}} B \hat{A}^{-\frac{1}{2}} & -\hat{C}^{-\frac{1}{2}} C \hat{C}^{-\frac{1}{2}} \end{bmatrix} u = \mu \begin{bmatrix} I & w \hat{A}^{-\frac{1}{2}} B^{\mathrm{T}} \hat{C}^{-\frac{1}{2}} \\ 0 & -I \end{bmatrix} u. \tag{5.43}$$

设 $\tilde{A} = \hat{A}^{-\frac{1}{2}} A \hat{A}^{-\frac{1}{2}}$, $\tilde{B} = \hat{C}^{-\frac{1}{2}} B \hat{A}^{-\frac{1}{2}}$ 和 $\tilde{C} = \hat{C}^{-\frac{1}{2}} C \hat{C}^{-\frac{1}{2}}$. 则式 (5.43) 可转化为

$$\begin{bmatrix} \tilde{A} & \tilde{B}^{\mathrm{T}} \\ \tilde{B} & -\tilde{C} \end{bmatrix} u = \mu \begin{bmatrix} I & w\tilde{B}^{\mathrm{T}} \\ 0 & -I \end{bmatrix} u, \tag{5.44}$$

由式 (5.44) 知, MP_{-}^{-1} 特征值的界就等价于如下矩阵特征值的界

$$\hat{\mathcal{A}} \hat{P}^{-1} = \begin{bmatrix} \tilde{A} & \tilde{B}^{\mathrm{T}} \\ \tilde{B} & -\tilde{C} \end{bmatrix} \begin{bmatrix} I & w\tilde{B}^{\mathrm{T}} \\ 0 & -I \end{bmatrix}^{-1} = \begin{bmatrix} \tilde{A} & (w\tilde{A} - I)\tilde{B}^{\mathrm{T}} \\ \tilde{B} & w\tilde{B}\tilde{B}^{\mathrm{T}} + \tilde{C} \end{bmatrix},$$

不难发现, 这里需要考虑两种情形: $\det(w\tilde{A} - I) = 0$ 和 $\det(w\tilde{A} - I) \neq 0$.

若 $\det(w\tilde{A} - I) = 0$, 则 $w\tilde{A} - I$ 是奇异的. 在这种情况下, 矩阵 $\tilde{A}$ 有特征值 $\dfrac{1}{w}$ 以及存在一个正交矩阵 X_0 满足

$$w\tilde{A} X_0 = X_0, \quad X_0^{\mathrm{T}} X_0 = I,$$

于是, $\tilde{A}$ 可表示为 $\tilde{A} = [X_0, X] \mathrm{diag}\left(\dfrac{1}{w} I, \Lambda\right)[X_0, X]^{\mathrm{T}}$, 其中 $[X_0, X]$ 为正交矩阵, Λ 为对角元不为 $\dfrac{1}{w}$ 的对角矩阵. 这样一来,

$$\begin{bmatrix} [X_0, X] & \\ & I \end{bmatrix}^{\mathrm{T}} \hat{\mathcal{A}} \hat{P}^{-1} \begin{bmatrix} [X_0, X] & \\ & I \end{bmatrix} = \begin{bmatrix} \dfrac{1}{w} I & 0 & 0 \\ 0 & \Lambda & (w\Lambda - I) X^{\mathrm{T}} \tilde{B}^{\mathrm{T}} \\ \tilde{B} X_0 & \tilde{B} X & w\tilde{B}\tilde{B}^{\mathrm{T}} + \tilde{C} \end{bmatrix},$$

由上式易知, 矩阵 $\hat{\mathcal{A}} \hat{P}^{-1}$ 有特征值 $\dfrac{1}{w}$(可能多重).

若 $\det(w\tilde{A} - I) \neq 0$, 则 $w\tilde{A} - I$ 是非奇异的. 在这种情况下, 如 5.3 节所述, 只需考虑上式的右下角所形成的 2×2 块矩阵. 于是, $\hat{\mathcal{A}} \hat{P}^{-1}$ 可以表示成两个对称矩阵的乘积形式, 即

$$\hat{\mathcal{A}} \hat{P}^{-1} = \begin{bmatrix} \tilde{A}(w\tilde{A} - I) & (w\tilde{A} - I)\tilde{B}^{\mathrm{T}} \\ \tilde{B}(w\tilde{A} - I) & w\tilde{B}\tilde{B}^{\mathrm{T}} + \tilde{C} \end{bmatrix} \begin{bmatrix} w\tilde{A} - I & 0 \\ 0 & I \end{bmatrix}^{-1} \equiv \tilde{\mathcal{A}} \tilde{P}^{-1},$$

因此, MP_-^{-1} 的特征值问题就等价于广义特征值问题

$$\tilde{A}u = \mu \tilde{P}u.$$

设

$$X^{\mathrm{T}}\tilde{A}X = \Lambda \equiv \left[\begin{array}{cc} \Lambda_1 & 0 \\ 0 & \Lambda_2 \end{array} \right],$$

其中 $\Lambda_1 - \dfrac{1}{w}I < 0,\ \Lambda_2 - \dfrac{1}{w}I > 0$. 类似地, 将矩阵 X 分裂为 $X = [X_1, X_2]$. 通过简单计算得

$$
Z^{\mathrm{T}}\tilde{A}Z = \left[\begin{array}{cc} X^{\mathrm{T}} & 0 \\ 0 & I \end{array} \right] \left[\begin{array}{cc} \tilde{A}(w\tilde{A}-I) & (w\tilde{A}-I)\tilde{B}^{\mathrm{T}} \\ \tilde{B}(w\tilde{A}-I) & w\tilde{B}\tilde{B}^{\mathrm{T}}+\tilde{C} \end{array} \right] \left[\begin{array}{cc} X & 0 \\ 0 & I \end{array} \right]
$$

$$
= \left[\begin{array}{cc} \Lambda(w\Lambda-I) & (w\Lambda-I)X^{\mathrm{T}}\tilde{B}^{\mathrm{T}} \\ \tilde{B}X(w\Lambda-I) & w\tilde{B}\tilde{B}^{\mathrm{T}}+\tilde{C} \end{array} \right]
$$

$$
= \left[\begin{array}{ccc} \Lambda_1(w\Lambda_1-I) & 0 & (w\Lambda_1-I)X_1^{\mathrm{T}}\tilde{B}^{\mathrm{T}} \\ 0 & \Lambda_2(w\Lambda_2-I) & (w\Lambda_2-I)X_2^{\mathrm{T}}\tilde{B}^{\mathrm{T}} \\ \tilde{B}X_1(w\Lambda_1-I) & \tilde{B}X_2(w\Lambda_2-I) & w\tilde{B}\tilde{B}^{\mathrm{T}}+\tilde{C} \end{array} \right]
$$

和

$$
Z^{\mathrm{T}}\tilde{P}Z = \left[\begin{array}{cc} X^{\mathrm{T}} & 0 \\ 0 & I \end{array} \right] \left[\begin{array}{cc} w\tilde{A}-I & 0 \\ 0 & I \end{array} \right] \left[\begin{array}{cc} X & 0 \\ 0 & I \end{array} \right] = \left[\begin{array}{ccc} w\Lambda_1-I & 0 & 0 \\ 0 & w\Lambda_2-I & 0 \\ 0 & 0 & I \end{array} \right],
$$

记 $\mathcal{D} = \mathrm{diag}((I-w\Lambda_1)^{\frac{1}{2}}, (w\Lambda_2-I)^{\frac{1}{2}}, I)$. 则特征值问题

$$\mathcal{D}^{-1}Z^{\mathrm{T}}\tilde{A}Z\mathcal{D}^{-1}\overline{u} = \mu \mathcal{D}^{-1}Z^{\mathrm{T}}\tilde{P}Z\mathcal{D}^{-1}\overline{u}$$

可写为

$$
\left[\begin{array}{ccc} -\Lambda_1 & 0 & -(I-w\Lambda_1)^{\frac{1}{2}}X_1^{\mathrm{T}}\tilde{B}^{\mathrm{T}} \\ 0 & \Lambda_2 & (w\Lambda_2-I)^{\frac{1}{2}}X_2^{\mathrm{T}}\tilde{B}^{\mathrm{T}} \\ -\tilde{B}X_1(I-w\Lambda_1)^{\frac{1}{2}} & \tilde{B}X_2(w\Lambda_2-I)^{\frac{1}{2}} & w\tilde{B}\tilde{B}^{\mathrm{T}}+\tilde{C} \end{array} \right] \overline{u} = \mu \left[\begin{array}{ccc} -I & 0 & 0 \\ 0 & I & 0 \\ 0 & 0 & I \end{array} \right] \overline{u}.
$$

令

$$
Q_1 = \left[\begin{array}{c} 0 \\ -\tilde{B}X_1(I-w\Lambda_1)^{\frac{1}{2}} \end{array} \right], \quad Q_2 = \tilde{B}X_2(w\Lambda_2-I)^{\frac{1}{2}}, \quad H = \left[\begin{array}{cc} \Lambda_2 & Q_2^{\mathrm{T}} \\ Q_2 & w\tilde{B}\tilde{B}^{\mathrm{T}}+\tilde{C} \end{array} \right].
$$

通过计算得

$$
\begin{bmatrix} \varLambda_1 & -Q_1^{\mathrm{T}} \\ Q_1 & H \end{bmatrix} \overline{u} = \mu \overline{u}. \tag{5.45}
$$

文献 [161] 中已给出如下结果.

引理 5.4.1[161] 设

$$
H = \begin{bmatrix} \varLambda & Q^{\mathrm{T}} \\ Q & w\tilde{B}\tilde{B}^{\mathrm{T}} + \tilde{C} \end{bmatrix} \in \mathbb{R}^{k \times k}, \quad Q = \tilde{B}X(w\varLambda - I)^{\frac{1}{2}},
$$

其中矩阵 X 具有正交列向量, $\varLambda > \dfrac{1}{w}I$. $\lambda_1, \tilde{\lambda}_1$ 分别是 $\varLambda$ 和 $\tilde{C}$ 的最大特征值. 设 σ_1 和 σ_m 分别是 $\tilde{B}$ 的最大和最小奇异值. 则对于任意的 $u \in \mathbb{R}^k, u \neq \mathbf{0}$, 有

$$
\frac{\min\left\{\dfrac{1}{w}, \dfrac{\sigma_m^2}{\lambda_1}\right\}}{2(1 + w^2\sigma_1^2)} \leqslant \frac{u^{\mathrm{T}}Hu}{u^{\mathrm{T}}u} \leqslant \max\{2\lambda_1, 2w\sigma_1^2 + \tilde{\lambda}_1\}. \tag{5.46}
$$

定理 5.4.1[161] 设 λ_n 和 λ_1 为 $\tilde{A}$ 的极端特征值, σ_m 和 σ_1 为 $\tilde{B}$ 的极端奇异值. 设 $\tilde{\lambda}_1$ 为 $\tilde{C}$ 的最大特征值. 则预处理矩阵 MP_-^{-1} 特征值 μ 的实部满足

$$
\min\left\{\lambda_n, \frac{\min\left\{\dfrac{1}{w}, \dfrac{\sigma_m^2}{\lambda_1}\right\}}{2(1 + w^2\sigma_1^2)}\right\} \leqslant \Re(\mu) \leqslant \max\left\{\frac{1}{w}, 2\lambda_1, 2w\sigma_1^2 + \tilde{\lambda}_1\right\}. \tag{5.47}
$$

引理 5.4.2[163] 对于任意 $U, V \in \mathbb{R}^{n \times 1}$, 则

$$
2|U^{\mathrm{T}}V| \leqslant \theta U^{\mathrm{T}}U + \frac{1}{\theta}V^{\mathrm{T}}V, \quad \forall\, \theta > 0.
$$

依据定理 5.4.2, 能够获得关于矩阵 H 特征值分布的一个新界, 其结果在如下引理 5.4.3 中.

引理 5.4.3 设

$$
H = \begin{bmatrix} \varLambda & Q^{\mathrm{T}} \\ Q & w\tilde{B}\tilde{B}^{\mathrm{T}} + \tilde{C} \end{bmatrix} \in \mathbb{R}^{k \times k}, \quad Q = \tilde{B}X(w\varLambda - I)^{\frac{1}{2}},
$$

其中矩阵 X 具有正交列向量, $\varLambda > \dfrac{1}{w}I$. $\lambda_1, \tilde{\lambda}_1$ 分别是 $\varLambda$ 和 $\tilde{C}$ 的最大特征值. 设 σ_1 和 σ_m 分别是 $\tilde{B}$ 的最大和最小奇异值. 则对于任意的 $u \in \mathbb{R}^k, u \neq \mathbf{0}$, 有

$$
\frac{\min\left\{\dfrac{1}{w}, \dfrac{\sigma_m^2}{\lambda_1}\right\}}{1 + \tilde{\theta}} \leqslant \frac{u^{\mathrm{T}}Hu}{u^{\mathrm{T}}u} \leqslant (1 + \theta)\lambda_1, \tag{5.48}
$$

其中

$$\theta = \frac{w^2\sigma_1 + \tilde{\lambda}_1 - \lambda_1 + \sqrt{(w^2\sigma_1 + \tilde{\lambda}_1 - \lambda_1)^2 + 4w^2\sigma_1\lambda_1}}{2\lambda_1},$$

$$\tilde{\theta} = w^2\sigma_1^2 + 1.$$

证明 设 $u = [x^{\mathrm{T}}, y^{\mathrm{T}}]^{\mathrm{T}}$, $u \neq 0$. 则

$$u^{\mathrm{T}}Hu = x^{\mathrm{T}}\varLambda x + 2x^{\mathrm{T}}Q^{\mathrm{T}}y + y^{\mathrm{T}}(w\tilde{B}\tilde{B}^{\mathrm{T}} + \tilde{C})y$$
$$\leqslant x^{\mathrm{T}}\varLambda x + 2|x^{\mathrm{T}}Q^{\mathrm{T}}y| + y^{\mathrm{T}}(w\tilde{B}\tilde{B}^{\mathrm{T}} + \tilde{C})y, \tag{5.49}$$

由引理 5.4.2, 对 $\forall\, \theta > 0$, 有

$$2|x^{\mathrm{T}}Q^{\mathrm{T}}y| = 2|x^{\mathrm{T}}(w\varLambda - I)^{\frac{1}{2}}X^{\mathrm{T}}\tilde{B}^{\mathrm{T}}y|$$
$$= 2|x^{\mathrm{T}}\varLambda^{\frac{1}{2}}(wI - \varLambda^{-1})^{\frac{1}{2}}X^{\mathrm{T}}\tilde{B}^{\mathrm{T}}y|$$
$$\leqslant \theta x^{\mathrm{T}}\varLambda x + \frac{1}{\theta}y^{\mathrm{T}}\tilde{B}X(wI - \varLambda^{-1})X^{\mathrm{T}}\tilde{B}^{\mathrm{T}}y$$
$$\leqslant \theta x^{\mathrm{T}}\varLambda x + \frac{w}{\theta}y^{\mathrm{T}}\tilde{B}\tilde{B}^{\mathrm{T}}y, \tag{5.50}$$

将式 (5.50) 代入式 (5.49) 得

$$u^{\mathrm{T}}Hu \leqslant (1+\theta)x^{\mathrm{T}}\varLambda x + w\left(1 + \frac{1}{\theta}\right)y^{\mathrm{T}}\tilde{B}\tilde{B}^{\mathrm{T}}y + y^{\mathrm{T}}\tilde{C}y$$
$$\leqslant (1+\theta)\lambda_1 x^{\mathrm{T}}x + \left(w\left(1 + \frac{1}{\theta}\right)\sigma_1^2 + \tilde{\lambda}_1\right)y^{\mathrm{T}}y, \tag{5.51}$$

对式 (5.51), 取 θ 满足

$$(1+\theta)\lambda_1 = w\left(1 + \frac{1}{\theta}\right)\sigma_1^2 + \tilde{\lambda}_1,$$

则

$$\theta = \frac{w^2\sigma_1 + \tilde{\lambda}_1 - \lambda_1 + \sqrt{(w^2\sigma_1 + \tilde{\lambda}_1 - \lambda_1)^2 + 4w^2\sigma_1\lambda_1}}{2\lambda_1}. \tag{5.52}$$

依据这一选择, 有

$$u^{\mathrm{T}}Hu \leqslant (1+\theta)\lambda_1(x^{\mathrm{T}}x + y^{\mathrm{T}}y) = (1+\theta)\lambda_1 u^{\mathrm{T}}u,$$

这就给出了上界. 为了给出下界, 现将矩阵 H 表示如下

$$H = \begin{bmatrix} I & 0 \\ Q\varLambda^{-1} & I \end{bmatrix} \begin{bmatrix} \varLambda & 0 \\ 0 & -Q\varLambda^{-1}Q^{\mathrm{T}} + w\tilde{B}\tilde{B}^{\mathrm{T}} + \tilde{C} \end{bmatrix} \begin{bmatrix} I & \varLambda^{-1}Q^{\mathrm{T}} \\ 0 & I \end{bmatrix} = LDL^{\mathrm{T}}.$$

设 $X_\perp$ 使得 $[X, X_\perp]$ 为一正交矩阵. 则

$$-Q\Lambda^{-1}Q^{\mathrm{T}} + w\tilde{B}\tilde{B}^{\mathrm{T}} = \tilde{B}[X, X_\perp]\mathrm{diag}(\Lambda^{-1}, wI)[X, X_\perp]^{\mathrm{T}}\tilde{B}^{\mathrm{T}} > 0,$$

这一结果表明 H 为对称正定的. 又由于 $\Lambda > \dfrac{1}{w}I$, 则

$$\begin{aligned}
u^{\mathrm{T}}Du &= x^{\mathrm{T}}\Lambda x + y^{\mathrm{T}}(\tilde{B}[X, X_\perp]\mathrm{diag}(\Lambda^{-1}, I)[X, X_\perp]^{\mathrm{T}}\tilde{B}^{\mathrm{T}})y + y^{\mathrm{T}}\tilde{C}y \\
&\geqslant x^{\mathrm{T}}\Lambda x + \lambda_1^{-1}y^{\mathrm{T}}\tilde{B}\tilde{B}^{\mathrm{T}}y + y^{\mathrm{T}}\tilde{C}y \\
&\geqslant \min\left\{\frac{1}{w}, \frac{\sigma_m^2}{\lambda_1}\right\}u^{\mathrm{T}}u,
\end{aligned} \tag{5.53}$$

因为 $H = LDL^{\mathrm{T}}$, 所以 $H\overline{w} = \mu\overline{w}$ 能写成

$$Du = \mu L^{-1}L^{-\mathrm{T}}u, \quad u = L^{\mathrm{T}}\overline{w},$$

如前所述 H 是正定的, 即有 $\mu > 0$. 进一步, 有

$$\begin{aligned}
u^{\mathrm{T}}Du &= \mu(x^{\mathrm{T}}x - 2x^{\mathrm{T}}\Lambda^{-1}Q^{\mathrm{T}}y + y^{\mathrm{T}}(I + Q\Lambda^{-2}Q^{\mathrm{T}})y) \\
&\leqslant \mu(x^{\mathrm{T}}x + 2|x^{\mathrm{T}}\Lambda^{-1}Q^{\mathrm{T}}y| + y^{\mathrm{T}}(I + Q\Lambda^{-2}Q^{\mathrm{T}})y),
\end{aligned}$$

由引理 5.4.2, 对 $\forall\, \tilde{\theta} > 0$, 有

$$2|x^{\mathrm{T}}\Lambda^{-1}Q^{\mathrm{T}}y| \leqslant \tilde{\theta}x^{\mathrm{T}}x + \frac{1}{\tilde{\theta}}y^{\mathrm{T}}Q\Lambda^{-2}Q^{\mathrm{T}}y, \tag{5.54}$$

由 Q 的定义及 $\Lambda > \dfrac{1}{w}$ 得

$$\|Q\Lambda^{-2}Q^{\mathrm{T}}\| = \|\tilde{B}X(w\Lambda - I)\Lambda^{-2}X^{\mathrm{T}}\tilde{B}^{\mathrm{T}}\| \leqslant w^2\|\tilde{B}\tilde{B}^{\mathrm{T}}\| \leqslant w^2\sigma_1^2, \tag{5.55}$$

将式 (5.54) 与式 (5.55) 相结合, 有

$$\begin{aligned}
u^{\mathrm{T}}Du &\leqslant \mu\left((1 + \tilde{\theta})x^{\mathrm{T}}x + \left(1 + \frac{1}{\tilde{\theta}}\right)w^2\sigma_1^2 y^{\mathrm{T}}y + y^{\mathrm{T}}y\right) \\
&\leqslant \mu\left((1 + \tilde{\theta})x^{\mathrm{T}}x + \left(1 + \frac{1}{\tilde{\theta}}\right)(w^2\sigma_1^2 + 1)y^{\mathrm{T}}y\right),
\end{aligned} \tag{5.56}$$

对式 (5.56), 取 θ 满足

$$1 + \tilde{\theta} = \left(1 + \frac{1}{\tilde{\theta}}\right)(w^2\sigma_1^2 + 1),$$

则

$$\tilde{\theta} = w^2\sigma_1^2 + 1.$$

依据这一选择, 有

$$u^{\mathrm{T}}Du \leqslant \mu(1+\tilde{\theta})(x^{\mathrm{T}}x + y^{\mathrm{T}}y) = \mu(1+\tilde{\theta})u^{\mathrm{T}}u. \tag{5.57}$$

由式 (5.53) 和式 (5.57), 则有

$$\frac{\min\left\{\dfrac{1}{w}, \dfrac{\sigma_m^2}{\lambda_1}\right\}}{1+\tilde{\theta}} \leqslant \frac{u^{\mathrm{T}}Hu}{u^{\mathrm{T}}u},$$

即

$$\frac{\min\left\{\dfrac{1}{w}, \dfrac{\sigma_m^2}{\lambda_1}\right\}}{1+\tilde{\theta}} \leqslant \frac{u^{\mathrm{T}}Hu}{u^{\mathrm{T}}u} \leqslant (1+\theta)\lambda_1,$$

其中

$$\theta = \frac{w^2\sigma_1 + \tilde{\lambda}_1 - \lambda_1 + \sqrt{(w^2\sigma_1 + \tilde{\lambda}_1 - \lambda_1)^2 + 4w^2\sigma_1\lambda_1}}{2\lambda_1}$$

$$\tilde{\theta} = w^2\sigma_1^2 + 1. \qquad\qquad \square$$

定理 5.4.2 设 $\mu_1 = \dfrac{\min\left\{\dfrac{1}{w}, \dfrac{\sigma_m^2}{\lambda_1}\right\}}{2(1+w^2\sigma_1^2)}, \mu_2 = \max\{2\lambda_1, 2w\sigma_1^2 + \tilde{\lambda}_1\}, \hat{\mu}_1 = $

$\dfrac{\min\left\{\dfrac{1}{w}, \dfrac{\sigma_m^2}{\lambda_1}\right\}}{1+\tilde{\theta}}, \hat{\mu}_2 = (1+\theta)\lambda_1,$

其中

$$\theta = \frac{w^2\sigma_1 + \tilde{\lambda}_1 - \lambda_1 + \sqrt{(w^2\sigma_1 + \tilde{\lambda}_1 - \lambda_1)^2 + 4w^2\sigma_1\lambda_1}}{2\lambda_1},$$

$$\tilde{\theta} = w^2\sigma_1^2 + 1,$$

则

$$[\hat{\mu}_1, \hat{\mu}_2] \subseteq [\mu_1, \mu_2].$$

证明 显然, $1+\tilde{\theta} = 2 + w^2\sigma_1^2 \leqslant 2(1+w^2\sigma_1^2)$. 因此, $\mu_1 \leqslant \hat{\mu}_1$. 接下来, 只需证明 $\hat{\mu}_2 \leqslant \mu_2$. 为此, 需考虑两个方面: $\theta \leqslant 1$ 和 $\theta > 1$. 如果 $\theta \leqslant 1$, 则 $(1+\theta)\lambda_1 \leqslant 2\lambda_1$. 如果 $\theta > 1$, 则

$$(1+\theta)\lambda_1 = w\left(1 + \frac{1}{\theta}\right)\sigma_1^2 + \tilde{\lambda}_1 \leqslant 2w\sigma_1^2 + \tilde{\lambda}_1. \qquad\qquad \square$$

由定理 5.4.2 知, 引理 5.4.3 关于矩阵 H 特征值分布的界要优于定理 5.4.1 的. 也就是说, 引理 5.4.3 关于矩阵 H 特征值分布提供了一个有效估计.

类似地, 下面定理要优于定理 5.4.1.

定理 5.4.3 设 λ_n 和 λ_1 为 $\tilde{A}$ 的极端特征值, σ_m 和 σ_1 为 $\tilde{B}$ 的极端奇异值. 设 $\tilde{\lambda}_1$ 为 $\tilde{C}$ 的最大特征值. 则预处理矩阵 MP_-^{-1} 特征值 μ 的实部满足

$$\min\left\{\lambda_n, \frac{\min\left\{\dfrac{1}{w}, \dfrac{\sigma_m^2}{\lambda_1}\right\}}{1+\tilde{\theta}}\right\} \leqslant \Re(\mu) \leqslant \max\left\{\frac{1}{w}, (1+\theta)\lambda_1\right\}, \tag{5.58}$$

其中

$$\theta = \frac{w^2\sigma_1 + \tilde{\lambda}_1 - \lambda_1 + \sqrt{(w^2\sigma_1 + \tilde{\lambda}_1 - \lambda_1)^2 + 4w^2\sigma_1\lambda_1}}{2\lambda_1}, \quad \tilde{\theta} = w^2\sigma_1^2 + 1.$$

注 5.4.1 特别地, 如果 $\Lambda = \Lambda_2 > I$(此时不存在 Λ_1), 则特征值问题 (5.45) 就退化为 $H\bar{u} = \mu\bar{u}$. 在这种情况下, 引理 5.4.3 就刻画了预处理矩阵 MP_-^{-1} 的特征值分布. 即预处理矩阵 MP_-^{-1} 的所有特征值满足

$$\frac{\min\left\{\dfrac{1}{w}, \dfrac{\sigma_m^2}{\lambda_1}\right\}}{1+\tilde{\theta}} \leqslant \mu \leqslant (1+\theta)\lambda_1,$$

其中

$$\tilde{\theta} = w^2\sigma_1^2 + 1, \quad \theta = \frac{w^2\sigma_1 + \tilde{\lambda}_1 - \lambda_1 + \sqrt{(w^2\sigma_1 + \tilde{\lambda}_1 - \lambda_1)^2 + 4w^2\sigma_1\lambda_1}}{2\lambda_1}.$$

定理 5.4.3 给出了预处理矩阵 MP_-^{-1} 特征值实部的范围. 为了给出预处理矩阵 MP_-^{-1} 特征值虚部的范围, 基于前面的讨论, 我们有下面定理.

定理 5.4.4 假定 λ_n 为 $\tilde{A}$ 的最小特征值, σ_m 为 $\tilde{B}$ 的最小奇异值, $\tilde{\lambda}_m$ 为 $\tilde{C}$ 的最小特征值. 设 μ 为预处理矩阵 MP_-^{-1} 的特征值. 如果 $\Im(\mu) \neq 0$, 则

$$\left|\mu - \frac{1}{w}\right| \leqslant \frac{\sqrt{(1-w\lambda_n)(1-w\tilde{\lambda}_m)}}{w}$$

和

$$\frac{w\sigma_m^2 + \lambda_n + \tilde{\lambda}_m}{2} \leqslant \Re(\mu) \leqslant \frac{1+\sqrt{(1-w\lambda_n)(1-w\tilde{\lambda}_m)}}{w}.$$

证明 设 μ 为预处理矩阵 MP_-^{-1} 的特征值, 其特征值向量为 $u = [u_1; u_2]$. 用 $\dfrac{u_1^*}{\|u_1\|^2}$ 及 $\dfrac{u_2^*}{\|u_2\|^2}$ 分别乘式 (5.44) 的第一个和第二个方程得

$$\begin{cases} \theta_{\tilde{A}} + \phi = \mu + w\mu\phi, \\ \bar{\phi} - \theta_{\tilde{C}}\rho = -\mu\rho, \end{cases} \tag{5.59}$$

其中

$$\theta_{\tilde{A}} = \frac{u_1^* \tilde{A} u_1}{\|u_1\|^2}, \quad \phi = \frac{u_1^* \tilde{B}^{\mathrm{T}} u_2}{\|u_1\|^2}, \quad \rho = \frac{\|u_2\|}{\|u_1\|}, \quad \theta_{\tilde{C}} = \frac{u_2^* \tilde{C} u_2}{\|u_2\|^2},$$

由第二个方程得 $\phi = (\theta_{\tilde{C}} - \overline{\mu})\rho$, 并将 ϕ 代入式 (5.59) 的第一个方程得

$$\theta_{\tilde{A}} - \mu = (w\mu - 1)(\theta_{\tilde{C}} - \overline{\mu})\rho$$

或

$$\theta_{\tilde{A}} - \mu = (-w|\mu|^2 + \overline{\mu} + \theta_{\tilde{C}}(w\mu - 1))\rho, \tag{5.60}$$

由虚部得 $\rho = \dfrac{1}{1 - w\theta_{\tilde{C}}}$, 这就说明 $w\theta_{\tilde{C}} < 1$; 将 ρ 代入式 (5.60) 有

$$(1 - w\theta_{\tilde{C}})(\theta_{\tilde{A}} - \mu) = -w|\mu|^2 + \overline{\mu} + \theta_{\tilde{C}}(w\mu - 1), \tag{5.61}$$

由式 (5.61) 知

$$\left|\mu - \frac{1}{w}\right|^2 = \frac{(1 - w\theta_{\tilde{A}})(1 - w\theta_{\tilde{C}})}{w^2} \leqslant \frac{(1 - w\lambda_n)(1 - w\tilde{\lambda}_m)}{w^2},$$

即

$$\left|\mu - \frac{1}{w}\right| \leqslant \frac{\sqrt{(1 - w\lambda_n)(1 - w\tilde{\lambda}_m)}}{w}, \quad \Re(\mu) \leqslant \frac{1 + \sqrt{(1 - w\lambda_n)(1 - w\tilde{\lambda}_m)}}{w}.$$

易发现, 式 (5.44) 的实特征值不在区间 $[\alpha_{\tilde{A}}, \beta_{\tilde{A}}]$ 内, 而是满足如下方程

$$\mu^2 - (w\theta_{\tilde{B}\tilde{B}^{\mathrm{T}}} + \theta_{\tilde{A}} + \theta_{\tilde{C}})\mu + \theta_{\tilde{B}\tilde{B}^{\mathrm{T}}} + \theta_{\tilde{A}}\theta_{\tilde{C}} = 0, \tag{5.62}$$

其中 $\theta_{\tilde{B}\tilde{B}^{\mathrm{T}}} = \dfrac{u_2^* \tilde{B}\tilde{B}^{\mathrm{T}} u_2}{\|u_2\|^2}$. 由式 (5.62) 知

$$\Re(\mu) \geqslant \frac{w\sigma_m^2 + \lambda_n + \tilde{\lambda}_m}{2}. \qquad \square$$

注 5.4.2　通过比较定理 5.4.1[161] 和定理 5.4.4, 显然, 定理 5.4.4 改进了定理 5.4.1[161] 的结果, 即相对定理 5.4.1[161] 来说, 定理 5.4.4 呈现的关于预处理矩阵 MP_-^{-1} 所有复特征值的区域更为合理.

5.4.3　数值实验

本节将给出一些数值实验来说明 5.4.2 节所获得的理论结果. 所有的数值实验均由 MATLAB 7.0 完成.

考虑 5.3.3 节中稳态的 Stokes 方程 (5.42)通过 IFISS 软件所形成的鞍点问题 M. 为方便, 这里取三个网格数 h, 分别为 $h = \dfrac{1}{8}, \dfrac{1}{16}, \dfrac{1}{32}$. 表 5.13 列举了相关矩阵的稀疏信息.

表 5.13 n 和 m 的值及 M 的阶数

h	n	m	M的阶数
8×8	162	62	224
16×16	578	254	832
32×32	2178	1022	3200

实验中, 矩阵 A 的不完全 Cholesky 分解为

$$A = LL^{\mathrm{T}} + r, \quad \widehat{A} = LL^{\mathrm{T}},$$

其中误差阈值取为 $0.01^{[57, 89]}$. 为方便, 这里取矩阵 $\hat{C} = C + B(LL^{\mathrm{T}})^{-1}B^{\mathrm{T}}$.
令

$$\tau_1 = \min\left\{\lambda_n, \frac{\min\left\{\dfrac{1}{w}, \dfrac{\sigma_m^2}{\lambda_1}\right\}}{2(1 + w^2\sigma_1^2)}\right\}, \quad \tau_2 = \max\left\{\frac{1}{w}, 2\lambda_1, 2w\sigma_1^2 + \tilde{\lambda}_1\right\}$$

及

$$\overline{\tau}_1 = \min\left\{\lambda_n, \frac{\min\left\{\dfrac{1}{w}, \dfrac{\sigma_m^2}{\lambda_1}\right\}}{1 + \tilde{\theta}}\right\}, \quad \overline{\tau}_2 = \max\left\{\frac{1}{w}, (1 + \theta)\lambda_1\right\},$$

其中

$$\theta = \frac{w^2\sigma_1 + \tilde{\lambda}_1 - \lambda_1 + \sqrt{(w^2\sigma_1 + \tilde{\lambda}_1 - \lambda_1)^2 + 4w^2\sigma_1\lambda_1}}{2\lambda_1}, \quad \tilde{\theta} = w^2\sigma_1^2 + 1.$$

通过计算, 我们给出表 5.14~ 表 5.16 来说明定理 5.4.3 及定理 5.4.1 的理论结果. 由表 5.14~ 表 5.16 知, 其数值结果与理论结果相一致. 在表 5.14~ 表 5.16 中, 很容易发现定理 5.4.3 的所提供 MP_-^{-1} 的特征值区域要比定理 5.4.1 所提供的区域要精确. 这进一步说明定理 5.4.3 改进了定理 5.4.1 的结果.

表 5.14 8×8 网格下 MP_-^{-1} 的特征值包含区域

w	$\Re(\mu)$	$[\tau_1, \tau_2]$	$[\overline{\tau}_1, \overline{\tau}_2]$
0.5	[0.5914, 1.6329]	[0.0012, 3.3786]	[0.2631, 3.3125]
1	[0.5159, 2.1733]	[0.0012, 3.3786]	[0.1973, 3.1515]
2	[0.3354, 3.2049]	[0.0011, 4.9961]	[0.0833, 3.7098]
3	[0.2473, 4.2122]	[0.0011, 6.9961]	[0.0303, 4.5106]

表 5.15　16×16 网格下 MP_-^{-1} 的特征值包含区域

w	$\Re(\mu)$	$[\tau_1, \tau_2]$	$[\overline{\tau}_1, \overline{\tau}_2]$
0.5	[0.4876, 2.0000]	[0.0002, 3.9999]	[0.2222, 3.8511]
1	[0.4474, 2.5531]	[0.0002, 3.9999]	[0.1667, 3.4138]
2	[0.3135, 3.5600]	[0.0002, 4.9993]	[0.0833, 3.8501]
3	[0.2398, 4.5375]	[0.0002, 6.9993]	[0.0303, 4.6096]

表 5.16　32×32 网格下 MP_-^{-1} 的特征值包含区域

w	$\Re(\mu)$	$[\tau_1, \tau_2]$	$[\overline{\tau}_1, \overline{\tau}_2]$
0.5	[0.3646, 2.1146]	[0.0001, 4.1793]	[0.2080, 4.0114]
1	[0.4163, 2.6589]	[0.0001, 4.1793]	[0.1595, 3.4910]
2	[0.3078, 3.6614]	[0.0001, 4.9998]	[0.0798, 3.8906]
3	[0.2375, 4.6353]	[0.0001, 6.9998]	[0.0303, 4.6379]

接下来, 给出一些迭代结果来说明本节讨论预处理子结合 GMRES(l) 求解广义鞍点问题的有效性. 一般情形下, 关于重启数 l 的选择并没有通用的原则, 其主要依赖于实践中的一些经验. 在数值计算中, 为简单起见, 重启数 l 的取值为 20. 测试的初始向量为零向量, GMRES(20) 的停止准则为 $\|r^{(k)}\|_2/\|r^{(0)}\|_2 < 10^{-6}$. 表 5.17 列举了预处理 GMRES(20) 方法用于求解 16×16 和 32×32 网格下 Stokes 方程的迭代数. 数值实验的目的在于说明特征值分布对 GMRES(20) 收敛性的影响. "IT" 表示迭代数, "CPU(s)" 表示求解问题所需的时间 (秒).

表 5.17　预处理子 P_- 和 P_+ 的 IT 及 CPU

		w	0	1	1.5	2.5	5
16×16	P_-	IT	2(14)	2(3)	1(20)	2(7)	3(4)
		CPU(s)	0.7569	0.7031	0.5781	0.8125	1.3082
	P_+	IT	2(19)	2(11)	2(13)	3(5)	5(13)
		CPU(s)	0.8438	0.7450	0.9688	1.3125	2.6250
32×32	P_-	IT	3(11)	2(12)	2(9)	2(10)	3(7)
		CPU(s)	29.0313	27.5313	23.7031	24.9844	35.6875
	P_+	IT	3(14)	3(12)	3(11)	3(17)	6(14)
		CPU(s)	44.1625	43.1688	43.0628	45.4375	84.8906

由表 5.17 知, 其所有结果均显示出预处理子 P_- 的效率要稍优于预处理子 P_+, 二者的效率均优于块对角预处理子 $\mathcal{P}_0$ 和 $\mathcal{G}_0$.

最后, 比较预处理子 P_- 和 HSS 预处理子 [14] 的效率, 这里 HSS 预处理子表示为 $P_w = \dfrac{1}{2w}(wI + H)(wI + S)$, 其中

$$H = \begin{bmatrix} A & 0 \\ 0 & C \end{bmatrix}, \quad S = \begin{bmatrix} 0 & B^{\mathrm{T}} \\ -B & 0 \end{bmatrix}.$$

表 5.18 显示出预处理子 P_- 和 P_w 结合 GMRES(20) 求解广义鞍点问题的效率. 由表 5.18 知, 在一定的条件下, 预处理子 P_- 的效率要稍优于预处理子 P_w.

表 5.18 预处理子 P_- 和 P_w 的 IT 及 CPU

		w	0.5	0.75	1	1.5	2
16×16	P_-	IT	2(7)	2(6)	2(3)	1(20)	2(5)
		CPU(s)	0.8438	0.8194	0.7031	0.5781	0.8338
	P_w	IT	87(18)	47(3)	74(17)	154(20)	123(19)
		CPU(s)	283	149.7656	238.4844	499.4688	392.75
32×32	P_-	IT	2(17)	2(16)	2(12)	2(9)	2(8)
		CPU(s)	29.3750	29.1250	27.5313	23.7031	23.2813
	P_w	IT	178(2)	61(1)	19(1)	122(1)	256(1)
		CPU(s)	28821	9637.8	2918.8	19918	41354

5.5 本 章 小 结

本章给出的主要结果为如下.

(1) 基于矩阵分裂, 给出了求解鞍点问题的一个迭代策略并讨论了其收敛条件;

(2) 对鞍点问题的求解给出了一个修正 SSOR 迭代法 (MSSOR), 讨论了其收敛条件, 并在一定条件下给出了迭代参数的最优因子;

(3) 探讨了两类含参数块三角预处理子作用于广义鞍点问题的的谱性质, 给出了预处理矩阵实特征值及复特征值的新的分布区域, 推广了有关文献的相应结果.

鞍点问题预处理迭代算法是国际数值代数研究领域的热点课题, 目前很多预处理迭代算法在实际求解问题当中还远远没有达到令人满意的程度. 本章只是对鞍点问题的迭代算法及预处理技术进行了一些简要的分析和研究, 对实际问题中的鞍点问题的有效预处理子的提出还有待进一步的研究.

第6章 Maxwell 方程的预处理技术

本章主要讨论两种混合型时谐 Maxwell 方程的数值求解算法: 一种是波数为零 (或不含波数) 的混合型时谐 Maxwell 方程; 另一种是波数非零 (或含波数) 的混合型时谐 Maxwell 方程. 为了有效的加快 Krylov 子空间算法求解混合型时谐 Maxwell 方程的速度, 这里将通过引入自由参数的方式来建立松弛的预处理子, 并分析相应预处理矩阵的谱性质以及最优松弛参数的选取.

6.1 波数为零 Maxwell 方程的块三角预处理技术

6.1.1 引言

如下形式的混合型时谐 Maxwell 方程是发现 u 和 p 使其满足

$$\begin{cases} \nabla \times \nabla \times u + \nabla p = f & \text{在 } \Omega \text{内}, \\ \nabla \cdot u = 0 & \text{在 } \Omega \text{内}, \\ u \times n = 0 & \text{在 } \partial\Omega \text{上}, \\ p = 0 & \text{在 } \partial\Omega \text{上}. \end{cases} \tag{6.1}$$

这里 $\Omega \subset \mathbb{R}^2$ 是具有连通边界 $\partial\Omega$ 的单连通区域, n 是 $\partial\Omega$ 的单位外法向, u 和 p 分别是电磁域和 Lagrange 乘子.

至今, 已存在许多行之有效的方法用于 Maxwell 方程的数值求解, 如边界有限元方法 [164-166]、区域分解方法 [167, 168]、代数多重网格方法 [169]、鞍点问题求解方法 [78, 170, 171] 等. 基于鞍点问题求解方法, 通过利用第一类最低阶的 Nédélec 有限元 [158, 172] 近似电磁域, 用标准的点有限元近似乘子, 就可离散方程 (6.1) 而得到鞍点问题

$$\mathcal{A}x \equiv \begin{bmatrix} A & B^{\mathrm{T}} \\ B & 0 \end{bmatrix} \begin{bmatrix} u \\ p \end{bmatrix} = \begin{bmatrix} f \\ \mathbf{0} \end{bmatrix} \equiv b, \tag{6.2}$$

其中 $u \in \mathbb{R}^n$, $p \in \mathbb{R}^m$ 和 $f \in \mathbb{R}^n$; 对应于离散 curl-curl 算子的 $A \in \mathbb{R}^{n \times n}$ 是对称半正定矩阵并具有 m 维零空间, 对应于离散发散算子的 $B \in \mathbb{R}^{m \times n}$ 是满秩矩阵.

为了有效加快 Krylov 子空间方法 (如 BiCGStab, MINRES 等) 求解优化问题,

近来, Rees 和 Greif 在文献 [173] 中提出了如下块三角预处理子:

$$R_k = \begin{bmatrix} A + B^{\mathrm{T}}W^{-1}B & kB^{\mathrm{T}} \\ 0 & W \end{bmatrix}, \tag{6.3}$$

其中 W 是对称正定矩阵, k 是一个标量且 $k \neq 0$. Rees 和 Greif 证明了如果 A 是对称半正定矩阵且具有 q 维零空间 $(q \leqslant m)$, 则预处理矩阵 $R_k^{-1}\mathcal{A}$ 有 5 个不同的特征值:

$$1, \quad \frac{-k \pm \sqrt{k^2+4}}{2}, \quad \frac{-(k\mu-1) \pm \sqrt{(k\mu-1)^2+4\mu(1+\mu)}}{2(1+\mu)},$$

其中 μ 是由矩阵 A 及 $B^{\mathrm{T}}W^{-1}B$ 所确定的正广义特征值. 进一步, 如果 $q = m$, 则矩阵 $R_k^{-1}\mathcal{A}$ 有 3 个不同的特征值: 1 和 $\dfrac{-k \pm \sqrt{k^2+4}}{2}$. 在此情况下是有利于 Krylov 子空间方法求解优化问题, 这主要是因为在计算过程中 Krylov 子空间方法仅仅涉及计算矩阵–向量乘, 其收敛速度主要依靠预处理矩阵特征值的分布 [89, 174]. 实际上, 预处理的目的是希望改善系数矩阵的谱性质, 特别是希望预处理矩阵特征值仅仅有几个不同的值或是较聚集的. 如果预处理矩阵特征值越聚集, 那么 Krylov 子空间方法收敛速度就越快; 如果预处理矩阵仅仅存在几个不同的特征值, 那么像 BiCGStab, MINRES 或 GMRES 等子空间方法在理论上仅需不同特征值个数的迭代步内就收敛到准确解 [3].

本节基于文献 [173] 的工作, 将预处理技术与辅助参数相结合, 通过对 (1,1) 块的扩充, 对鞍点问题 (6.2) 提出新的含参数块三角预处理子使其特征值更加聚集, 使 Krylov 子空间方法收敛速度更快.

本节的剩余部分组织如下: 6.1.2 节给出新的块三角预处理子并讨论其预处理矩阵谱的分布. 6.1.3 节提出一个新的单列非零 (1,2) 块的块三角预处理子用于求解鞍点问题. 6.1.4 节给出数值试验用以说明本节所给预处理子的有效性.

6.1.2 新的块三角预处理子

为方便, 先考虑鞍点问题

$$\mathcal{F}x \equiv \begin{bmatrix} F & B^{\mathrm{T}} \\ B & 0 \end{bmatrix} \begin{bmatrix} u \\ p \end{bmatrix} = \begin{bmatrix} c \\ d \end{bmatrix} \equiv e, \tag{6.4}$$

其中 $F \in \mathbb{R}^{n \times n}$ 是对称半正定矩阵且具有高维零空间, $B \in \mathbb{R}^{m \times n}(m \leqslant n)$. 这里总假设矩阵 $\mathcal{F}$ 是非奇异的. 此时,

$$\mathrm{rank}(B) = m \text{且} \mathrm{null}(F) \cap \mathrm{null}(B) = \{\mathbf{0}\}. \tag{6.5}$$

考虑块三角矩阵

$$\mathcal{H}_{U,W} = \begin{bmatrix} F + B^{\mathrm{T}}U^{-1}B & B^{\mathrm{T}} \\ 0 & W \end{bmatrix},$$

其中 $U, W \in \mathbb{R}^{m \times m}$ 是对称正定矩阵. 这里若将矩阵 $\mathcal{H}_{U,W}$ 视为鞍点问题 (6.4) 的一个预处理子, 则有如下命题.

命题 6.1.1 设 $\{x_i\}_{i=1}^{n-m}$ 是矩阵 B 的零空间的一组基, 则 1 是矩阵 $\mathcal{H}_{U,W}^{-1}\mathcal{F}$ 的特征值, 且有与之对应的 $n - m$ 个线性无关特征向量形如 $(x_i, \mathbf{0})$.

证明 假设 λ 是矩阵 $\mathcal{H}_{U,W}^{-1}\mathcal{F}$ 的特征值, 其对应的特征向量为 $(x^{\mathrm{T}}, y^{\mathrm{T}})^{\mathrm{T}}$, 即

$$\begin{bmatrix} F & B^{\mathrm{T}} \\ B & 0 \end{bmatrix} \begin{bmatrix} x \\ y \end{bmatrix} = \lambda \begin{bmatrix} F + B^{\mathrm{T}}U^{-1}B & B^{\mathrm{T}} \\ 0 & W \end{bmatrix} \begin{bmatrix} x \\ y \end{bmatrix}.$$

进一步,

$$Fx + B^{\mathrm{T}}y = \lambda(F + B^{\mathrm{T}}U^{-1}B)x + \lambda B^{\mathrm{T}}y,$$
$$Bx = \lambda W y.$$

由 $\mathcal{F}$ 是非奇异矩阵知 $\lambda \neq 0$ 和 $x \neq \mathbf{0}$. 将 $y = \lambda^{-1}W^{-1}Bx$ 代入上式的第一个方程得

$$\lambda Fx + (1 - \lambda)B^{\mathrm{T}}W^{-1}Bx = \lambda^2(F + B^{\mathrm{T}}U^{-1}B)x. \tag{6.6}$$

假设 $x = x_i \neq \mathbf{0}$ 是矩阵 B 的零空间向量, 则式 (6.6) 简化为

$$(\lambda^2 - \lambda)Fx_i = \mathbf{0}.$$

根据式 (6.5), 有

$$\langle Fx, x \rangle > \mathbf{0} \ (\forall \, 0 \neq x \in \ker(B)).$$

由此知矩阵 F 是关于矩阵 B 的核正定. 故 $Fx_i \neq \mathbf{0}$, $\lambda = 1$. 由 $Bx_i = \mathbf{0}$ 知 $y = \mathbf{0}$. 因此, $\lambda = 1$ 是矩阵 $\mathcal{H}_{U,W}^{-1}\mathcal{F}$ 的特征值且代数重度至少是 $n - m$, 其对应的特征向量形如 $(x_i, \mathbf{0})$, $i = 1, 2, \cdots, n - m$.

注 6.1.1 从命题 6.1.1 知, 不论怎样选择对称正定矩阵 U 和 W, 矩阵 $\mathcal{H}_{U,W}^{-1}\mathcal{F}$ 至少有 $n - m$ 个特征值等于 1. 自然地, 如果矩阵 $U = W$, 则预处理矩阵特征值的聚集程度有望得到进一步改善.

为了使预处理矩阵特征值的聚集程度进一步得到改善, 这里考虑不定块三角预处理子

$$H_s = \begin{bmatrix} F + sB^{\mathrm{T}}W^{-1}B & (1+s)B^{\mathrm{T}} \\ 0 & -W \end{bmatrix},$$

其中 $W \in \mathbb{R}^{m \times m}$ 是对称正定矩阵且 $s > 0$.

为了便于研究预处理矩阵特征值的分布情况, 引入如下引理.

引理 6.1.1 设 F 是对称半正定矩阵且具有 r 维零空间 $(r \leqslant m)$, B 满秩, 则 $\lambda = 1$ 和 $\lambda = \dfrac{1}{s}$ 是矩阵 $H_s^{-1}\mathcal{F}$ 的两个特征值, 二者的代数重度分别为 n 和 r; 余下的 $m - r$ 个特征值是

$$\lambda = \frac{\mu}{s\mu + 1},$$

其中 μ 是由式 (6.7) 所定义的非零广义特征值

$$\mu F v = B^{\mathrm{T}} W^{-1} B v, \tag{6.7}$$

另外, 若假设 $\{x_i\}_{i=1}^r$ 是 F 零空间的一组基; $\{y_i\}_{i=1}^{n-m}$ 是 B 零空间的一组基; $\{z_i\}_{i=1}^{m-r}$ 为线性无关向量且补充 $\mathrm{null}(F) \cup \mathrm{null}(B)$ 成空间 $\mathbb{R}^n$, 则对应 $\lambda = 1$ 的 $n + r$ 个线性无关的特征向量是 $n - m$ 个特征向量形如 $(y_i^{\mathrm{T}}, \mathbf{0}^{\mathrm{T}})^{\mathrm{T}}$, r 个特征向量形如 $(x_i^{\mathrm{T}}, -(W^{-1}Bx_i)^{\mathrm{T}})^{\mathrm{T}}$, $m - r$ 个特征向量形如 $(z_i^{\mathrm{T}}, -(W^{-1}Bz_i)^{\mathrm{T}})^{\mathrm{T}}$. 特征值 $\lambda = \dfrac{1}{s}$ 有 r 个与之对应线性无关特征向量形如 $(x_i^{\mathrm{T}}, -(sW^{-1}Bx_i)^{\mathrm{T}})^{\mathrm{T}}$.

证明 设 λ 是矩阵 $H_s^{-1}\mathcal{F}$ 的特征值, 其对应的特征向量为 $(v^{\mathrm{T}}, q^{\mathrm{T}})^{\mathrm{T}}$, 即有

$$\begin{bmatrix} F & B^{\mathrm{T}} \\ B & 0 \end{bmatrix} \begin{bmatrix} v \\ q \end{bmatrix} = \lambda \begin{bmatrix} F + sB^{\mathrm{T}}W^{-1}B & (1+s)B^{\mathrm{T}} \\ 0 & -W \end{bmatrix} \begin{bmatrix} v \\ q \end{bmatrix}.$$

上式可进一步写为

$$Fv + B^{\mathrm{T}}q = \lambda(F + sB^{\mathrm{T}}W^{-1}B)v + (1+s)\lambda B^{\mathrm{T}}q, \tag{6.8}$$

$$Bv = -\lambda W q. \tag{6.9}$$

由 $\mathcal{F}$ 是非奇异矩阵知 $\lambda \neq 0$, 进而有 $v \neq \mathbf{0}$. 根据式 (6.9) 得

$$q = -\lambda^{-1}W^{-1}Bv,$$

将其替换式 (6.8) 中的 q 得

$$(\lambda^2 - \lambda)Fv = (-s\lambda^2 + (1+s)\lambda - 1)B^{\mathrm{T}}W^{-1}Bv. \tag{6.10}$$

假设 $\lambda = 1$, 则对任意的非零向量 $v \in \mathbb{R}^n$ 满足式 (6.10). 因此, $(v^{\mathrm{T}}, -(W^{-1}Bv)^{\mathrm{T}})^{\mathrm{T}}$ 是矩阵 $H_s^{-1}\mathcal{F}$ 的特征向量.

若 $x \in \mathrm{null}(F)$, 由式 (6.10) 得

$$(\lambda - 1)(s\lambda - 1)B^{\mathrm{T}}W^{-1}Bx = \mathbf{0}.$$

易知, $\lambda = 1$ 和 $\lambda = \dfrac{1}{s}$ 是矩阵 $H_s^{-1}\mathcal{F}$ 的两个特征值, 二者对应的特征向量分别是 $(x^{\mathrm{T}}, -(W^{-1}Bx)^{\mathrm{T}})^{\mathrm{T}}$ 和 $(x^{\mathrm{T}}, -(sW^{-1}Bx)^{\mathrm{T}})^{\mathrm{T}}$.

假设 $\lambda \neq 1$, 由式 (6.7) 和式 (6.10) 得

$$\lambda^2 - \lambda = \mu(-s\lambda^2 + (1+s)\lambda - 1),$$

于是,

$$(\lambda - 1)(\mu(s\lambda - 1) + \lambda) = 0,$$

因此, 剩余的 $m - r$ 个特征值为

$$\lambda = \frac{\mu}{s\mu + 1}. \tag{6.11}$$

由式 (6.5) 知, $(y_i^{\mathrm{T}}, \mathbf{0}^{\mathrm{T}})^{\mathrm{T}}$, $(x_i^{\mathrm{T}}, -(W^{-1}Bx_i)^{\mathrm{T}})^{\mathrm{T}}$ 和 $(z_i^{\mathrm{T}}, -(W^{-1}Bz_i)^{\mathrm{T}})^{\mathrm{T}}$ 是对应于特征值 $\lambda = 1$ 的特征值向量的三种形式. r 个形如 $(x_i^{\mathrm{T}}, -s(W^{-1}Bx_i)^{\mathrm{T}})^{\mathrm{T}}$ 的特征向量对应于特征值 $\lambda = \dfrac{1}{s}$. $\qquad\qquad\qquad\qquad\qquad\qquad\qquad\qquad\qquad\qquad\square$

注 6.1.2　对于广义特征值问题(6.10), 式 (6.11) 给出了一个显式表达式. 显然, 当 $\mu \to \infty$ 时, $\lambda \to \dfrac{1}{s}$. 若 $s = 1$, 特征值将聚集于 1. 这时, 矩阵 H_1 的 (1,2) 块变成了 $2B^{\mathrm{T}}$. 在此情况下, 预处理矩阵有代数重度为 $n + r$ 的特征值 1, 余下的 $m - r$ 个特征值为

$$\lambda = \frac{\mu}{\mu + 1}.$$

显然, 上式 λ 是关于 μ 在区间 $(0, \infty)$ 内的严格单调递增函数, 所以当 $\mu \to \infty$ 时有 $\lambda \to 1$. 而在文献 [173] 中, 作者考查的是 $k = -1$(即 R_{-1}), 并获得 5 个不同的特征值: 1(代数重度为 $n - m$), $\dfrac{1 \pm \sqrt{5}}{2}$(代数重度均为 q), 剩下的特征值为

$$\lambda_{\pm} = \frac{1 \pm \sqrt{1 + \dfrac{4\mu}{1 + \mu}}}{2} \ (\mu > 0).$$

不难发现, 当 $\mu \to \infty$ 时, 其所有的特征值都位于区间 $\left(\dfrac{1 - \sqrt{5}}{2}, 0\right) \bigcup \left(1, \dfrac{1 + \sqrt{5}}{2}\right)$ 内. 显然, 本节预处理矩阵特征值的分布要比文献 [173] 中的更加聚集. 若依预处理矩阵特征值的聚集程度, 则预处理子 H_1 要优于预处理子 R_{-1}. 而且, 如果选取的矩阵 W 使其 μ 值越大, 那么特征值分布将越聚集. 但需要注意的是在这种情况下可能导致矩阵 H_1 是病态的. Golub, Greif 和 Varah 在文献 [47] 中研究了如何选取

矩阵 W 可使矩阵 H_1 的 (1,1) 块的条件数最小. 通常, 矩阵 W 的一个简易选择是 $W^{-1} = \gamma I (\gamma > 0)$. 此时, 所有不等于 1 的特征值为

$$\lambda = \frac{\gamma\eta}{1 + \gamma\eta},$$

其中 η 是由 $\eta F v = B^{\mathrm{T}} B v$ 所定义的正广义特征值. 显然, 参数 γ 的选择应尽可能的大以便其特征值的分布非常聚集, 但不能太大以至于矩阵 H_1 的 (2,2) 块太接近奇异.

由引理 6.1.1 知, 矩阵 F 的奇异性越强, 预处理矩阵特征值的分布越聚集. 不难发现, 若矩阵 A 具有 m 维零空间, 则有如下优美结果.

定理 6.1.1   设 A 是对称半正定矩阵且具有 m 维零空间, B 满秩, 则预处理矩阵 $H_s^{-1} A$ 仅有两个不同特征值: $\lambda = 1$, 代数重度为 n; $\lambda = \dfrac{1}{s}$, 代数重度为 m. 特别地, 如果 $s = 1$, 则预处理矩阵 $H_1^{-1} A$ 恰有一个特征值: $\lambda = 1$.

注 6.1.3   由定理 6.1.1 知, 在不考虑误差的情况下, 具有最优性质或 Galerkin 性质的预处理 Krylov 子空间方法结合预处理子 H_s 求解鞍点问题 (6.2) 最多只需两步迭代就可以达到准确解. 依据上面的分析, 当应用预处理子 H_s 时, 其参数 s 的最佳选择是等于 1. 而通过考查预处理子 R_k, 不难发现, 要想求出参数 k 的最优值并不是一件很容易的事.

接下来, 考虑另一种块三角预处理子, 其形式如下

$$T_h = \begin{bmatrix} F + h B^{\mathrm{T}} W^{-1} B & (1 - h) B^{\mathrm{T}} \\ 0 & W \end{bmatrix},$$

其中 $W \in \mathbb{R}^{m \times m}$ 是对称正定矩阵且 $h > 0$. 不难发现, 当应用预处理子 T_h 时, 在适当的条件下, 预处理矩阵 $T_h^{-1} A$ 的特征值仅有两个: ± 1. 类似于引理 6.1.1, 下面引理给出了矩阵 $T_h^{-1} F$ 的谱性质, 其证明过程类似于引理 6.1.1, 这里略去.

引理 6.1.2   设 F 是对称半正定矩阵且具有 r 维零空间 $(r \leqslant m)$, B 满秩, 则 $\lambda = 1$ 和 $\lambda = -\dfrac{1}{h}$ 是矩阵 $T_h^{-1} F$ 的两个特征值, 二者的代数重度分别为 n 和 r; 余下的 $m - r$ 个特征值是

$$\lambda = -\frac{\mu}{h\mu + 1},$$

其中 μ 是由式 (6.7) 定义的. 另外, $\{x_i\}_{i=1}^{r}$, $\{y_i\}_{i=1}^{n-m}$ 及 $\{z_i\}_{i=1}^{m-r}$ 由引理 6.1.1 定义, 则对应 $\lambda = 1$ 的 $n + r$ 个线性无关的特征向量如下: $n - m$ 个特征向量形如 $(y_i^{\mathrm{T}}, \mathbf{0}^{\mathrm{T}})^{\mathrm{T}}$, r 个特征向量形如 $(x_i^{\mathrm{T}}, (W^{-1} B x_i)^{\mathrm{T}})^{\mathrm{T}}$, $m - r$ 个特征向量形如 $(z_i^{\mathrm{T}}, (W^{-1} B z_i)^{\mathrm{T}})^{\mathrm{T}}$, 特征值 $\lambda = -\dfrac{1}{h}$ 有 r 个与之对应线性无关特征向量形如 $(x_i^{\mathrm{T}}, -(h W^{-1} B x_i)^{\mathrm{T}})^{\mathrm{T}}$.

注 6.1.4　由引理 6.1.2 知, 预处理矩阵 $T_h^{-1}\mathcal{F}$ 的特征值能够趋向于两个点: 一个是 1; 另一个是当 $\mu \to \infty$ 时而趋向于 $-\dfrac{1}{h}$. 若 $h = 1$, 则特征值聚集在 ± 1 点. 在这种情况下, 预处理子 T_1 的 (1,2) 块就退化成零矩阵, 此时, 预处理子 T_1 实际上就是块对角预处理子. 由引理 6.1.2 知, 预处理矩阵 $T_1^{-1}\mathcal{F}$ 有三个不同的特征值: 1(代数重度为 n), -1(代数重度为 r), 剩下的特征值为 $\lambda = -\dfrac{\mu}{\mu+1}$. 由于 λ 是关于 μ 在区间 $(0, \infty)$ 内的严格单调递减函数, 所以当 $\mu \to \infty$ 时有 $\lambda \to -1$.

根据引理 6.1.2 及鞍点问题 (6.2), 有下面结果.

定理 6.1.2　设 A 是对称半正定矩阵且具有 m 维零空间, B 满秩, 则预处理矩阵 $T_h^{-1}\mathcal{A}$ 仅有两个不同特征值: $\lambda = 1$, 代数重度为 n; $\lambda = -\dfrac{1}{h}$, 代数重度为 m. 特别地, 如果 $h = 1$, 则预处理矩阵 $T_1^{-1}\mathcal{A}$ 恰有两个特征值: $\lambda = 1$, 代数重度为 n; $\lambda = -1$, 代数重度为 m.

显然, 由定理 6.1.2 知, 当应用预处理子 T_h 时, 其参数的最佳选择是 $h(> 0)$ 等于 1.

6.1.3　新的单列非零 (1,2) 块的块三角预处理子

众所周知, 当预处理子 H_s 或 T_h 结合 Krylov 子空间方法求解鞍点问题时, 每一步迭代都需要求解子线性系统

$$H_s z = r \text{ 或 } T_h z = r.$$

由矩阵 H_s 或 T_h 的结构知, 预处理 Krylov 子空间方法每一步迭代都需要求解系数矩阵为 $A + B^{\mathrm{T}}W^{-1}B$ 和 W 的子线性系统. 为了便于计算, 通常 W 取为对角矩阵 (如 $W = \gamma I$), 这主要是因为其逆很容易求出. 若矩阵 B 的行具有稠密性, 则矩阵 $B^{\mathrm{T}}W^{-1}B$ 可能会变成一个稠密阵 [173]. 一般情况下, 求解稠密阵的线性系统是比较困难的. 因此, 如何有效处理具有稠密行的矩阵 B 是亟需克服的问题. 为此, 针对这一问题, Ress 和 Greif[173] 提出了下面预处理子:

$$\hat{\mathcal{M}} = \begin{bmatrix} A + B^{\mathrm{T}}\overline{W}B & -b_i e_i^{\mathrm{T}} \\ 0 & W \end{bmatrix},$$

这里 b_i 表示矩阵 B^{T} 的第 i 稠密列, e_i 是 $m \times m$ 单位矩阵的第 i 列, $W = \gamma I (\gamma > 0)$ 及 $\overline{W} = \dfrac{1}{\gamma}(I - e_i e_i^{\mathrm{T}})$.

如果矩阵 $\hat{\mathcal{M}}$ 是非奇异的, 则下面定理刻画了预处理矩阵 $\hat{\mathcal{M}}^{-1}\mathcal{A}$ 特征值的分布情况.

定理 6.1.3[173]　预处理矩阵 $\hat{\mathcal{M}}^{-1}\mathcal{A}$ 特征值有 1, 其代数重度为 $n-1$; 有 -1, 其代数重度为 m.

实际上, 如果矩阵 A 是对称半正定的, 那么矩阵 $A + \dfrac{1}{\gamma}B^{\mathrm{T}}(I - e_ie_i^{\mathrm{T}})B$ 就有可能变成一个奇异矩阵, 这主要是因为矩阵 $I - e_ie_i^{\mathrm{T}}$ 本身就是奇异的. 在这种情况下就有可能导致迭代终止, 而且上述预处理子 $\hat{\mathcal{M}}$ 并不是对任意的非奇异鞍点问题都适合, 如当用预处理子 $\hat{\mathcal{M}}$ 求解鞍点问题 (6.2) 时就导致迭代终止. 对于这种情况已呈现在 6.1.4 节的数值试验中.

为了改进预处理子 $\hat{\mathcal{M}}$, 现考虑预处理子

$$T = \left[\begin{array}{cc} A + B^{\mathrm{T}}\tilde{W}B & -b_ie_i^{\mathrm{T}} \\ 0 & W \end{array} \right],$$

这里 $\tilde{W} = \dfrac{1}{\gamma}(I + e_ie_i^{\mathrm{T}})$, $W = \gamma I$ $(\gamma > 0)$. 由于 $\tilde{W} = \dfrac{1}{\gamma}(I + e_ie_i^{\mathrm{T}})$ 知, 矩阵 $A + B^{\mathrm{T}}\tilde{W}B$ 是非奇异的.

不难发现, 预处理子 T 是一个新的单列非零 (1,2) 块的块三角预处理子. 此时, 预处理子 T 不仅适合于 (1,2) 块具有稠密行的非奇异鞍点问题, 而且也适合于由 Maxwell 方程 (6.1) 离散形成的鞍点问题 (6.2)(见数值试验). 定理 6.1.4 刻画了预处理矩阵 $T^{-1}\mathcal{A}$ 特征值的分布情况.

定理 6.1.4 设 A 是对称半正定矩阵且具有 m 维零空间, 则预处理矩阵 $T^{-1}\mathcal{A}$ 特征值有 1, 其代数重度为 n; 有 -1, 其代数重度为 $m - 1$.

证明 设 λ 是矩阵 $T^{-1}\mathcal{A}$ 的特征值, $z = [x^{\mathrm{T}}; y^{\mathrm{T}}]^{\mathrm{T}}$ 是其对应的特征向量, 即有

$$\left[\begin{array}{cc} A & B^{\mathrm{T}} \\ B & 0 \end{array} \right] \left[\begin{array}{c} x \\ y \end{array} \right] = \lambda \left[\begin{array}{cc} A + B^{\mathrm{T}}\tilde{W}B & -b_ie_i^{\mathrm{T}} \\ 0 & W \end{array} \right] \left[\begin{array}{c} x \\ y \end{array} \right]. \tag{6.12}$$

记

$$P = \left[\begin{array}{ccc} Z & Y & 0 \\ 0 & 0 & I \end{array} \right]$$

及 $QR = [Y\ Z][R^{\mathrm{T}}\ 0^{\mathrm{T}}]^{\mathrm{T}}$ 是矩阵 B^{T} 的正交分解, 其中 $R \in \mathbb{R}^{m \times m}$ 是上三角矩阵, $Y \in \mathbb{R}^{n \times m}$ 且 $Z \in \mathbb{R}^{n \times (n-m)}$ 是矩阵 B 的零空间的正交基.

将矩阵 P 应用到式 (6.12) 得

$$\left[\begin{array}{ccc} Z^{\mathrm{T}}AZ & Z^{\mathrm{T}}AY & 0 \\ Y^{\mathrm{T}}AZ & Y^{\mathrm{T}}AY & R \\ 0 & R^{\mathrm{T}} & 0 \end{array} \right] u = \lambda \left[\begin{array}{ccc} Z^{\mathrm{T}}AZ & Z^{\mathrm{T}}AY & 0 \\ Y^{\mathrm{T}}AZ & Y^{\mathrm{T}}AY + \dfrac{1}{\gamma}(RR^{\mathrm{T}} + r_ir_i^{\mathrm{T}}) & -r_ie_i^{\mathrm{T}} \\ 0 & 0 & \gamma I \end{array} \right] u,$$

其中 $u = [x_z; x_y; y]^{\mathrm{T}}$ 且 r_i 表示矩阵 R 的第 i 列.

将 $\lambda = 1$ 代入上述方程得

$$
\begin{bmatrix}
0 & 0 & 0 \\
0 & -\dfrac{1}{\gamma}(RR^{\mathrm{T}} + r_i r_i^{\mathrm{T}}) & R + r_i e_i^{\mathrm{T}} \\
0 & R^{\mathrm{T}} & -\gamma I
\end{bmatrix}
\begin{bmatrix}
x_z \\
x_y \\
y
\end{bmatrix} = \mathbf{0}.
$$

容易看出, 对特征值 $\lambda = 1$ 来说, 这里分别存在 $n - m$ 个线性无关的特征向量形如 $(x_z, x_y, y) = (u, 0, 0)$ 及 m 个线性无关的特征向量形如 $(x_z, x_y, y) = \left(0, x_y^*, \dfrac{1}{\gamma} x_y^*\right)$. 故特征值 $\lambda = 1$ 的代数重度为 n.

不难发现, $\lambda = -1$ 是代数重度为 $m - 1$ 的特征值. 事实上, 将 $\lambda = -1$ 代入上述方程得

$$
\begin{bmatrix}
2Z^{\mathrm{T}}AZ & 2Z^{\mathrm{T}}AY & 0 \\
2Y^{\mathrm{T}}AZ & 2Y^{\mathrm{T}}AY + \dfrac{1}{\gamma}(RR^{\mathrm{T}} + r_i r_i^{\mathrm{T}}) & R - r_i e_i^{\mathrm{T}} \\
0 & R^{\mathrm{T}} & \gamma I
\end{bmatrix}
\begin{bmatrix}
x_z \\
x_y \\
y
\end{bmatrix} = \mathbf{0}.
$$

考虑矩阵 A 的零空间的任意向量 $x^* = Z x_z^* + Y x_y^*$, 则

$$
A Z x_z^* + A Y x_y^* = \mathbf{0}
$$

且

$$
\begin{bmatrix}
\dfrac{1}{\gamma}(RR^{\mathrm{T}} + r_i r_i^{\mathrm{T}}) & R - r_i e_i^{\mathrm{T}} \\
R^{\mathrm{T}} & \gamma I
\end{bmatrix}
\begin{bmatrix}
x_y^* \\
y
\end{bmatrix} = \mathbf{0}.
$$

进一步,

$$
\frac{1}{\gamma}(RR^{\mathrm{T}} + r_i r_i^{\mathrm{T}}) x_y^* + (R - r_i e_i^{\mathrm{T}}) y = \mathbf{0}, \tag{6.13}
$$

$$
R^{\mathrm{T}} x_y^* + \gamma y = \mathbf{0}. \tag{6.14}
$$

根据式 (6.14) 知 $y = -\dfrac{1}{\gamma} R^{\mathrm{T}} x_y^*$. 将其代入式 (6.13), 则只需求解 $\dfrac{2}{\gamma} r_i r_i^{\mathrm{T}} x_y^* = \mathbf{0}$. 显然, 这里存在 $m - 1$ 个向量正交于 r_i. 于是, 对特征值 $\lambda = -1$ 来说, 这里存在 $m - 1$ 个向量形如 $\left(x_z^*, x_y^*, -\dfrac{1}{\gamma} R^{\mathrm{T}} x_y^*\right)$ 并满足 $(x_y^*, r_i) = \mathbf{0}$.　　　□

6.1.4　数值实验

本节测试的问题是在 L-区域 $([-1,1] \times [-1,1] - [-1,0] \times [0,1])$ 上用预处理 Krylov 子空间方法求解二维混合型时谐 Maxwell 方程 (6.1). 图 6.1 给出了四个不

同网格大小的三角元网格剖分. 为方便, 所测试的问题要求在整个区域内其解恒等于 1. 表 6.1 给出了在不同网格上相关矩阵的阶数和稀疏性.

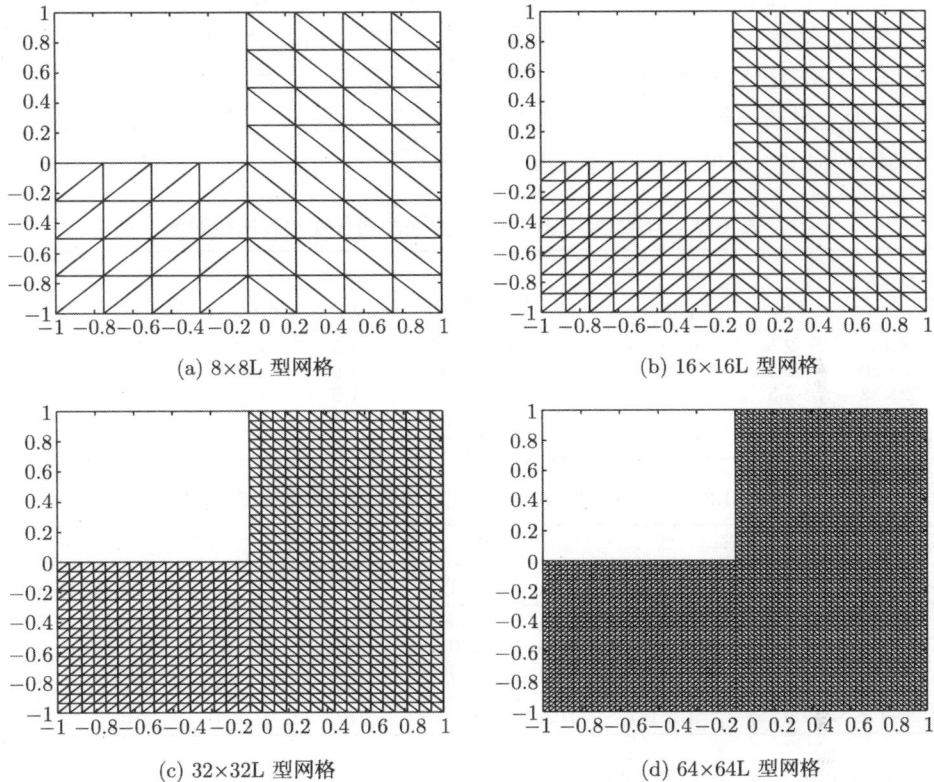

(a) 8×8L 型网格

(b) 16×16L 型网格

(c) 32×32L 型网格

(d) 64×64L 型网格

图 6.1 网格剖分

表 **6.1** 相关矩阵的规模和非零元个数

Grid	n	m	$nz(A)$	$nz(B)$	order of $\mathcal{A}$
8×8	128	49	580	302	177
16×16	544	225	2596	1550	769
32×32	2240	961	10948	6926	3201
64×64	9088	3969	44932	29198	13057
128×128	36608	16129	182020	119822	52737

通过 6.1.2 节及 6.1.3 节的分析, 这里主要测试四个预处理子: R_{-1}, H_1, T_1 和 T. 在实验中, 所有的测试均利用 MATLAB 完成的. 初始向量取为零向量, 停止准则取为

$$\|b - \mathcal{A}x^{(k)}\|_2 \leqslant 10^{-6}\|b\|_2.$$

根据注 6.1.2, 选取矩阵 W 为对角矩阵, 这里取

$$\gamma = 20 \frac{\|A\|_1}{\|B\|_1^2}.$$

这样选取的好处是能够保证扩充项矩阵的范数相对矩阵 A 来说不是很小 [175].

表 6.2 及表 6.3 给出了四个预处理子结合 BiCGStab 子空间方法和 GMRES(2) 子空间方法的迭代次数和迭代时间, 其中 "IT" 表示迭代次数, "CPU(s)" 表示迭代时间 (秒). 测试的结果显示了预处理矩阵特征值的分布对 BiCGStab 子空间方法和 GMRES(2) 子空间方法收敛速度的影响.

表 **6.2**　**BiCGStab** 子空间方法的迭代次数和迭代时间

Mesh	R_{-1}		H_1		T_1		T	
	IT	CPU(s)	IT	CPU(s)	IT	CPU(s)	IT	CPU(s)
8×8	2.5	0.016	1.5	0.016	1.5	0.016	2.5	0.015
16×16	2.5	0.078	1.5	0.062	1.5	0.047	2.5	0.063
32×32	2.5	0.609	1.5	0.391	1.5	0.234	2.5	0.344
64×64	2.5	4.203	1.5	2.5	1.5	1.438	2	1.922
128×128	2.5	33.765	1.5	20.279	1.5	9.969	2	14.516

表 **6.3**　**GMRES(2)** 子空间方法的迭代次数和迭代时间

Mesh	R_{-1}		H_1		T_1		T	
	IT	CPU(s)	IT	CPU(s)	IT	CPU(s)	IT	CPU(s)
8×8	5(9)	0.031	1(2)	0.016	1(2)	0.016	6(11)	0.047
16×16	5(9)	0.235	1(2)	0.047	1(2)	0.047	5(10)	0.187
32×32	5(9)	6.204	1(2)	0.359	1(2)	0.234	3(6)	0.609
64×64	10(19)	24.672	1(2)	2.484	1(2)	1.437	3(6)	4.234
128×128	18(35)	375.157	1(2)	20.125	1(2)	9.906	3(6)	32.531

从表 6.2 及表 6.3 和图 6.2、图 6.3 及图 6.5 知, 虽然预处理子 H_1 的迭代次数与预处理子 T_1 的迭代次数是一样的, 但从消耗时间来说, 预处理子 T_1 的运行

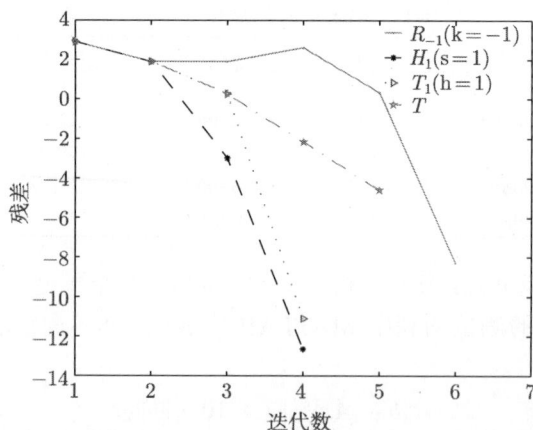

图 6.2　BiCGStab 子空间方法求解 32×32 网格的效果图

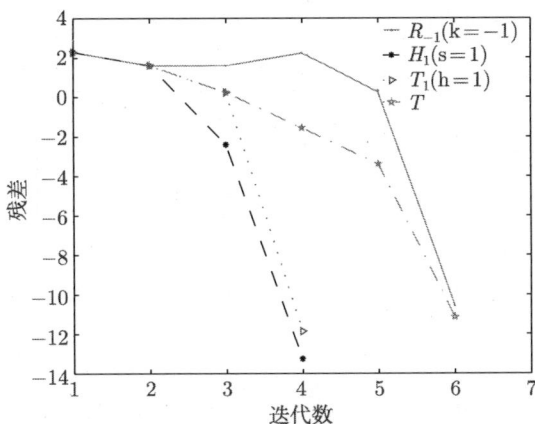

图 6.3 BiCGStab 子空间方法求解 128×128 网格的效果图

时间少于预处理子 H_1 的运行时间. 这就说明了预处理子 T_1 的效果要优于预处理子 H_1 的. 进一步, 不难发现, 预处理子 T_1 和 H_1 都要比预处理子 R_{-1} 的效果好. 当预处理子 R_{-1} 和 T 结合 BiCGStab 子空间方法求解鞍点问题 (6.2) 时, 由表 6.2 及表 6.3 知, 预处理子 R_{-1} 和 T 在网格为 8×8, 16×16 和 32×32 的效果是一样的, 而在 64×64 和 128×128 网格上, 预处理子 T 的效果要略优于预处理子 R_{-1}. 在应用 GMRES(2) 子空间方法求解鞍点问题 (6.2) 时, 预处理子 T 的效果要优于预处理子 R_{-1}, 而仅仅在网格 8×8 和 16×16 上, 预处理子 T 的效果才略逊于预处理子 R_{-1}.

从表 6.2 中可以看出, 当四个预处理子 R_{-1}, H_1, T_1 及 T 结合 BiCGStab 子空间方法求解鞍点问题 (6.2) 时, 其迭代次数对网格大小的改变并不敏感. 从表 6.3 中可以看出, 当 GMRES(2) 子空间方法结合上述四个预处理子求解鞍点问题 (6.2) 时, 只有预处理子 H_1 和 T_1 的迭代次数对网格大小的改变不敏感; 而对 T 来说, 令人欣慰的是随着网格的增加其迭代次数有下降的趋势; 但对预处理子 R_{-1} 来说, 其迭代次数对网格的变化很敏感, 而且随着网格的增加其迭代次数有增加的趋势.

虽然预处理 BiCGStab 子空间方法与预处理 GMRES(2) 子空间方法效果的比较并不是本小节的目的, 但二者的有效性证实了本节所提出的预处理子结合 Krylov 子空间方法求解鞍点问题 (6.2) 是有效可行的. 对预处理子 H_1 和 T_1 来说, 二者的迭代次数是一样的; 从运行时间来看, 预处理子 T_1 的效果要优于预处理子 H_1. 对预处理子 R_{-1} 来说, 不论是从迭代次数还是从运行时间来看, BiCGStab 子空间方法的效果要优于 GMRES(2) 子空间方法的.

在测试中, 预处理子 T 和 $\hat{\mathcal{M}}$ 中的 i 都取 1. 从图 6.4 及图 6.5 中的子图 (f) 中可以看出, 预处理子 $\hat{\mathcal{M}}$ 结合 BiCGStab 子空间方法或 GMRES(2) 子空间方法求解

鞍点问题 (6.2) 是不行的.

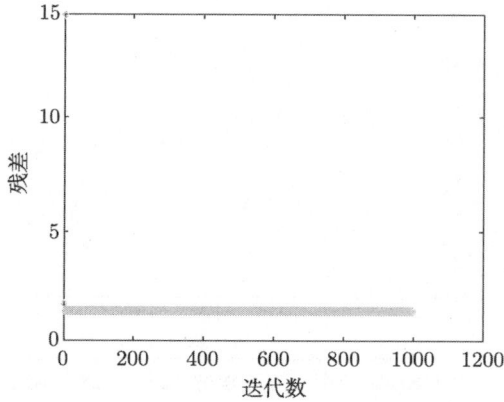

图 6.4　预处理子 $\hat{\mathcal{M}}$ 结合 BiCGStab 子空间方法求解 8×8 网格的效果图

通过上面的分析, 这里可以给出一条结论: 在实际求解源于 Maxwell 方程的鞍点问题中, 预处理子 T_1 是一个不错的选择.

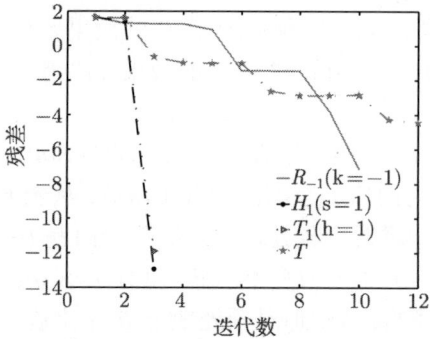

(a) 8×8网格

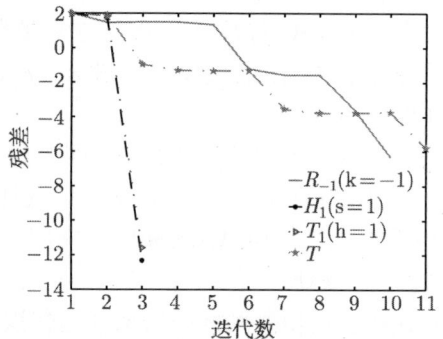

(b) 16×16网格

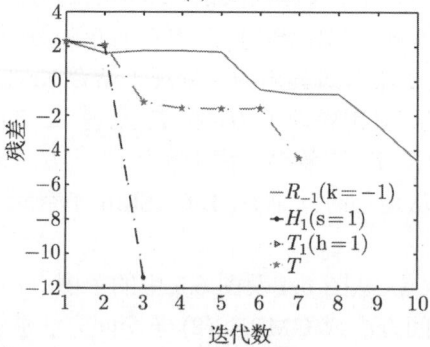

(c) 32×32网格

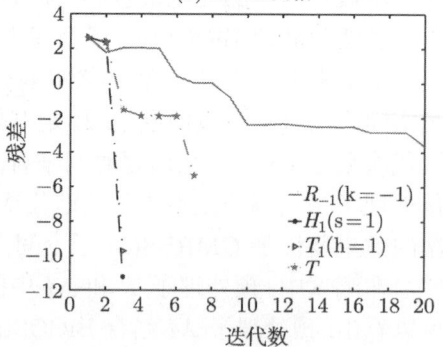

(d) 64×64网格

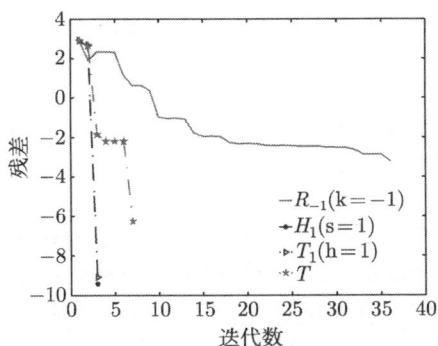

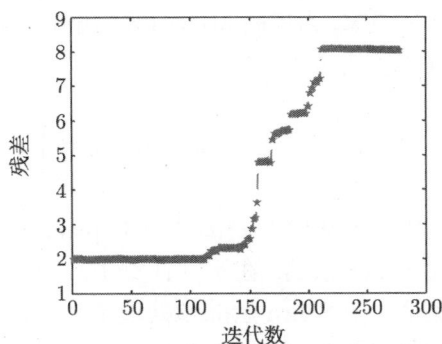

(e) 128×128网格　　　　　　　　　　　(f) 16×16网络及预处理子 $\hat{\mathcal{M}}$

图 6.5　GMRES(2) 子空间方法求解不同网格的效果图, (f) 是预处理子 $\hat{\mathcal{M}}$ 结合 GMRES(2) 子空间方法的效果图

6.2　波数非零 Maxwell 方程的块三角预处理技术

6.2.1　引言

如 6.1 节所述, 基于鞍点问题求解 Maxwell 方程是一种比较有效的方法. 本节所涉及的 Maxwell 方程是波数非零混合型时谐 Maxwell 方程 [164,170,171,176−178], 即求 u 和 p 使其满足

$$\begin{cases} \nabla \times \nabla \times u - k^2 u + \nabla p = f & \text{在 } \Omega \text{内}, \\ \nabla \cdot u = \mathbf{0} & \text{在 } \Omega \text{内}, \\ u \times n = \mathbf{0} & \text{在 } \partial\Omega \text{上}, \\ p = \mathbf{0} & \text{在 } \partial\Omega \text{上}. \end{cases} \tag{6.15}$$

这里 $\Omega \subset \mathbb{R}^2$ 是具有连通边界 $\partial\Omega$ 的单连通区域, n 是 $\partial\Omega$ 的单位外法向; u 和 p 分别表示电磁域和 Lagrange 乘子; 波数 $k^2 = \omega^2 \varepsilon\mu$, 其中 $\omega \geqslant 0$, ε 和 μ 分别表示频率, 电容率和渗透参数.

类似于 6.1.1 节, 通过利用第一类最低阶的 Nédélec 有限元近似电磁域, 用标准的点有限元近似乘子, 可离散方程 (6.15) 得鞍点问题

$$\mathcal{A}x \equiv \begin{bmatrix} A - k^2 M & B^{\mathrm{T}} \\ B & 0 \end{bmatrix} \begin{bmatrix} u \\ p \end{bmatrix} = \begin{bmatrix} g \\ \mathbf{0} \end{bmatrix} \equiv b, \tag{6.16}$$

其中 $u \in \mathbb{R}^n$, $p \in \mathbb{R}^m$ 和 $g \in \mathbb{R}^n$; 对应于离散的 curl-curl 算子的 $A \in \mathbb{R}^{n \times n}$ 是对称半正定矩阵且具有 m 维零空间, 对应于离散的发散算子的 $B \in \mathbb{R}^{m \times n}$ 是满秩矩阵, $M \in \mathbb{R}^{n \times n}$ 是质量矩阵.

近来, 为提高 MINRES 求解鞍点问题 (6.16) 的收敛速度, Greif 和 Schötzau[170] 提出了块对角预处理子

$$\mathcal{K}_{M,L} = \left[\begin{array}{cc} A + (1-k^2)M & 0 \\ 0 & L \end{array} \right], \tag{6.17}$$

其中 $L \in \mathbb{R}^{m \times m}$ 是离散的 Laplace 算子且 $k^2 \ll 1$. 显然, 预处理子 $\mathcal{K}_{M,L}$ 是免增广免 Schur 余的. 在实际计算中, 由于求解含有 Schur 余的预处理子比较耗时, 所以免增广免 Schru 余的预处理子 $\mathcal{K}_{M,L}$ 是很受欢迎, 而且能产生令人比较满意的迭代效果. 同时, Greif 和 Schötzau 证明了预处理矩阵 $\mathcal{K}_{M,L}^{-1}\mathcal{A}$ 特征值的分布非常聚集; 数值实验也说明了预处理 MINRES 的迭代次数变化对网格的细化和较小的波数并不敏感. 紧接着, Greif 和 Schötzau[177] 又考虑了下面预处理子:

$$\mathcal{M}_W = \left[\begin{array}{cc} A + B^{\mathrm{T}}W^{-1}B & 0 \\ 0 & W \end{array} \right], \tag{6.18}$$

其中 W 和 $A + B^{\mathrm{T}}W^{-1}B$ 是对称正定矩阵, 并指出当 $k = 0$ 时, 预处理矩阵 $\mathcal{M}_W^{-1}\mathcal{A}$ 恰好仅有两个特征值: ± 1. 数值实验说明了当 $0 \leqslant k \leqslant 1$ 时, 用预处理子 $\mathcal{M}_W$ 的预处理 MINRES 子空间方法求解鞍点问题 (6.16) 也是非常有效的.

观察文献 [170], [177] 的工作知, Greif 和 Schötzau 已详细地证实了当波数 k 满足 $k^2 \ll 1$ 时, 预处理子 $\mathcal{K}_{M,L}$ 和 $\mathcal{M}_W$ 是可行有效的. 为了提高预处理子 $\mathcal{K}_{M,L}$ 和 $\mathcal{M}_W$ 的应用范围, 本节主要涉及波数 $k^2 \geqslant 1$ 的情况. 事实上, 对于波数 $k^2 \geqslant 1$ 的情况在实际问题中也会经常遇到的, 如空腔体内的电磁散射问题 [156, 179]. 依照这个思路, 本节的工作实际上是对文献 [170], [177] 工作的一个有利补充, 其目的是对 $k^2 \in \mathbb{R}^+$ 建立两类修正块预处理子使病态 (1,1) 块鞍点问题的特征值更加聚集, 使 Krylov 子空间方法收敛速度更快. 具体地说, 对鞍点问题 (6.16), 通过引入参数 ρ 的方式给出修正块对角及块三角免增广免 Schur 余的预处理子, 使其波数在 $k^2 \in \mathbb{R}^+$ 的情况下都适用.

本节的剩余部分组织如下: 6.2.2 节对由用有限元离散混合型时谐 Maxwell 方程 (6.15) 形成的鞍点问题 (6.16) 提出修正块对角及块三角免增广免 Schur 余的预处理子, 并详细地讨论预处理矩阵特征值的分布. 6.2.3 节通过数值实验来验证 6.2.2 节所得到的理论结果并说明所给预处理子的有效性.

6.2.2　修正块预处理子

1. 修正块对角预处理子

为了提高迭代法的收敛速度, 选择一个适当的预处理子是十分必要的. 近来, 为了提高 MINRES 求解鞍点问题 (6.16) 的收敛速度, Greif 和 Schötzau[170] 考虑了

下面块对角预处理子:

$$\mathcal{K}_L = \left[\begin{array}{cc} A - k^2 M + B^{\mathrm{T}} L^{-1} B & 0 \\ 0 & L \end{array} \right].$$

观察预处理子 $\mathcal{K}_L$ 知, 由于其 (1,1) 块含有 Schur 余, 所以对矩阵 $A - k^2 M + B^{\mathrm{T}} L^{-1} B$ 的计算通常是比较耗时的. 为了对预处理子 $\mathcal{K}_L$ 进行改进, Greif 和 Schötzau 通过利用谱的等价性 [171] 而提出了免增广免 Schur 余的块对角预处理子 $\mathcal{K}_{M,L}$.

为了提高预处理子 $\mathcal{K}_L$ 和 $\mathcal{K}_{M,L}$ 的应用范围, 这里主要是通过引入松弛参数 ρ 而给出了如下两个块对角预处理子:

$$\mathcal{W}_L(\rho) = \left[\begin{array}{cc} A - k^2 M + \rho B^{\mathrm{T}} L^{-1} B & 0 \\ 0 & \dfrac{1}{\rho} L \end{array} \right] \text{和} \; \mathcal{W}_{M,L}(\rho) = \left[\begin{array}{cc} A + (\rho - k^2) M & 0 \\ 0 & \dfrac{1}{\rho} L \end{array} \right],$$

其中参数 ρ 是任意给定的一个正数.

预处理子 $\mathcal{W}_L(\rho)$ 和 $\mathcal{W}_{M,L}(\rho)$ 都含有一个参数, 这可能会增加分析预处理矩阵谱性质的难度. 为了解决这个问题, 我们主要采取的策略是通过寻找参数 ρ 与波数 k^2 的关系来提供比较理想的预处理矩阵的谱分布.

为了这个目的, 这里总假设矩阵 $A - k^2 M$ 和 $\mathcal{A}$ 非奇异的, 以致矩阵 A 和 B 满足如下关系:

$$\text{null}(A) \cap \text{null}(B) = \{\mathbf{0}\} \text{且} \text{null}(A) \cup \text{null}(B) = \mathbb{R}^n,$$

其中 $\text{null}(\cdot)$ 表示矩阵的零空间.

下面定理刻画了矩阵 $(\mathcal{W}_L(\rho))^{-1} \mathcal{A}$ 特征值的分布情况, 其证明可以借助于定理 4.1[170] 并利用 $\dfrac{1}{\rho} L$ 替代 L 及 $\rho B^{\mathrm{T}} L^{-1} B$ 替代 $B^{\mathrm{T}} L^{-1} B$ 来得到, 但这里给出一个更简洁的证明.

定理 6.2.1　矩阵 $(\mathcal{W}_L(\rho))^{-1} \mathcal{A}$ 有且仅有两个特征值:

$$\lambda = 1 \text{和} \lambda = -\frac{\rho}{\rho - k^2},$$

二者的代数重度分别为 n 和 m.

证明　设 λ 是矩阵 $(\mathcal{W}_L(\rho))^{-1} \mathcal{A}$ 的特征值, 其对应的特征向量为 $(v^{\mathrm{T}}, q^{\mathrm{T}})^{\mathrm{T}}$, 即有

$$\left[\begin{array}{cc} A - k^2 M & B^{\mathrm{T}} \\ B & 0 \end{array} \right] \left[\begin{array}{c} v \\ q \end{array} \right] = \lambda \left[\begin{array}{cc} A - k^2 M + \rho B^{\mathrm{T}} L^{-1} B & 0 \\ 0 & \dfrac{1}{\rho} L \end{array} \right] \left[\begin{array}{c} v \\ q \end{array} \right].$$

进一步,

$$
\begin{bmatrix} A - k^2 M & B^{\mathrm{T}} \\ \rho B & 0 \end{bmatrix} \begin{bmatrix} v \\ q \end{bmatrix} = \lambda \begin{bmatrix} A - k^2 M + \rho B^{\mathrm{T}} L^{-1} B & 0 \\ 0 & L \end{bmatrix} \begin{bmatrix} v \\ q \end{bmatrix}, \quad (6.19)
$$

式 (6.19) 等价于

$$
\begin{bmatrix} \dfrac{A - k^2 M}{\rho} & B^{\mathrm{T}} \\ B & 0 \end{bmatrix} \begin{bmatrix} v_1 \\ q \end{bmatrix} = \lambda \begin{bmatrix} \dfrac{A - k^2 M}{\rho} + B^{\mathrm{T}} L^{-1} B & 0 \\ 0 & L \end{bmatrix} \begin{bmatrix} v_1 \\ q \end{bmatrix}, \quad (6.20)
$$

其中 $v_1 = \rho v$.

设 $A_1 = \dfrac{1}{\rho} A$ 及 $k_1^2 = \dfrac{1}{\rho} k^2$. 由式 (6.20) 得

$$
\begin{bmatrix} A_1 - k_1^2 M & B^{\mathrm{T}} \\ B & 0 \end{bmatrix} \begin{bmatrix} v_1 \\ q \end{bmatrix} = \lambda \begin{bmatrix} A_1 - k_1^2 M + B^{\mathrm{T}} L^{-1} B & 0 \\ 0 & L \end{bmatrix} \begin{bmatrix} v_1 \\ q \end{bmatrix}.
$$

由定理 4.1[170] 知, 预处理矩阵 $(\mathcal{W}_L(\rho))^{-1} \mathcal{A}$ 仅有两个特征值: 一个是 1, 代数重度 n; 另一个是 $-\dfrac{1}{1 - k_1^2}$, 代数重度 n. 再通过简单的代换就可以得到定理 6.2.1. □

现对定理 6.2.1 给出几点注释.

(1) 显然, 当 $\rho = 1$ 时, 定理 6.2.1 就退化成定理 4.1[170]. 对预处理子 $\mathcal{W}_L(\rho)$ 来说, 波数 k 的取值可以大于等于 1.

(2) 由定理 6.2.1 知, 在不考虑误差的情况下, 具有最优性质或 Galerkin 性质的预处理 Krylov 子空间方法结合预处理子 $\mathcal{W}_L(\rho)$ 求解鞍点问题 (6.16) 只需两次迭代就可以达到准确解.

(3) 当 $k = 0$ 时, 预处理矩阵 $(\mathcal{W}_L(\rho))^{-1} \mathcal{A}$ 仅有两个特征值: ± 1.

推论 6.2.1　设矩阵 $\mathcal{A}$ 是鞍点问题 (6.16) 的系数矩阵. 若 $k = 0$, 则预处理矩阵 $(\mathcal{W}_L(\rho))^{-1} \mathcal{A}$ 仅有两个特征值: 一个是代数重度为 n 的特征值 1, 另一个是代数重度为 m 的特征值 -1. 特别地, 若 $k^2 = 2\rho$, 则预处理矩阵 $(\mathcal{W}_L(\rho))^{-1} \mathcal{A}$ 仅有一个代数重度为 $n + m$ 的特征值 1.

注 6.2.1　不难发现, 在 $k^2 = 2\rho$ 的情况下, 预处理子 $\mathcal{W}_{M,L}(\rho)$ 可能会失去正定性, 从而会导致 (1,1) 块求解比较困难. 而依据惯例, 预处理子的选择通常需要保持正定. 依此, 在 $k^2 = 2\rho$ 的情况下, 预处理子 $\mathcal{W}_{M,L}(\rho)$ 在实际求解中是不可取的. 为了弥补预处理子 $\mathcal{W}_L(\rho)$ 计算耗时的缺点, 通常用预处理子 $\mathcal{W}_{M,L}(\rho)$ 来代替预处理子 $\mathcal{W}_L(\rho)$. 为了保证预处理子 $\mathcal{W}_{M,L}(\rho)$ 的实用性, 一个自然的要求是参数 ρ 与波数 k^2 满足 $\rho > k^2$.

若 $\rho > k^2$, 则定理 6.2.2 刻画了预处理矩阵 $(\mathcal{W}_{M,L}(\rho))^{-1} \mathcal{A}$ 特征值的分布情况, 其证明方法类似于定理 6.2.1.

定理 6.2.2 设矩阵 $\mathcal{A}$ 是鞍点问题 (6.16) 的系数矩阵, 则 $\lambda = 1$ 和 $\lambda = -\dfrac{\rho}{\rho - k^2}$ 都是预处理矩阵 $(\mathcal{W}_{M,L}(\rho))^{-1}\mathcal{A}(\rho > k^2)$ 代数重度为 m 的特征值, 余下的特征值满足

$$1 - \frac{\rho}{\overline{\alpha} + \rho - k^2} < \lambda < 1,$$

其中 $\overline{\alpha} = \dfrac{\alpha}{1 - \alpha}$.

证明 设 λ 是矩阵 $(\mathcal{W}_{M,L}(\rho))^{-1}\mathcal{A}$ 的特征值, $(u^{\mathrm{T}}, p^{\mathrm{T}})^{\mathrm{T}}$ 是其对应的特征向量, 即有

$$\begin{bmatrix} A - k^2 M & B^{\mathrm{T}} \\ B & 0 \end{bmatrix} \begin{bmatrix} u \\ p \end{bmatrix} = \lambda \begin{bmatrix} A + (\rho - k^2)M & 0 \\ 0 & \dfrac{1}{\rho}L \end{bmatrix} \begin{bmatrix} u \\ p \end{bmatrix}, \qquad (6.21)$$

由式 (6.21) 得

$$\begin{bmatrix} A - k^2 M & B^{\mathrm{T}} \\ \rho B & 0 \end{bmatrix} \begin{bmatrix} u \\ p \end{bmatrix} = \lambda \begin{bmatrix} A + (\rho - k^2)M & 0 \\ 0 & L \end{bmatrix} \begin{bmatrix} u \\ p \end{bmatrix},$$

进而有

$$\begin{bmatrix} \dfrac{A - k^2 M}{\rho} & B^{\mathrm{T}} \\ B & 0 \end{bmatrix} \begin{bmatrix} u_1 \\ p \end{bmatrix} = \lambda \begin{bmatrix} \dfrac{A}{\rho} + \dfrac{\rho - k^2}{\rho}M & 0 \\ 0 & L \end{bmatrix} \begin{bmatrix} u_1 \\ p \end{bmatrix},$$

其中 $u_1 = \rho u$. 于是,

$$\begin{bmatrix} A_1 - k_1^2 M & B^{\mathrm{T}} \\ B & 0 \end{bmatrix} \begin{bmatrix} u_1 \\ p \end{bmatrix} = \lambda \begin{bmatrix} A_1 + (1 - k_1^2)M & 0 \\ 0 & L \end{bmatrix} \begin{bmatrix} u_1 \\ p \end{bmatrix}.$$

由文献 [170] 中的式 (9) 得

$$\langle Au, u \rangle \geqslant \frac{\alpha}{1 - \alpha} \langle Mu, u \rangle,$$

这里 $u \in \mathrm{null}(B)$ 且 $0 < \alpha < 1$. 显然,

$$\langle A_1 u, u \rangle \geqslant \frac{1}{\rho} \cdot \frac{\alpha}{1 - \alpha} \langle Mu, u \rangle.$$

设 $\overline{\alpha} = \dfrac{\alpha}{1 - \alpha}$, $\overline{\alpha}_1 = \dfrac{1}{\rho} \cdot \dfrac{\alpha}{1 - \alpha}$. 即有 $\overline{\alpha}_1 = \dfrac{\overline{\alpha}}{\rho}$. 由定理 5.2[170] 知, $\lambda = 1$ 和 $\lambda = -\dfrac{1}{1 - k_1^2}$ 都是预处理矩阵 $(\mathcal{W}_{M,L}(\rho))^{-1}\mathcal{A}$ 代数重度为 m 的特征值, 剩余的特征值满足

$$\frac{\overline{\alpha}_1 - k_1^2}{\overline{\alpha}_1 + 1 - k_1^2} < \lambda < 1.$$

再由 $\overline{\alpha}_1 = \dfrac{\overline{\alpha}}{\rho}$ 和 $k_1^2 = \dfrac{1}{\rho}k^2$ 知, 定理结论成立. $\qquad \square$

2. 修正块三角预处理子

现考虑如下鞍点问题:

$$\mathcal{F}x \equiv \begin{bmatrix} F & B^{\mathrm{T}} \\ B & 0 \end{bmatrix} \begin{bmatrix} u \\ p \end{bmatrix} = \begin{bmatrix} c \\ d \end{bmatrix} \equiv e, \tag{6.22}$$

其中 $F \in \mathbb{R}^{n \times n}$ 是对称矩阵, $B \in \mathbb{R}^{m \times n}(m \leqslant n)$. 这里总假设矩阵 $\mathcal{F}$ 是非奇异的,
即有

$$\text{rank}(B) = m \text{且} \text{null}(F) \cap \text{null}(B) = \{\mathbf{0}\}. \tag{6.23}$$

近年来, 许多学者都致力于提出各种各样的预处理子来改善迭代法求解鞍点问
题 (6.22) 的收敛速度 [53]. 为了对鞍点问题 (6.16) 提出一个有效的修正块三角预处
理子, 这里需要简单地回顾一下 Benzi 和 Olshanskii[2] 所做的工作.

为了提高 Krylov 子空间方法 (如 BiCGStab) 求解源于离散 Oseen 方程形成鞍
点问题的收敛速度, Benzi 和 Olshanskii[2] 考虑了含参数 $\gamma(\gamma > 0)$ 的块三角预处理
子

$$\mathcal{P} = \begin{bmatrix} \hat{F}_\gamma & B^{\mathrm{T}} \\ 0 & \hat{S} \end{bmatrix},$$

其中

$$\hat{F}_\gamma = A + \gamma B^{\mathrm{T}} W^{-1} B, \quad \hat{S}^{-1} = -\nu \hat{M}_p^{-1} - \gamma W^{-1},$$

这里 W 是对称正定矩阵, $\hat{M}_p^{-1}$ 表示压力质量矩阵的一个近似, $\nu > 0$ 是黏性系数.
Benzi 和 Olshanskii 显现了预处理子 $\mathcal{P}$ 能够使其相对应预处理矩阵特征值的分布
比较聚集; 数值实验也表明了该预处理子的确能够导致令人比较满意的收敛速度.

观察文献 [2] 的工作, 不难发现, Benzi 和 Olshanskii 通过研究预处理矩阵特征
值的分布而证实了预处理矩阵的特征值都落在直角坐标系的右半平面, 并给出了特
征值实部及虚部的分布区域. 特别地, 如果 $\gamma \to \infty$, 则预处理矩阵的所有特征值将
聚集于 1. 关于此结论, 这里需给出三点说明.

(1) 对充分大的 γ 来说, 预处理矩阵的所有特征值将聚集于 1. 这就可能会加
快 Krylov 子空间方法的收敛速度.

(2) 当 $\gamma \to \infty$ 时, 正定矩阵 $\gamma B^{\mathrm{T}} W^{-1} B$ 将在预处理子 $\mathcal{P}$ 的 (1,1) 块内占优.

(3) 对充分大的 γ 来说, 这有可能会使矩阵 $A + \gamma B^{\mathrm{T}} W^{-1} B$ 成为一个病态矩
阵. 在此情况下, 寻找预处理子 $\mathcal{P}$ 的 (1,1) 块的逆将会变得更加困难.

为了便于讨论, 结合 6.1.2 节中预处理子 H_s 的结构, 对源于 Maxwell 方程
(6.15) 而形成的鞍点问题 (6.16) 来说, 这里给出下面两个块三角预处理子:

$$\mathcal{H}_L(\rho) = \begin{bmatrix} A - k^2 M + \rho B^{\mathrm{T}} L^{-1} B & (1+\rho) B^{\mathrm{T}} \\ 0 & -L \end{bmatrix}$$

和

$$\mathcal{H}_{M,L}(\rho) = \begin{bmatrix} A + (\rho - k^2)M & (1+\rho)B^{\mathrm{T}} \\ 0 & -L \end{bmatrix},$$

其中 $\rho > k^2$.

类似 6.2.2.1 节, 为了使矩阵 $(\mathcal{H}_L(\rho))^{-1}\mathcal{A}$ 和 $(\mathcal{H}_{M,L}(\rho))^{-1}\mathcal{A}$ 特征值的分布更加聚集, 确定 k 和 ρ 的关系是十分有必要的. 设 $\langle \cdot \rangle$ 表示 $\mathbb{R}^n$ 或 $\mathbb{R}^m$ 空间的标准 Euclidean 内积. 对任意给定的对称 (半) 正定矩阵 W 和向量 x, 定义 (半) 范数: $|x|_W = \sqrt{\langle Wx, x \rangle}$.

为讨论方便, 这里需要如下引理.

引理 6.2.1[170]   对于任意向量 $v \in \mathbb{R}^n$, v 可以表示为 $v = v_A + v_B$, 其中 $v_A \in \mathrm{null}(A)$, $v_B \in \mathrm{null}(B)$, 而且 $\langle Mv_A, v_B \rangle = 0$.

引理 6.2.2[170]   设 $u \in \mathrm{null}(A)$, 则 $\langle B^{\mathrm{T}}L^{-1}Bu, u \rangle = \langle Mu, u \rangle$.

设 $F = A - k^2 M$ 及 $W = L$. 由式 (6.7) 得

$$\mu(A - k^2 M)v = B^{\mathrm{T}}L^{-1}Bv.$$

再结合引理 6.2.1 和引理 6.2.2 得

$$-\mu k^2 |v_A|_M^2 = |v_A|_{B^{\mathrm{T}}L^{-1}B}^2 = |v_A|_M^2,$$

显然, $\mu = -\dfrac{1}{k^2}$.

进而, 我们有下面定理.

定理 6.2.3   设矩阵 $\mathcal{A}$ 是鞍点问题 (6.16) 的系数矩阵, 则预处理矩阵 $(\mathcal{H}_L(\rho))^{-1}\mathcal{A}$ 仅有两个特征值:

$$\lambda = 1 \text{和} \lambda = \frac{1}{\rho - k^2},$$

二者的代数重度分别为 n 和 m. 特别地, 如果 $\rho = k^2 + 1$, 则预处理矩阵仅有代数重度为 $n + m$ 的特征值 1.

类似地, 为了弥补预处理子 $\mathcal{H}_L(\rho)$ 的不足, 在实际求解中, 一个切实可行的途径是利用预处理子 $\mathcal{H}_{M,L}(\rho)$ 来代替预处理子 $\mathcal{H}_L(\rho)$. 为了保持预处理子 $\mathcal{H}_{M,L}(\rho)$ 的正定性, 一个自然的要求是参数 ρ 与波数 k^2 满足 $\rho > k^2$.

定理 6.2.4   设矩阵 $\mathcal{A}$ 是鞍点问题 (6.16) 的系数矩阵, 则 $\lambda = 1$ 和 $\lambda = \dfrac{1}{\rho - k^2}$ 都是矩阵 $(\mathcal{H}_{M,L}(\rho))^{-1}\mathcal{A}(\rho > k^2)$ 代数重度为 m 的特征值, 余下的特征值满足

$$1 - \frac{\rho}{\overline{\alpha} + \rho - k^2} < \lambda < 1,$$

其中 $\overline{\alpha} = \dfrac{\alpha}{1 - \alpha}$.

证明　　设 λ 是 $(\mathcal{H}_{M,L}(\rho))^{-1}\mathcal{A}$ 的特征值, 其对应的特征向量为 $(v^{\mathrm{T}}, q^{\mathrm{T}})^{\mathrm{T}}$, 即有

$$
\begin{bmatrix} A - k^2 M & B^{\mathrm{T}} \\ B & 0 \end{bmatrix} \begin{bmatrix} v \\ q \end{bmatrix} = \lambda \begin{bmatrix} A + (\rho - k^2)M & (1+\rho)B^{\mathrm{T}} \\ 0 & -L \end{bmatrix} \begin{bmatrix} v \\ q \end{bmatrix}.
$$

上式进一步可写为

$$
(A - k^2 M)v + B^{\mathrm{T}}q = \lambda(A + (\rho - k^2)M)v + (1+\rho)\lambda B^{\mathrm{T}}q, \tag{6.24}
$$

$$
Bv = -\lambda Lq. \tag{6.25}
$$

由矩阵 $\mathcal{A}$ 是非奇异的, 知 $\lambda \neq 0$, 进而有 $v \neq \mathbf{0}$. 否则, 依据式 (6.25) 得 $Lq = \mathbf{0}$. 因 L 是对称正定矩阵, 即有 $q = \mathbf{0}$. 这与 $q \neq \mathbf{0}$ 相矛盾.

由式 (6.25) 得

$$
q = -\lambda^{-1}L^{-1}Bv. \tag{6.26}
$$

将式 (6.26) 代入式 (6.24) 得

$$
[(\lambda^2 - \lambda)A + ((\rho - k^2)\lambda^2 + k^2\lambda)M]v = ((1+\rho)\lambda - 1)B^{\mathrm{T}}L^{-1}Bv.
$$

由引理 6.2.1 得

$$
(\lambda^2 - \lambda)Av_B + ((\rho - k^2)\lambda^2 + k^2\lambda)M(v_A + v_B) = ((1+\rho)\lambda - 1)B^{\mathrm{T}}L^{-1}Bv_A. \tag{6.27}
$$

通过考察向量的线性无关性可得存在 m 个向量 v 使得 $v_A \neq \mathbf{0}$, 即得向量 v 可分解为 $v = v_A + v_B$, 其中 $v_A \neq \mathbf{0}$. 对式 (6.27) 取向量 v_A 作内积并结合引理 6.2.2 得

$$
[(\rho - k^2)\lambda^2 + k^2\lambda]|v_A|_M^2 = [(1+\rho)\lambda - 1]|v_A|_{B^{\mathrm{T}}L^{-1}B}^2 = [(1+\rho)\lambda - 1]|v_A|_M^2,
$$

从而有

$$
(\rho - k^2)\lambda^2 + k^2\lambda = (1+\rho)\lambda - 1.
$$

解上式关于 λ 的二次方程得 $\lambda = 1$ 和 $\lambda = \dfrac{1}{\rho - k^2}$, 二者的代数重度均为 m.

接下来, 分析余下的特征值.

类似于上面的证明, 对剩余的向量 v 必有 $v_B \neq \mathbf{0}$. 于是, 对式 (6.27) 取向量 v_B 作内积并结合引理 6.2.2 得

$$
(\lambda - 1)|v_B|_A^2 + [(\rho - k^2)\lambda + k^2]|v_B|_M^2 = 0,
$$

即

$$
[(\rho - k^2)\lambda + k^2]|v_B|_M^2 = (1 - \lambda)|v_B|_A^2. \tag{6.28}
$$

显然, $\lambda \neq 1$. 否则, 由式 (6.28) 得 $\rho|v_B|_M^2 = 0$, 进而有 $|v_B|_M^2 = 0$. 这与 $v_B \neq 0$ 相矛盾. 同时, 也不存在 $\lambda > 1$. 事实上, 如果 $\lambda > 1$, 则易验证式 (6.28) 中左端为正而右端为负, 进而矛盾. 故剩余的特征值必满足 $\lambda < 1$.

再根据文献 [170] 中式 (9) 得

$$[(\rho - k^2)\lambda + k^2]|v_B|_M^2 = (1 - \lambda)|v_B|_A^2 \geqslant (1 - \lambda)\overline{\alpha}|v_B|_M^2,$$

于是,

$$(\rho - k^2)\lambda + k^2 \geqslant (1 - \lambda)\overline{\alpha},$$

即得

$$\frac{\overline{\alpha} - k^2}{\overline{\alpha} + \rho - k^2} < \lambda < 1. \qquad \square$$

推论 6.2.2 设矩阵 $\mathcal{A}$ 是鞍点问题 (6.16) 的系数矩阵且 $\rho = k^2 + 1$, 则 $\lambda = 1$ 是矩阵 $(\mathcal{H}_{M,L}(\rho))^{-1}\mathcal{A}$ 代数重度为 $2m$ 的特征值, 余下的特征值满足

$$1 - \rho(1 - \alpha) < \lambda < 1 \text{ 或 } 1 - \frac{k^2 + 1}{\overline{\alpha} + 1} < \lambda < 1.$$

为了提高迭代法求解鞍点问题 (6.16) 的收敛速度, 6.2.2 节主要是通过引入一个参数 ρ 的方式来构建修正块对角及块三角免增广免 Schur 余的预处理子. 虽然在表面上这只是一个小小的修正, 然而, 这能让我们很好地控制波数 $k^2 \geqslant 1$ 的预处理矩阵的谱分布. 不难发现, 对波数 $k^2 \in \mathbb{R}^+$ 来说, 本节提出的预处理子都适合.

6.2.3 数值实验

本节测试的问题是在方形区域 ($-1 \leqslant x \leqslant 1, -1 \leqslant y \leqslant 1$) 上用 6.2.2 节提出的预处理子结合 Krylov 子空间方法求解二维混合型时谐 Maxwell 方程 (6.15). 为方便, 取 $f = 1$. 对方形区域的网格剖分采用三角元一致网格剖分, 如图 6.6 所示. 所有的测试均利用 MATLAB 完成的.

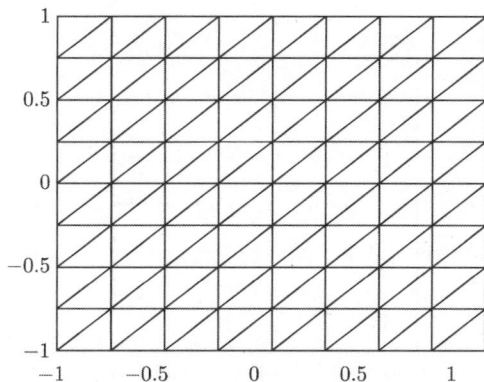

图 6.6 8×8 网格剖分

1. 预处理矩阵的谱分布

为了验证 6.2.2 节所获得的理论结果, 本节主要测试四个矩阵的谱分布: 矩阵 $(\mathcal{W}_L(\rho))^{-1}\mathcal{A}$, $(\mathcal{W}_{M,L}(\rho))^{-1}\mathcal{A}$, $(\mathcal{H}_L(\rho))^{-1}\mathcal{A}$ 和 $(\mathcal{H}_{M,L}(\rho))^{-1}\mathcal{A}$. 测试的矩阵为 961×961 阶, 相对应的网格为 16×16.

图 6.7 描绘了在 $k^2 = 0$ 及 $k^2 = 6$ 时, 预处理矩阵 $(\mathcal{W}_L(\rho))^{-1}\mathcal{A}$ 的谱分布. 当 $k^2 = 0$ 及 $\rho = 10$ 时, 预处理矩阵 $(\mathcal{W}_L(\rho))^{-1}\mathcal{A}$ 仅有两个不同的特征值: ± 1. 当 $2\rho = k^2 = 6$ 时, 预处理矩阵 $(\mathcal{W}_L(\rho))^{-1}\mathcal{A}$ 仅有一个特征值 1. 从图 6.7 可以看出, 推论 6.2.1 是成立的. 这就说明了数值实验结果与理论分析结果相一致. 类似地, 也可验证定理 6.2.1 是成立的.

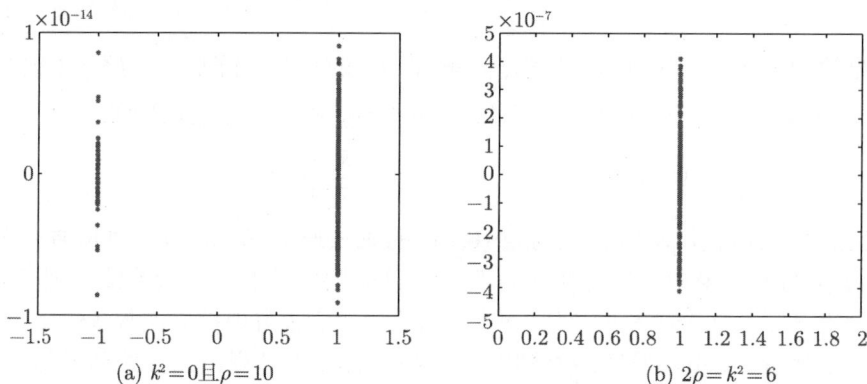

图 6.7　$k^2 = 0$ 及 $k^2 = 6$ 的矩阵 $(\mathcal{W}_L(\rho))^{-1}\mathcal{A}$ 的谱分布

当 $\rho = 10$ 且 $k^2 = 6$ 时, 图 6.8 给出了预处理矩阵 $(\mathcal{W}_{M,L}(\rho))^{-1}\mathcal{A}$ 的谱分布. 显然, $\rho > k^2$. 在此情况下, 由定理 6.2.2 知, 预处理矩阵 $(\mathcal{W}_{M,L}(\rho))^{-1}\mathcal{A}$ 的特征值有 $\lambda = -2.5$ 及 $\lambda = 1$, 剩余的特征值满足 $-1.5 < \lambda < 1$. 图 6.8 恰好说明了定理 6.2.2 是成立的. 对 $\rho > k^2$ 来说, 定理 6.2.2 给出了块对角预处理矩阵一个合理的谱分布.

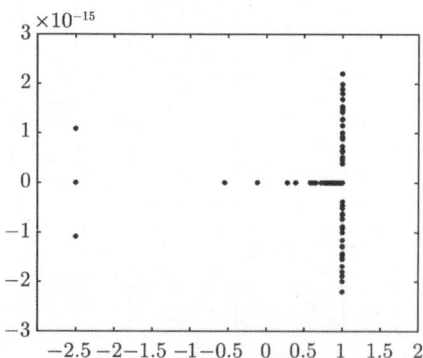

图 6.8　$\rho = 10$ 且 $k^2 = 6$ 的矩阵 $(\mathcal{W}_{M,L}(\rho))^{-1}\mathcal{A}$ 的谱分布

接下来, 主要通过数值实验来验证定理 6.2.3 及定理 6.2.4. 为了这个目的, 图 6.9 及图 6.10 分别给出了参数取不同的值时预处理矩阵 $(\mathcal{H}_L(\rho))^{-1}\mathcal{A}$ 和 $(\mathcal{H}_{M,L}(\rho))^{-1}\mathcal{A}$ 的谱分布.

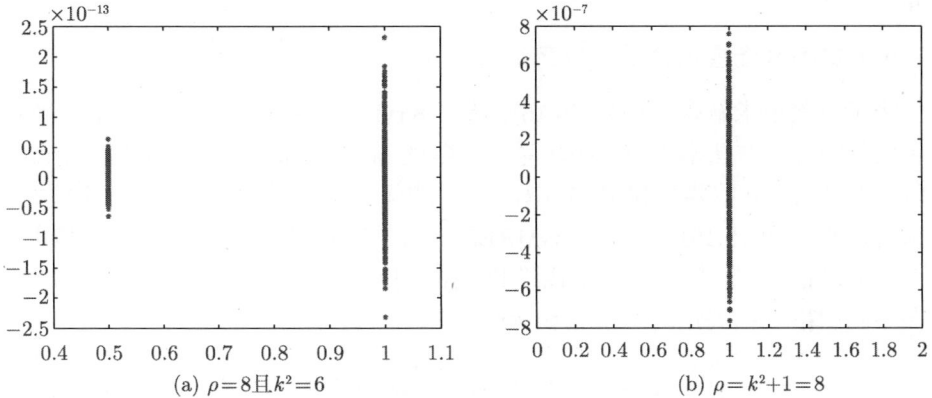

(a) $\rho = 8$ 且 $k^2 = 6$ (b) $\rho = k^2 + 1 = 8$

图 6.9 $\rho = 8$, k 取不同值的矩阵 $(\mathcal{H}_L(\rho))^{-1}\mathcal{A}$ 的谱分布

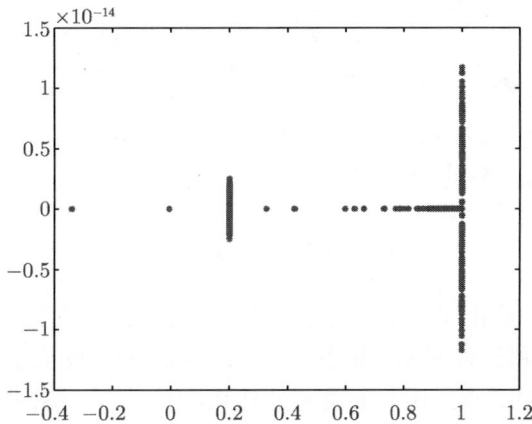

图 6.10 $\rho = 10$ 且 $k^2 = 5$ 矩阵 $(\mathcal{H}_{M,L}(\rho))^{-1}\mathcal{A}$ 的谱分布

为了方便起见, 图 6.9 考虑了两种情形: 一个是 $\rho = 8$ 且 $k^2 = 6$; 另一个是 $\rho = k^2 + 1 = 8$. 当 $\rho = 8$ 及 $k^2 = 6$ 时, 预处理矩阵 $(\mathcal{H}_L(\rho))^{-1}\mathcal{A}$ 仅有两个特征值: 一个是 0.5, 另一个是 1. 当 $\rho = k^2 + 1 = 8$ 时, 预处理矩阵 $(\mathcal{H}_L(\rho))^{-1}\mathcal{A}$ 仅有一个特征值 1. 从图 6.9 知, 定理 6.2.3 是成立的. 这就说明了数值实验结果与理论结果相符合.

最后, 图 6.10 考虑的是当 $\rho = 10$ 及 $k^2 = 5$ 时, 预处理矩阵 $(\mathcal{H}_{M,L}(\rho))^{-1}\mathcal{A}$ 的谱分布. 显然, $\rho > k^2$. 在此情况下, 由定理 6.2.4 知, 预处理矩阵 $(\mathcal{H}_{M,L}(\rho))^{-1}\mathcal{A}$ 特征值有 $\lambda = 0.2$ 及 $\lambda = 1$, 剩余的特征值满足 $-1 < \lambda < 1$. 图 6.10 恰好说明了定理 6.2.4 是成立的. 对 $\rho > k^2$ 来说, 定理 6.2.4 给出了块三角预处理矩阵一个合理的谱分布.

2. GMRES 子空间方法的迭代结果

为了有效地求解鞍点问题 (6.16), 基于 Krylov 子空间的迭代法常常很受欢迎. 这主要是因为该方法不仅不会破坏系数矩阵的稀疏性, 而且只需重复的计算矩阵与向量的乘积. 本节主要是利用 GMRES(m) 迭代法结合 6.2.2 节所涉及的预处理子来求解鞍点问题 (6.16). 通常对 GMRES 迭代法重取数 $m(m \ll n)$ 的选取并没有一个一般性的原则, 主要依靠实践经验. 在实验中取重取数为 $m=20$. 表 6.4 给出了在不同网格上相关矩阵的阶数和稀疏性.

表 6.4　相关矩阵的规模和非零元个数

Grid	n	m	$nz(A)$	$nz(B)$	$nz(M)$	$nz(L)$	order of $\mathcal{A}$
8×8	176	49	820	462	372	217	225
16×16	736	225	3556	2190	1636	1065	961
32×32	3008	961	14788	9486	6852	4681	3969
64×64	12160	3969	60292	39438	28036	19593	16129
128×128	48896	16129	243460	160782	113412	80137	65025

通过 6.2.2 节的讨论, 这里主要测试预处理子 $\mathcal{W}_{M,L}(\rho)$ 和 $\mathcal{H}_{M,L}(\rho)$ 的有效性. 初始向量取为零向量, 停止准则取为

$$\|b - \mathcal{A}x^{(k)}\|_2 \leqslant 10^{-6}\|b\|_2.$$

表 6.5~表 6.9 给出了预处理子结合 GMRES(20) 子空间方法求解鞍点问题 (6.16) 的迭代次数和迭代时间, 其中 "IT" 表示迭代次数 (记号 "$t(s)$" 表示 GMRES(20) 的外内迭代次数, 其中 t 表示外迭代次数, s 表示内迭代次数), "CPU(s)" 表示迭代时间 (秒). 测试的目的是考查预处理矩阵特征值的分布对 GMRES(20) 子空间迭代法收敛速度的影响.

表 6.5　8×8 网格的 GMRES(20) 子空间方法的迭代次数及运行时间

	k^2	0	1	5	10	ρ
$\mathcal{W}_{M,L}(\rho)$	IT	1(11)	1(11)	1(12)	1(15)	12
	CPU(s)	0.031	0.031	0.031	0.031	
$\mathcal{H}_{M,L}(\rho)$	IT	1(12)	1(13)	1(13)	1(14)	12
	CPU(s)	0.063	0.063	0.063	0.063	

表 **6.6**　**16×16** 网格的 **GMRES(20)** 子空间方法的迭代次数及运行时间

	k^2	10	20	30	40	ρ
$\mathcal{W}_{M,L}(\rho)$	IT	1(20)	2(11)	2(13)	2(20)	50
	CPU(s)	0.172	0.25	0.281	0.313	
$\mathcal{H}_{M,L}(\rho)$	IT	2(1)	2(3)	2(7)	3(1)	50
	CPU(s)	0.531	0.547	0.641	1.000	

表 **6.7**　**32×32** 网格的 **GMRES(20)** 子空间方法的迭代次数及运行时间

	k^2	50	60	70	80	ρ
$\mathcal{W}_{M,L}(\rho)$	IT	3(1)	4(1)	4(7)	4(16)	100
	CPU(s)	1.672	2.547	2.75	3.125	
$\mathcal{H}_{M,L}(\rho)$	IT	5(6)	3(15)	3(20)	8(10)	100
	CPU(s)	11.031	7.172	7.734	19.281	

表 **6.8**　**64×64** 网格的 **GMRES(20)** 子空间方法的迭代次数及运行时间

	k^2	20	40	60	80	ρ
$\mathcal{W}_{M,L}(\rho)$	IT	2(6)	2(1)	3(13)	3(2)	100
	CPU(s)	6.907	5.469	13.265	10.718	
$\mathcal{H}_{M,L}(\rho)$	IT	3(3)	2(20)	3(13)	4(20)	100
	CPU(s)	43.297	40.078	54.016	77.813	

表 **6.9**　**128×128** 网格的 **GMRES(20)** 子空间方法的迭代次数及运行时间

	k^2	20	40	60	80	ρ
$\mathcal{W}_{M,L}(\rho)$	IT	2(5)	2(7)	2(5)	1(20)	100
	CPU(s)	38.593	39.14	36.718	28.14	
$\mathcal{H}_{M,L}(\rho)$	IT	2(15)	2(8)	3(10)	3(2)	100
	CPU(s)	260.781	206	364.172	305.859	

表 6.5～表 6.9 所列出的结果包含了在 5 个不同网格下免增广免 Schur 的块对角及块三角预处理子结合 GMRES(20) 子空间方法求解鞍点问题 (6.16) 的迭代次数及运行时间. 测试的结果显示了本节所提出的预处理子是有效可行的. 从表 6.5～表 6.9 可以看出, 虽然 GMRES(20) 子空间迭代法的内迭代不是很稳定, 但外迭代是相对稳定的, 其变化对网格的细化及波数的变化并不敏感.

预处理子 $\mathcal{W}_{M,L}(\rho)$ 与预处理子 $\mathcal{H}_{M,L}(\rho)$ 效果的比较并不是本节的目的, 但二者的有效性证实了本节所提出的预处理子结合 Krylov 子空间方法求解实际问题是有意义的. 数值实验显示了对波数 $k^2 \in \mathbb{R}^+$ 来说, 本节所提出的预处理子是可行有效的且能够弥补预处理子 $\mathcal{K}_{M,L}$ 和 $\mathcal{M}_W$ 的不足.

6.3　本 章 小 结

本章主要研究了两种混合型时谐 Maxwell 方程的数值求解算法: 一种是波数为零 (或不含波数) 的混合型时谐 Maxwell 方程; 另一种是波数非零 (或含波数) 的混合型时谐 Maxwell 方程. 对前者通过对含有参数预处理子的讨论, 理论上给出了最优块对角及块三角预处理子. 同时, 提出了一个新的单列非零 (1,2) 块的块三角预处理子并扩大了原块三角预处理子的应用范围. 对后者提出了两类修正免增广免 Schur 余的预处理子. 通过对预处理矩阵特征值分布的研究, 理论上给出了两类修正免增广免 Schur 余的最优预处理子, 并弥补了原块对角预处理子只能解决 $k^2 < 1$ 的不足.

Maxwell 方程的预处理技术目前是计算电磁学研究领域的热点课题, 本章只是对 Maxwell 方程预处理子的建立做了一些有益地尝试, 而对实际问题中 Maxwell 方程预处理子的构建还有待进一步的研究.

第 7 章 结 论

　　本书主要针对一些特殊线性系统的数值迭代算法进行了研究, 通过对经典迭代法、矩阵双分裂、HSS 迭代法、鞍点问题和 Maxwell 方程的迭代算法及预处理技术等方面进行深入探讨, 形成了丰富而又系统的理论成果. 主要包括如下五个方面.

　　经典迭代法求三类线性系统　给出了求解 L-矩阵线性系统修正预处理 AOR 迭代法的收敛定理和比较定理, 并以此为依据, 说明了此类修正预处理子结合 G-S 迭代法的收敛速度比结合 AOR(SOR) 迭代法的收敛速度快; 探讨了求解 H-矩阵线性系统预处理 G-S 迭代法的收敛条件; 得到了求解由最小二乘问题形成的 (2,2) 块线性系统预处理 AOR 迭代法的收敛依据; 最后, 提出了一类 QAOR 迭代法, 给出了 QAOR 迭代法的一些收敛条件以及与 AOR 迭代法的关系.

　　矩阵双分裂收敛和比较定理　给出了两个不同非奇异矩阵双分裂的一些收敛性和比较定理, 确立了单双分裂之间的比较关系, 同时, 建立了单个矩阵非负双分裂及 M-双分裂的一些收敛性和比较定理; 通过构建一个新矩阵来获取双分裂迭代法的迭代矩阵, 以此为依据, 通过利用单分裂的一些比较定理来诱导出双分裂的一些比较定理; 最后, 通过利用矩阵双分裂的思想, 构建了一类二步搜索模系矩阵分裂迭代法来求解经典的线性互补问题.

　　HSS 迭代法及其预处理技术　通过对 HSS 迭代法和 LHSS 迭代法的比较, 给出了择优 HSS 迭代法或 LHSS 迭代法一个选择依据; 针对非 Hermitian 正定线性系统的求解, 提出了一类修正 HSS 迭代法 (MHSS) 及其非精确版本; 将 HSS 预处理子应用于经典鞍点问题, 探讨了 HSS 预处理矩阵的谱分布, 给出了预处理矩阵特征值分布的新区域并获得了其所有特征值为实的一个新的充分条件; 将 HSS 预处理子应用于非零 (2,2) 块的广义鞍点问题, 讨论了预处理矩阵谱的聚集性, 得到了在适当的条件下, 如果广义鞍点问题的系数矩阵 Hermitian 的, 那么对于一个充分小的正参数, 预处理矩阵所有特征值将聚集在 (0,0) 点和 (2,0) 点附近.

　　鞍点问题迭代算法及预处理技术　以矩阵分裂为依托, 给出了求解鞍点问题的一个迭代策略并讨论了其收敛条件; 提出了求解鞍点问题的一个修正 SSOR 迭代法 (MSSOR), 分析了其收敛条件并获得了在适当条件下迭代参数的最优选取; 讨论了广义鞍点问题的两类含参数块三角预处理子的谱性质, 获得了预处理矩阵实特征值及复特征值新的分布区域.

　　Maxwell 方程的预处理技术　讨论了波数为零 (或不含波数) 及波数非零 (或含波数) 的两种混合型时谐 Maxwell 方程的数值求解算法. 对有限元离散波数为

零的 Maxwell 方程形成的鞍点问题, 通过对含参数预处理矩阵谱的讨论, 给出了最优块对角及块三角预处理子, 并提出了一个新的单列非零 (1,2) 块的块三角预处理子; 对有限元离散波数非零的混合型时谐 Maxwell 方程产生 (1,1) 块不定的鞍点问题提出了两类修正免增广免 Schur 余的预处理子, 通过对预处理矩阵谱的分析, 给出了两类最优免增广免 Schur 余的预处理子, 同时, 弥补了原块对角预处理子只能解决 $k^2 < 1$ 的不足, 扩大了预处理子的适用范围.

总之, 大规模稀疏线性系统的迭代求解速度还远远没有达到人们满意的程度. 依此, 对特殊矩阵的数值特征、矩阵分裂及预处理技术的研究依然处处充满着活力和挑战. 例如, 寻找新的矩阵分裂构建新的迭代法仍然值得探讨; 针对非 Hermitian 正定线性系统, 新的预处理 HSS 迭代法构造仍然令人深思; 对迭代法求解大规模线性系统来说, 虽然预处理 Krylov 子空间迭代法是当今科研工作者及工程人员追捧和研究的主流方法, 但是对一些 Krylov 子空间迭代法的收敛性分析仍然没有得到有效的解决, 如 BiCGStab 子空间方法; 能否对一些特殊的线性系统 (鞍点问题) 提出新的 Krylov 子空间方法仍然值得关注. 当今, 针对病态的鞍点问题, 如果直接利用 Krylov 子空间迭代法求解, 其效果并不是很理想, 通常需要借助于预处理技术来提高其收敛速度. 目前, 现有的预处理技术往往只是针对特定的鞍点问题, 因而不具备普遍性. 除现有的预处理子外 (如块预处理子和 HSS 预处理子), 能否依据特定问题本身性质构造新的高效预处理子仍然是今后研究的主流方向.

参 考 文 献

[1] Benzi M, Liu J. Block preconditioning for saddle point systems with indefinite (1,1) block. Inter. J. Comput. Math., 2008, 84: 1117–1129.

[2] Benzi M, Olshanskii M A. An augmented lagrangian-based approach to the Oseen problem. SIAM J. Sci. Comput., 2006, 28: 2095–2113.

[3] Greenbaum A. Iterative Methods for Solving Linear Systems. Philadelphia: SIAM, 1997.

[4] Sturler E D, Liesen J. Block-diagonal and constraint preconditioners for nonsymmetric indefinite linear systems. Part Ⅰ : Theory. SIAM J. Sci. Comput., 2005, 26: 1598–1619.

[5] Huang T Z, Cheng G H, Cheng X Y. Modified SOR-type iterative method for Z-matrices. Appl. Math. Comput., 2006, 175: 258–268.

[6] Milaszewicz J P. Improving Jacobi and Gauss-Seidel iterations. Linear Algebra Appl., 1987, 93: 161–170.

[7] Gunawardena A D, Jain S K, Snyder L. Modified iteration methods for consistent linear systems. Linear Algebra Appl., 1991, 154–156: 123–143.

[8] Li Y T, Li C X, Wu S L. Improving AOR method for consistent linear systems. Appl. Math. Comput., 2007, 86:379–388.

[9] Varga R S. Matrix Iterative Analysis. New York: Springer Verlag, 2000.

[10] Evans D J, Martins M M, Trigo M E. The AOR iterative method for new preconditioned linear systems. J. Comput. Appl. Math., 2001, 132: 461–466.

[11] Wang Z D, Huang T Z. The upper Jacobi and upper Gauss-Seidel type iterative methods for preconditoned linear systems. Appl. Math. Lett., 2006, 19: 1029–1036.

[12] Woźnicki Z I. Estimation of the optimum relaxation factors in partial factorization iterative methods. SIAM J. Matrix Anal. Appl.,1993, 14: 59–73.

[13] Woźnicki Z I. Comparison theorems for splittings of monotone matrices. Nonlinear Anal., 1997, 30: 1251–1262.

[14] Bai Z Z, Golub G H, Ng M K. Hermitian and skew-Hermitian splitting methods for non-Hermitian positive definite linear systems. SIAM J. Matrix Anal. Appl., 2003, 24: 603–626.

[15] Bai Z Z, Golub G H, Ng M K. On inexact Hermitian and skew-Hermitian splitting methods for non-Herimitan positive definite linear systems. Linear Algebra Appl., 2008, 428: 413–440.

[16] Bai Z Z, Golub G H, Pan J Y. Preconditioned Hermitian and skew-Hermitian splitting methods for non-Hermitian positive semidefinite linear systems. Numer. Math., 2004, 98: 1–32.

[17] Bai Z Z, Golub G H, Li C K. Convergence properties of preconditioned Hermitian and skew-Hermitian splitting methods for non-Herimitan positive semidefinite matrices.

Math. Comput., 2007, 76: 287–298.

[18] Bai Z Z, Golub G H, Lu L Z, et al. Block triangular and skew-Hermitian splitting methods for positive-definite linear systems. SIAM J. Sci. Comput., 2005, 26: 844–863.

[19] Bai Z Z, Golub G H, Ng M K. On successive-overrelaxation acceleration of the Hermitian and skew-Hermitian iterations. Numer. Linear Algebra Appl., 2007, 14: 319–335.

[20] Benzi M. A generalization of the Hermitian and skew-Hermitian splitting iteration. SIAM J. Matrix Anal. Appl., 2009, 31: 360–374.

[21] Li L, Huang T Z, Liu X P. Modified Hermitian and skew-Hermitian splitting methods for non-Hermitian positive-definite linear systems. Numer. Linear Algebra Appl., 2007, 14: 217–235.

[22] Bertaccini D, Golub G H, Capizzano S S, et al. Preconditioned HSS methods for the solution of non-Hermitian positive definite linear systems and applications to the discrete convection-diffusion equation. Numer. Math., 2005, 99: 441–484.

[23] Benzi M, Bertaccini D. Block preconditioning of real-valued iterative algorithms for complex linear systems. IMA J. Numer. Anal., 2008, 28: 598–618.

[24] Benzi M, Golub G H. A preconditioner for generalized saddle point problems. SIAM J. Matrix Anal. Appl., 2004, 26: 20–41.

[25] Bai Z Z. On the Hermitian and skew-Hermitian splitting methods for continuous Sylvester equations. J. Comput. Math., 2011, 29: 185–198.

[26] Wang X, Li W W, Mao L Z. On positive-definite and skew-Hermitian splitting iteration methods for continuous Sylvester equation $AX + XB = C$. Comput. Math. Appl., 2013, 66: 2352–2361.

[27] Zheng Q Q, Ma C F. On normal and skew-Hermitian splitting iteration methods for large sparse continuous Sylvester equations. J. Comput. Appl. Math., 2014, 268: 145–154.

[28] Arrow K, Hurwicz L, Uzawa H. Studies in Nonlinear Programming. Stanford: Stanford University Press, 1958.

[29] Bramble J H, Pasciak J E, Vassilev A T. Analysis of the inexact Uzawa algorithm for saddle point problems. SIAM J. Numer. Anal., 1997, 34: 1072–1092.

[30] Bramble J H, Pasciak J E, Vassilev A T. Uzawa type algorithms for nonsymmetric saddle point problems. Math. Comput., 1999, 69: 667–689.

[31] Elman H C, Golub G H. Inexact and preconditioned Uzawa algorithms for saddle point problems. SIAM J. Numer. Anal., 1994, 31: 1645–1661.

[32] Cao Z H. Fast Uzawa algorithm for generalized saddle point problems. Appl. Numer. Math., 2003, 46: 157–171.

[33] Cao Z H. Fast Uzawa algorithms for solving non-symmetric stabilized saddle point problems. Numer. Linear Algebra Appl., 2004, 11: 1–24.

[34] Bacuta C. A unified approach for Uzawa algorithms. SIAM J. Numer. Anal., 2006, 44: 2633–2649.

[35] Young D M. Iterative Solution of Large Linear Systems. New York: Academic Press, 1971.

[36] Li C J, Li B J, Evans D J. A generalized successive overrelaxation method for least squares problems. BIT., 1998, 38: 347–355.

[37] Li C J, Li B J, Evans D J. Optimum accelerated parameter for the GSOR method. Neur. Para. Sci. Comput., 1999, 7: 453–462.

[38] Golub G H, Wu X, Yuan J Y. SOR-like methods for augmented systems. BIT., 2001, 41: 71–85.

[39] Bai Z Z, Parlett B N, Wang Z Q. On generalized successive overrelaxation methods for augmented linear systems. Numer. Math., 2005, 102: 1–38.

[40] Darvishi M T, Hessari P. Symmetric SOR method for augmented systems. Appl. Math. Comput., 2006, 183: 409–415.

[41] Zhang G F, Lu Q H. On generalized symmetric SOR method for augmented systems. J. Comput. Appl. Math., 2008, 219: 51–58.

[42] Chan L C, Ng M K, Tsing N K. Spectral analysis for HSS preconditioners. Numer. Math. Theor. Meth. Appl., 2008, 1: 57–77.

[43] Simoncini V, Benzi M. Spectral properties of the Hermitian and skew-Hermitian splitting preconditioner for saddle point problems. SIAM J. Matirx Anal. Appl., 2004, 26: 377–389.

[44] Murphy M F, Golub G H, Wathen A J. A note on preconditioning for indefinite linear systems. SIAM J. Sci. Comput., 2000, 21: 1969–1972.

[45] Fischer B, Ramage A, Silvester D J, et al. Minmum residual methods for augmented systems. BIT., 1998, 38: 527–543.

[46] Siefert C, Sturler E D. Preconditioners for generalized saddle-point problems. SIAM J. Numer. Anal., 2006, 44: 1275–1296.

[47] Golub G H, Greif C, Varah J M. An algebraic analysis of a block diagonal preconditioner for saddle point systems. SIAM J. Matrix Anal. Appl., 2006, 27: 779–792.

[48] Rusten T, Winther R. A preconditioned iterative method for saddle point problems. SIAM J. Matrix Anal. Appl., 1992, 13: 887–904.

[49] Wathen A J, Silvester D J. Fast iterative solution of stabilized Stokes systems Ⅰ: Using simple diagonal preconditioners. SIAM J. Numer. Anal., 1993, 30: 630–649.

[50] Wathen A J, Silvester D J. Fast iterative solution of stabilized Stokes systems Ⅱ: Using general block diagonal preconditioners. SIAM J. Numer. Anal., 1994, 31: 1352–1367.

[51] Bramble J H, Pasciak J E. A preconditioning technique for indefinite systems resulting from mixed approximations of elliptic problems. Math. Comput., 1988, 50: 1–17.

[52] Ipsen I C F. A note on preconditioning nonsymmetric matrices. SIAM J. Sci. Comput.,

2001, 23: 1050–1051.

[53] Benzi M, Golub G H, Liesen J. Numerical solution of saddle point problems. Acta. Numer., 2005, 14: 1–137.

[54] Klawonn A, Starke G. Block triangular preconditioners for nonsymmetric saddle point problems: fields-of-values. Numer. Math., 1999, 81: 577–594.

[55] Loghin D, Wathen A J. Analysis of preconditioners for saddle point problems. SIAM J. Sci. Comput., 2004, 25: 2029–2049.

[56] Cao Z Z. Fast iterative solution of stabilized Navier-Stokes systems. Appl. Math. Comput., 2004, 157: 219–241.

[57] Cao Z H. Positive stable block triangular preconditioners for symmetric saddle point problems. Appl. Numer. Math., 2007, 57: 899–910.

[58] Elman H C, Silvester D. Fast nonsymmetric iterations and preconditioning for Navier-Stokes equations. SIAM J. Sci. Comput., 1996, 17: 33–46.

[59] Simoncini V. Block triangular preconditioners for symmetric saddle-point problems. Appl. Numer. Math., 2004, 49: 63–80.

[60] Axelsson O, Neytcheva M. Preconditioning methods for linear systems arising in constrained optimization problems. Numer. Linear Algebra Appl., 2003, 10: 3–31.

[61] Perugia I, Simoncini V, Arioli M. Linear algebra methods in mixed approximation of magnetostatic problems. SIAM J. Sci. Comput., 1999, 21: 1085–1101.

[62] Keller C, Gould N I M, Wathen A J. Constraint preconditioning for indefinite linear systems. SIAM J. Matrix Anal. Appl., 2000, 21: 1300–1317.

[63] Cao Z H. A note on constraint preconditioning for nonsymmetric indefinite matrices. SIAM J. Matrix Anal. Appl., 2002, 24: 121–125.

[64] Bergamaschi L. On eigenvalue distribution of constraint-preconditioned symmetric saddle point matrices. Numer. Linear Algebra Appl., 2012; 19: 754–772.

[65] Benzi M, Simoncini V. On the eigenvalues of a class of saddle point problems. Numer. Math., 2006, 103: 173–196.

[66] Cao Z H. A class of constraint precondtioners for nonsymmetric saddle point matrices. Numer. Math., 2006, 103: 47–61.

[67] Dollar H S. Extending constraint preconditioners for saddle point problems. Tech. Report. NA-05/02, Oxford University Computing Laboratory, 2005.

[68] Dollar H S, Wathen A J. Incomplete factorization constraint preconditioners for saddle point matrices. Tech. Report. NA-04/01, Oxford University Computing Laboratory, Numerical Analysis Group, 2004.

[69] Lin Y Q, Wei Y M. A note on constraint preconditioners for nonsymmetric saddle point probmes. Numer. Linear Algebra Appl., 2000, 14: 659–664.

[70] Duff I S, Gould N I M, Reid J K, et al. The factorization of sparse symmetric indefinite matrices. IMA J. Numer. Anal., 1991, 11: 181–204.

[71] Duff I S, Reid J K. Exploiting zeros on the diagonal in the direct solution of indefinite sparse symmetric linear systems. ACM Trans. Math. Software., 1996, 22: 227–257.

[72] Arioli M, Manzini G. A null space algorithm for mixed finite-element approximations of Darcy's equation. Comm. Numer. Meth. Engrg., 2002, 18: 645–657.

[73] Gould N I M, Hribar M E, Nocedal J. On the solution of equality constrained quadratic programming problems arising in optimization. SIAM J. Sci. Comput., 2001, 23: 1376–1395.

[74] Sarin V, Sameh A. An efficient iterative method for the generalized Stokes problem. SIAM J. Sci. Comput., 1998, 19: 206–226.

[75] Benzi M. Solution of equality-constrained quadratic programming problems by a projection iterative method. Rend. Math. Appl., 1993, 13: 275–296.

[76] Hernández-Ramos L M. Alternatin oblique projections for coupled linear systems. Numer. Algor., 2005, 38: 285–303.

[77] Hadjidimos A. Accelerated overrelaxation method. Math. Comput., 1978, 32: 149–157.

[78] 吴世良. 大型稀疏线性系统迭代解法及应用研究, 成都: 电子科技大学博士学位论文, 2009.

[79] Berman A, Plemmons R J. Nonnegative Matrices in the Mathematical Sciences. 3rd ed. New York: Academic Press, 1979

[80] Wang H J, Li Y T. A new preconditioned AOR iterative method for L-matrices. J. Comput. Appl. Math., 2009, 229: 47–53.

[81] Li Y T, Li C X, Wu S L. Improvements of preconditioned AOR iterative method for L-matrices. J. Comput. Appl. Math., 2007, 206: 656–665.

[82] 胡家赣. 线性代数方程组迭代解法. 北京: 科学出版社, 1997.

[83] Kolotilina L Y. Two-sided bounds for the inverse of an H-matrix. Linear Algebra Appl., 1995, 225: 117–123.

[84] Yuan J Y. Iterative methods for generalized least squares problems. Ph.D. Thesis, IMPA, Riode Janeiro, Brazil, 1993.

[85] Yuan J Y. Numerical methods for generalized least squares problems. J. Comput. Appl. Math., 1996, 66: 571–584.

[86] Yuan J Y, Iusem A N. SOR-type methods for generalized least squares problems. Acta. Math. Appl. Sinica., 2000, 16: 130–139.

[87] Yuan J Y, Jin X Q. Convergence of the generalized AOR method. Appl. Math. Comput., 1999, 99: 35–46.

[88] Zhou X X, Song Y Z, Wang L, et al. Preconditioned GAOR methods for solving weighted linear least squares problems. J. Comput. Appl. Math., 2009, 224: 242–249.

[89] Saad Y. Iterative Methods for Sparse Linear Systems. 2nd ed. Philadelphia: SIAM, 2003.

[90] Youssef I K. On the successive overrelaxation method. J. Math. Stat., 2012, 8: 176–184.

[91] Youssef I K, Taha A A. On the modified successive overrelaxation method. Appl.

Math. Comput., 2013, 219: 4601–4613.

[92] Golub C H, Varga R S. Chebyshev semi-iterative methods, successive overrelaxation iterative methods, and second order Richardson iterative methods. Numer. Math, 1961, 3: 147–168.

[93] Shen S Q, Huang T Z. Convergence and comparison theorems for double splittings of matrices. Comput. Math. Appl., 2006, 51: 1751–1760.

[94] Shen S Q, Huang T Z, Shao J L. Convergence and comparison results for double splittings of Hermitian positive definite matrices. Calcolo., 2007, 44: 127–135.

[95] Zhang C Y. On convergence of double splitting methods for non-Hermitian positive semidefinite linear systems. Calcolo., 2010, 47: 103–112.

[96] Song J, Song Y Z. Convergence for nonnegative double splittings of matrices. Calcolo., 2011, 48: 245–260.

[97] Cvetković L J. Two-sweep iterative methods. Nonlinear Anal., 1997, 30: 25–30.

[98] Li W, Elsner L, Lu L. Comparions of spectral radii and the theroem of Stein-Rosenberg. Linear Algebra Appl., 2002, 348: 283–287.

[99] Miao S X, Zheng B. A note on double splittings of different monotone matrices. Calcolo., 2009, 46: 261–266.

[100] Song Y Z. Comparison theorems for splittings of matrices. Numer. Math., 2002, 92: 563–591.

[101] Cottle R W, Dantzig G B. Complementary pivot theory of mathematical programming. Linear Algebra Appl., 1968, 1: 103–125.

[102] Cottle R W, Pang J S, Stone R E. The Linear Complementarity Problem. San Diego: Academic, 1992.

[103] Murty K G. Linear Complementarity, Linear and Nonlinear Programming. Berlin: Heldermann, 1988.

[104] Schäfer U. A linear complementarity problem with a P-matrix. SIAM Rev., 2004, 46: 189–201.

[105] Kappel N W, Watson L T. Iterative algorithms for the linear complementarity problems. Inter. J. Comput. Math., 1986, 19: 273–297.

[106] Cryer C W. The solution of a quadratic programming using systematic overrelaxation. SIAM J. Control., 1971, 9: 385–392.

[107] Ahn B H. Solutions of nonsymmetric linear complementarity problems by iterative methods. J. Optim. Theory Appl., 1981, 33: 175–185.

[108] Mangasarian O L. Solutions of symmetric linear complementarity problems by iterative methods. J. Optim. Theory Appl., 1977, 22: 465–485.

[109] Pang J S. Necessary and sufficient conditions for the convergence of iterativemethods for the linear complementarity problem. J. Optim. Theory Appl., 1984, 42: 1–17.

[110] Tseng P. On linear convergence of iterative methods for the variational inequality

problem. J. Comput. Appl. Math., 1995, 60: 237–252.

[111] van Bokhoven W M G. A Class of Linear Complementarity Problems is Solvable in Polynomial Time. Unpublished Paper, Dept. of Electrical Engineering, University of Technology, The Netherlands, 1980.

[112] Dong J L, Jiang M Q. A modified modulus method for symmetric positive-definite linear complementarity problems. Numer. Linear Algebra Appl., 2009, 16: 129–143.

[113] Bai Z Z. Modulus-based matrix splitting iteration methods for linear complementarity problems. Numer. Linear Algebra Appl., 2010, 17: 917–933.

[114] Hadjidimos A, Tzoumas M. Nonstationary extrapolated modulus algorithms for the solution of the linear complementarity problem. Linear Algebra Appl., 2009, 431: 197–210.

[115] Zhang L L, Ren Z R. Improved convergence theorems of modulus-based matrix splitting iteration methods for linear complementarity problems. Appl. Math. Lett., 2013, 26: 638–642.

[116] Bai Z Z, Zhang L L. Modulus-based synchronous multisplitting iteration methods for linear complementarity problems. Numer. Linear Algebra Appl., 2013, 20: 425–439.

[117] Bai Z Z, Zhang L L. Modulus-based synchronous two-stage multisplitting iteration methods for linear complementarity problems. Numer. Algor., 2013, 62: 59–77.

[118] Zheng N, Yin J F. Accelerated modulus-based matrix splitting iteration methods for linear complementarity problems. Numer. Algor., 2013, 64: 245–262.

[119] Zheng N, Yin J F. Convergence of accelerated modulus-based matrix splitting iteration methods for linear complementarity problem with an H_+-matrix. J. Comput. Appl. Math., 2014, 260: 281–293.

[120] Zhang L L. Two-step modulus-based matrix splitting iteration method for linear complementarity problems. Numer. Algor., 2011, 57: 83–99.

[121] Li W. A general modulus-based matrix splitting method for linear complementarity problems of H-matrices. Appl. Math. Lett., 2013, 26: 1159–1164.

[122] Hadjidimos A, Lapidakis M, Tzoumas M. On iterative solution for linear complementarity problem with an H_+-matrix. SIAM J. Matrix Anal. Appl., 2011, 33: 97–110.

[123] Frommer A, Schwandt H. A unified representation and theory of algebraic additive Schwarz and multi-splitting methods. SIAM J. Matrix Anal. Appl., 1997, 18: 893–912.

[124] Frommer A, Mayer G. Convergence of relaxed parallel multisplitting methods. Linear Algebra Appl., 1989: 141–152.

[125] Miller J J H. On the location of zeros of certain classes of polynomials with applications to numerical analysis. J. Inst. Math. Appl., 1971, 8: 397–406.

[126] Frommer A, Szyld D B. H-Splittings and two-stage iterative methods. Numer. Math., 1992, 63: 345–356.

[127] Marchuk G I. Methods of Numerical Mathematics. New York: Springer-Verlag, 1984.

[128] Benzi M, Gander M J, Golub G H. Optimization of the Hermitian and skew-Hermitian splitting iteration for saddle-point problems. BIT., 2003, 43: 881–900.

[129] Cheung W M, Ng M K. Block-circulant preconditioners for systems arising from discretization of the three-dimensional convection-diffusion equation. J. Comput. Appl. Math., 2002, 140: 143–158.

[130] Greif C, Varah J. Iterative solution of cyclically reduced systems arising from discreteziation of the three-dimensional convection-diffusion equation. SIAM J. Sci. Comput., 1998, 19: 1918–1940.

[131] Greif C, Varah J. Block stationary methods for nonsymmetric cyclically reduced systems arising from three-dimensional elliptic equation. SIAM J. Matrix Anal. Appl., 1999, 20: 1038–1059.

[132] Pan J Y, Ng M K, Bai Z Z. New preconditioners for saddle point problems. Appl. Math. Comput., 2006, 172: 762–771.

[133] Bai Z Z, Golub G H, Pan J Y. Preconditoned Hermitian and skew-Hermitian splitting methods for non-Hermitian positive semidefinite linear systems. Tech. Report. SCCM-02-12, Scientific Computing and Computational Mathematics Program, Stanford: Department of Computer Science, Stanford University, 2002.

[134] 王松桂, 吴密霞, 贾忠贞. 矩阵不等式. 2 版. 北京: 科学出版社, 2006.

[135] Silvester D J, Elman H C, Ramage A. IFISS: Incompressible Flow Iterative Solution Software. http:// www. manchester.ac.uk/ifiss.

[136] Benzi M, Ng M K. Preconditioned iterative methods for weighted Toeplitz least squares problems. SIAM J. Matrix Anal. Appl., 2006, 27: 1106–1124.

[137] Brezzi F, Fortin M. Mixed and Hybrid Finite Element Methods. New York: Springer-Verlag, 1991.

[138] Bai Z Z. Structured preconditioners for nonsingular matrices of block two-by-two structures. Math. Comput., 2006, 75: 791–815.

[139] Elman H C. Preconditioners for saddle point problems arsing in computational fluid dynamics. Appl. Numer. Math., 2002, 43: 75–89.

[140] Elman H C, Silvester D J, Wathen A J. Performance and analysis of saddle point preconditioners for the discrete steady-state Navier-Stokes equations. Numer. Math., 2002, 90: 665–688.

[141] Bai Z Z, Li G Q. Restrictively preconditioned conjugate gradient methods for systems of linear equations. IMA J. Numer. Anal., 2003, 23: 561–580.

[142] Bai Z Z, Wang Z Q. Restrictive preconditioners for conjugate gradient methods for symmetric positive definite linear systems. J. Comput. Appl. Math., 2006, 187: 202–226.

[143] Zhao J. The generalized Cholesky factorization method for saddle point problems. Appl. Math. Comput., 1998, 92: 49–58.

[144] Bai Z Z, Golub G H, Li C K. Optimal parameter in Hermitian and skew-Hermitian splitting method for certain two-by-two block matrices. SIAM J. Sci. Comput., 2006, 28: 583–603.

[145] Peaceman D, Rachford H. The numerical solutions of parabolic and elliptic differential equations. J. Sco. Indust. Appl. Math., 1955, 3: 28–41.

[146] Li H B, Huang T Z, Li H. An improvement on a new upper bound for moduli of eigenvalues of iterative matrices. Appl. Math. Comput., 2006, 173: 977–984.

[147] Betts J T. Practical Methods for Optimal Control Using Nonlinear Programming. Philadelphia: SIAM, 2001.

[148] Haws J C. Preconditioning KKT Systems. Ph.D. thesis, Raleigh: Department of Mathematics, North Carolina State University, 2002.

[149] Strang G. Introduction to Applied Mathematics. Massachusetts: Wellesley-Cambridge Press, 1986.

[150] Liesen J, Sturler E D, Sheffer A, et al. Preconditioners for indefinite linear systems arising in surface parameterization, in Proceedings of the 10th International Meshing Round Table, Sandia National Laboratories, 2001, 71–81.

[151] Cui M R. On the iterative algorithm for large sparse saddle point problems. Appl. Math. Comput., 2008, 204: 10–13.

[152] Ling X F, Hu X Z. On the iterative algorithm for large sparse saddle point problems. Appl. Math. Comput., 2006, 178: 372–379.

[153] Lu J F. A note on the iterative algorithm for large sparse saddle point problems. Appl. Math. Comput., 2007, 188: 189–193.

[154] 李立康, 於崇华, 朱政华. 微分方程数值解法. 上海: 复旦大学出版社, 2003.

[155] Phoon K K, Toh K C, Chan S H, et al. An efficient diagonal preconditioner for finite element solution of Biot's consolidation equations. Inter. J. Numer. Meth. Engng., 2002, 55: 377–400.

[156] Wang Y X, Du K, Sun W W. Preconditioning iterative algorithm for the electromagnetic scattering for a large cavity. Numer. Linear Algebra Appl., 2009, 16: 345–363.

[157] Bernardi C, Canuto C, Maday Y. Generalized inf-sup conditions for Chebyshev spectral approximation of the Stokes problem. SIAM J. Numer. Anal., 1988, 25: 1237–1271.

[158] Monk P. Finite Element Methods for Maxwell's Equations. New York: Oxford University Press, 2003.

[159] Funken S A, Stephan E P. Fast solvers with block-diagonal preconditioners for linear FEM-BEM coupling. Numer. Linear Algebra Appl., 2009, 16: 365–395.

[160] Johson C, Thomee V. Error estimates for some mixed finite element methods for parabolic type problems. RAIRO Anal. Numer., 1981, 15: 41–78.

[161] Jiang M Q, Cao Y, Yao L Q. On parameterized block triangular preconditioners for generalized saddle point problems. Appl. Math. Comput., 2010, 216: 1777–1789.

[162] Cao Y, Jiang M Q, Zheng Y L. A splitting preconditioner for saddle point problems. Numer. Linear Algebra Appl., 2011, 18: 875–895.

[163] Wu X N, Golub G H, Cuminato J A, et al. Symmetric-triangular decomposition and its applications-Part II: Preconditioners for indefinite systems. BIT., 2008, 48: 139–162.

[164] Chen Z, Du Q, Zou J. Finite element methods with matching and nonmatching meshes for Maxwell equations with discontinuous coeffcients. SIAM J. Numer. Anal., 1999, 37: 1542–1570.

[165] Ciarlet P, Zou J J. Fully discrete finite element approaches for time-dependent Maxwell's equations. Numer. Math., 1999, 82: 193–219.

[166] Monk P. Analysis of a fnite element method for Maxwell's equations. SIAM J. Numer. Anal., 1992, 29: 32–56.

[167] Gopalakrishnan J, Pasciak J. Overlapping Schwarz preconditioners for indefinite time harmonic Maxwell's equations. Math. Comput., 2003, 72: 1–16.

[168] Toselli A. Overlapping Schwarz methods for Maxwell's equations in three dimensions. Numer. Math., 2000, 86: 733–752.

[169] Gopalakrishnan J, Pasciak J, Demkowicz L F. Analysis of a multigrid algorithm for time harmonic Maxwell equations. SIAM J. Numer. Anal., 2004, 42: 90–108.

[170] Greif C, Schötzau D. Preconditioners for the discretized time-harmonic Maxwell equaitons in mixed form. Numer. Linear Algebra Appl., 2007, 14: 281–297.

[171] Hu Q Y, Zou J. Substructuring preconditioners for saddle-point problems arising from Maxwell's equations in three dimensions. Math. Comput., 2004, 73: 35–61.

[172] Nédélec J C. Mixed finite elements in $\mathbb{R}^3$. Numer. Math., 1980, 35: 315–341.

[173] Rees T, Greif C. A preconditioner for linear systems arising from interior point optimization methods. SIAM J. Sci. Comput., 2007, 29: 1992–2007.

[174] Demmel J W. Applied Numerical Linear Algebra. Philadelphia: SIAM, 1997.

[175] Golub G H, Greif C. On solving block-structured indefinite linear systems. SIAM J. Sci. Comput., 2003, 24: 2076–2092.

[176] Demkowicz L, Vardapetyan L. Modeling of electromagnetic absorption/scattering problem using hp-adaptive finite elements. Comput. Methods Appl. Mech. Engrg., 1998, 152: 103–124.

[177] Greif C, Schötzau D. Preconditioners for saddle point linear systems with highly singular (1,1) blocks. ETNA., 2006, 22: 114–121.

[178] Perugia I, Schötzau D, Monk P. Stabilized interior penalty methods for the time-harmonic Maxwell equations. Comput. Methods Appl. Mech. Engrg., 2002, 191: 4675–4697.

[179] Bao G, Sun W W. A fast algorithm for the electromagnetic scattering from a large cavity. SIAM J. Sci. Comput., 2005, 27: 553–574.